高等学校教材

催化科学与技术系列教材

催化剂设计与应用

张成华　王　立　孙　松◎等编

化学工业出版社

·北京·

内容简介

本书为"催化科学与技术系列教材"分册之一。催化是现代化学工业的核心和影响人类未来的关键技术之一。本书对常用的工业催化剂进行了分类介绍，系统阐述了工业催化剂设计与开发的知识及具体应用技术实例，包括催化剂设计、制备与表征，催化剂评价，催化剂工业放大与优化操作，典型的工业催化剂应用，并结合新时代背景及政策导向对新型催化剂的研究进展进行了介绍。

本书适合高等院校化学工程与工艺、工业催化、应用化学、能源化学等相关专业本科生、科研工作者参考阅读。

图书在版编目（CIP）数据

催化剂设计与应用 / 张成华等编. -- 北京 ：化学工业出版社，2024. 10. --（高等学校教材）（催化科学与技术系列教材）. -- ISBN 978-7-122-46390-6

Ⅰ. TQ426

中国国家版本馆 CIP 数据核字第 2024PJ5532 号

责任编辑：曾照华
文字编辑：王云霞
责任校对：张茜越
装帧设计：王晓宇

出版发行：化学工业出版社
　　　　　（北京市东城区青年湖南街 13 号　邮政编码 100011）
印　　装：北京科印技术咨询服务有限公司数码印刷分部
787mm×1092mm　1/16　印张 14　字数 347 千字
2025 年 1 月北京第 1 版第 1 次印刷

购书咨询：010-64518888
售后服务：010-64518899
网　　址：http://www.cip.com.cn
凡购买本书，如有缺损质量问题，本社销售中心负责调换。

定　　价：59.00 元

前言
PREFACE

催化是现代化学工业的核心和影响人类未来的关键技术。虽然我国在 3000 多年前就有目的地使用催化技术（酒曲酶催化），但直到 19 世纪，人类才正式地提出"催化作用"的概念。经过近 200 年的发展，催化科学逐渐形成并已经发展成为化学工程与技术学科中极具生命力的分支。催化原理和方法的具体应用使催化科学渗透进物理学、材料科学、化学、生物学、晶体学和工程科学领域的研究中。这些领域的实验和理论研究也带动了催化科学和技术的发展，不断地为其注入新的活力。

为了适应催化技术飞速发展和满足化工专业人才培养的需要，面向未来、面向我国催化发展现状，组织编写"催化科学与技术系列教材"的重要性与日俱增。经安徽大学、中国科学院山西煤炭化学研究所、中南民族大学等单位及相关同志详细讨论，确定联合编写"催化科学与技术系列教材"，并落实编写的原则和具体安排。"催化科学与技术系列教材"分为三册，分别为《催化原理》《催化剂设计与应用》《工业催化实验》，涉及基础理论、工程技术与应用、实验三个方面。本书希望能衔接化工及相关专业本科生的专业基础课程，做到从宏观到微观、从体相到表相、从静态到动态、从定性到定量将催化基本原理和规律贯穿起来。

《催化剂设计与应用》共 5 章。参编人员有中国科学院山西煤炭化学研究所张成华、魏宇学（第 1 章），中南民族大学王立（第 2 章），安徽大学孙松、郭立升（第 3 章），中国科学院山西煤炭化学研究所张成华（第 4 章），安徽大学郭立升、程芹、魏宇学、蔡梦蝶、柏家奇、陈京帅（第 5 章）。孙松、郭立升负责统稿。安徽大学吴明元参加本书审稿工作。在此，表示衷心的感谢。

限于编者的水平，书中存在不当与疏漏之处在所难免，敬请读者批评指正。

编者
2024 年 10 月

目　录
CONTENTS

第1章 绪论

1.1 催化剂概念

1.1.1 催化剂定义

根据国际纯粹与应用化学联合会（International Union of Pure and Applied Chemistry, IUPAC）于1981年提出的定义，催化剂（catalyst）是一种物质，这种物质以小比例存在，能够改变反应的速率而不改变该反应的标准Gibbs自由能，其本身的数量和化学性质在反应前后基本保持不变。这种作用被称为催化作用，涉及催化剂的反应被称为催化反应。

根据定义，催化剂具有如下基本特征：

① 催化剂只能改变热力学上可以进行的反应的速率。

② 催化剂只能改变反应趋于平衡的速率，而不能改变反应的平衡位置（平衡常数）。

③ 催化剂对反应具有选择性，当反应可能有一个以上不同方向时，催化剂仅改变其中一个方向的反应速率，提高了催化剂的选择性。

④ 催化剂具有一定的寿命。催化剂参与了反应进程，在理想情况下催化剂不为反应所改变。但在实际反应过程中，催化剂长期受热和化学作用，也会发生一些不可逆的物理化学变化。

根据催化剂的定义和特征分析，活性、选择性和稳定性是评价催化剂性能的三个关键参数，以低成本获得良好的、可持续的活性和选择性是催化剂设计和开发的永恒目标。在工业中，活性常用时空收率表示。选择性是针对反应物而言的，选择性高的反应消耗更少的反应物，避免了昂贵的分离过程，并且不会产生潜在的污染副产物。在工业催化领域，催化剂的价格及每吨产品生产成本中催化剂的费用也是关注的重点。

只要有化学反应，就有如何改变反应速率的问题，绝大多数情况下就会有关于催化剂的研究。在石油化工、煤化工、有机化工、高分子化工、能源化工、药物合成等领域均有催化剂的作用和贡献。

1.1.2 催化剂组成

由单一成分组成的工业催化剂为数不多，不管是多相还是均相工业催化剂大多由多种成分组成。催化剂组成主要包括：

① 主催化剂 又称催化活性组分，是起催化作用的关键性物质，没有活性组分，催化反

应几乎不发生。如氨合成催化剂中，无论有无助剂 K_2O 或 Al_2O_3，金属铁均具有催化活性，只是活性低、寿命短而已。因此，铁在氨合成催化剂中是主催化剂。又如负载型加氢催化剂 Pd/Al_2O_3 中，Pd 为活性组分，Al_2O_3 为载体。

② 共催化剂　又称协同催化剂。有些催化剂的活性组分不止一种，多种活性组分相互协作起催化作用，这种催化剂称为共催化剂。如脱氢催化剂 MoO_3-Al_2O_3 中，单独的 MoO_3 或 Al_2O_3 活性较低，但将两者组合起来，却是活性很高的催化剂，因此 MoO_3 和 Al_2O_3 互为共催化剂。

③ 助催化剂　在多元催化剂体系中帮助提高主催化剂的活性、选择性，改善催化剂的耐热性、抗毒性、机械强度和寿命等性能的组分，称为助催化剂。简言之，只要添加少量助催化剂，即可达到明显提高催化剂催化性能的目的。

④ 载体　这是多相催化剂所特有的固体组分，主要起分散活性组分的作用。载体还有其他多种功能，如作为活性组分的承载基底，它具有增大比表面积、提高耐热性和机械强度、降低反应体系阻力的作用，有时还能部分担当共催化剂和助催化剂的角色。

1.1.3　催化剂分类

按反应体系中催化剂的作用机理，可将催化剂分为金属催化剂、金属氧化物（硫化物）催化剂、配位催化剂、酸碱催化剂和多功能催化剂。

① 金属催化剂　主要用于脱氢和加氢反应，有些金属还具有氧化和重整的催化活性。金属催化剂主要指第 4、5、6 周期的某些过渡金属，如 Fe、Co、Ni、Au、Pt、Pd、Rh、Ir 等。金属催化剂的性能主要取决于金属原子的电子结构，特别是未参与金属键的 d 轨道电子和 d 空轨道与被吸附分子形成吸附键的能力。

② 金属氧化物（硫化物）催化剂　主要是指过渡金属氧化物，包括计量金属氧化物（硫化物）与非计量金属氧化物（硫化物）。过渡金属氧化物催化剂广泛用于氧化、加氢、脱氢、聚合、加成等反应。工业上使用的金属氧化物催化剂常为多组分氧化物的混合物，如用于氨氧化的 MoO_3-Bi_2O_3-P_2O_5/SiO_2 催化剂、用于乙苯脱氢的 Fe_2O_3-K_2O-Cr_2O_3-CuO 催化剂等。金属氧化物催化剂的导电性和逸出功、金属离子的 d 电子构型、金属氧化物中晶格氧特性、半导体电子能带等，均与催化活性有关。

③ 配位催化剂　由特定的过渡金属原子和特定的配位体配位组成的化合物。过渡金属配位催化剂在溶液中作为均相催化剂方面的研究和应用较多。过渡金属配合物催化作用一般通过催化剂在其空位上配位活化反应物分子进行。

④ 酸碱催化剂　因物质的酸、碱性质而起到催化作用的催化剂为酸碱催化剂。酸碱催化剂可用于均相催化反应和多相催化反应。许多离子型有机反应，如水解、水合、脱水、缩合、酯化、重排等，常用酸碱均相催化剂。工业上用的酸催化剂，多数是固体。固体酸催化剂广泛用于催化裂化、异构化、烷基化、脱水、氢转移、歧化、聚合等反应。

1.2　催化剂与化学工业

催化技术是现代化学工业的支柱，90%以上的化工过程、60%以上的化工产品均与催化技术有关。因此，催化剂是现代化学工业的"心脏"。催化剂的使用使人类对自然资源的利用更合理、利用的途径更广阔。催化科学通过开发新的催化剂革新化学工业，提高经济效益和产品竞争力，同时又通过学科之间的相互渗透，对发展新型材料（如光敏材料、上转换材料）、利用新能源（如太阳能、生物能）等作出贡献。借助催化科学可获得对反应物活性中心的认识，可以推广到生命分子科学领域，借助催化作用的分子机理以及计算机模拟软件，也可为拓展催化科学自身新的应用领域创造条件。

1.3　工业催化的发展史

1.3.1　世界催化发展史

（1）20 世纪前的萌芽时期

最早记载有"催化现象"的资料，可以追溯到 400 多年前，1597 年德国炼金术士 A. Libavius 撰写了 *Alchymia* 一书。将催化剂应用于化学工业产品的生产始于 18 世纪。1746 年英国人罗巴克采用铅室，以氮氧化物作为催化剂制酸，诞生了铅室法制酸的工艺，这是工业上使用催化剂的开始。18 世纪末到 19 世纪初期又出现了许多使用催化剂的化学过程。例如，1782 年瑞典化学家 Scheele 将无机酸作为催化剂应用于乙酸和乙醇的酯化反应；1820 年德国的 Dobereiner 发现铂粉可促进氢和氧的结合；1831 年英国的 Philips 等发现可以使用铂催化剂氧化 SO_2，这是接触法生产硫酸的开始。

"催化现象"作为一个化学概念，于 1836 年由瑞典化学家 J. J. Berzelius 在其著名的"二元学说"基础上提出来的。他认为具有催化作用的物质，除了同一般元素和化合物一样由电性向导（正、负）的两部分组成（二元）之外，还提出了"催化力（catalysis）"一词，此词源于希腊文，"cata"的意思是下降，而动词"lysis"的意思是分裂或破裂。当时，人们认为化学变化的驱动力来源于化学分子之间的亲和力，尚不知从分子水平去理解反应速率。在"催化力"概念出现后，借助催化手段进行的反应过程不断大量出现。Berzelius 的贡献在于引入了"催化作用"的概念，而所谓的"催化力"后来经证实是不存在的。

（2）20 世纪初的奠基时期

在此期间，发现了一系列重要的金属催化剂，催化活性成分由金属扩大到氧化物，液体酸催化剂的使用规模扩大。催化剂研究者发明了许多催化剂制备技术，例如沉淀法、浸渍法、热熔融法等，成为现代催化剂工业中的基础技术。载体的作用及其选择也受到重视，载体包括硅藻土、浮石、硅胶、氧化铝等。为了适应大型固定床反应器的要求，在生产工艺中出现了成型技术，已有条状和柱状催化剂投入使用。这一时期已有较大的生产规模，但品种较为单一，部分广泛使用的催化剂已作为商品进入市场。

1895 年，哈伯（Haber）报告使用 Fe 作为催化剂催化 N_2 和 H_2 反应制备 NH_3，1910 年 BASF 公司在路德维希港（Ludwigshafen）建立工厂，采用哈伯过程大规模合成氨（图 1-1），哈伯凭借合成氨技术的发明获 1919 年诺贝尔化学奖。合成氨催化剂及合成工艺开发，是工业催化的正式开端，也是现代化工的奠基石，更是人类科学进步史上的里程碑。

此后，经过技术不断进步，氨合成、烃类蒸汽转化、加氢脱硫、高温变换、低温变换甲烷化等催化体系构成了合成氨系列催化剂。1925 年，美国 M. 雷尼发明骨架镍加氢催化剂，在英国和德国建立了以镍为催化剂的油脂加氢制取硬化油的工厂。1913 年，德国巴斯夫公司以负载型氧化钒作催化剂，用接触法生产硫酸，催化剂寿命可达几年至十年之久。此后氧化钒迅速取代原有的铂催化剂，并成为大宗商品催化剂。这一变革，为氧化物催化剂开辟了广阔前景。

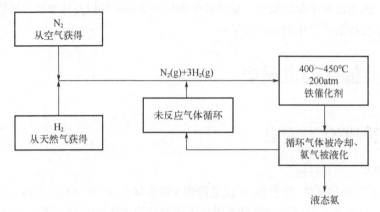

图 1-1 合成氨 Haber 过程流程图

1atm=101325Pa

同时，工业进步也大大推动了催化理论的发展。1925 年 H. S. 泰勒提出活性中心理论，1927 年 L-H（Langmuir-Hinshelwood）双分子催化吸附理论及动力学方程的建立，1949 年第一届国际催化会议在美国宾夕法尼亚州立大学举行，1962 年催化学术期刊 *Journal of Catalysis* 诞生，这一系列标志性事件使催化从盲目探索逐步走向光明的科学大道。

（3）20 世纪 30～70 年代大发展时期

第二次世界大战前后，由于对战略物资的需要，燃料工业和化学工业迅速发展，新的催化过程不断出现，相应的催化剂工业也得以迅速发展。首先由于对液体燃料的大量需求，促进了石油炼制催化剂生产规模的扩大和技术进步。移动床和流化床反应器的兴起，促进催化剂工业创立新的成型方法，包括小球、微球的生产技术。同时，由于生产合成材料及其单体的过程陆续出现，工业催化剂的品种迅速增多。这一时期开始出现生产和销售工业催化剂的大型工厂。

1925 年，费歇尔（Fischer）和托普希（Tropsch）在常温下合成高分子烃类，并认为 Co、Ni 可能是最有发展前途的催化剂。1935 年，德国采用 Co 催化剂实现了费-托（F-T）合成的工业化。1955 年，萨索尔在南非开始将循环流化床反应器用于 F-T 合成的工业化中，生产规模达 $2×10^6$t/a。费-托合成是煤和天然气转化制取液体燃料的重要途径，通过该方法可获得优质柴油和喷气燃料等，这些产物不含硫化物和氮化物，是非常洁净的发动机燃料。目前，费-托合成仍在南非萨索尔公司大规模生产。

1928 年发现的多孔白土催化剂应用于重油催化裂化过程生产高辛烷值燃料，使得第二次世界大战期间盟军战斗机获得了更好的燃料。1936 年 E. J. 胡德利开发成功经过酸处理的膨润土催化剂，用于固定床石油催化裂化过程，生产辛烷值为 80 的汽油，这是石油炼制工业的重大成就。1942 年格雷斯-戴维森公司发明了流化床合成微球形硅铝裂化催化剂，不久即成为催化剂工业中产量最大的品种。20 世纪 60 年代，Exxon Mobil 公司将沸石分子筛作为新催化材料应用于催化裂化，使炼油工业催化裂化技术实现了重大突破。采用稀土改性分子筛裂化催化剂后，炼油装置的生产能力和汽柴油的产量都大幅度提高。被誉为"炼油工业的技术革命"。1964 年联合石油公司与埃索石油公司推出负载金属分子筛裂化催化剂。20 世纪 60 年代以后化学工业中开发了许多以分子筛催化剂为基础的重要催化过程，在此期间，石油炼制工业催化剂的另一成就是 1967 年美国环球油品公司开发的铂-铼/氧化铝双金属重整催化剂，在这种催化剂中，氧化铝不仅作为载体，也是作为活性组分之一的固体酸，该催化剂是第一个重要的双功能催化剂。1966 年英国 ICI 公司开发低压合成甲醇催化剂，用铜-锌-铝催化剂代替了以往高压法中用的锌-铬-铝催化剂，使压力降至 5～10MPa，达到极大节能效果。20 世纪 70 年代以来固体催化剂的造型日益多样化，出现了诸如加氢精制中用的三叶形、四叶形催化剂，汽车尾气净化用的蜂窝状催化剂，以及合成氨用的球状催化剂。对于催化活性组分在催化剂中的分布也有一些新的设计，例如裂解汽油加氢精制用的钯/氧化铝催化剂，使活性组分集中分布在近外表层。20 世纪 70 年代初期，出现了用于二甲苯异构化的分子筛催化剂，代替以往的铂/氧化铝，开发了甲苯歧化用的丝光沸石催化剂。1974 年莫比尔石油公司开发了 ZSM-5 型分子筛，用于择形重整，可使正烷烃裂化而不影响芳烃。20 世纪 80 年代初，开发了从甲醇合成汽油的 ZSM-5 分子筛催化剂。在以后的石油化工、煤化工、碳一化工开发中，分子筛催化剂都发挥了重要作用。

1953 年 K. 齐格勒发现常压下使乙烯聚合的催化剂(CH)Al-TiCl$_4$, 1955 年投入使用。1954 年意大利 G. 纳塔开发(CH)Al-TiCl$_3$ 体系用于丙烯等规聚合，1957 年在意大利建厂投入使用。自从这一组成复杂的均相催化剂作为商品进入市场后，聚烯烃催化剂的发现及大规模应用极大地推动了高分子工业的发展。目前，高分子合成及聚合催化剂已成为国民经济中的一个重要行业。高分子催化的一个重大进展是 20 世纪 70 年代开发的高效烯烃聚合催化剂，它是由四氯化钛-烷基铝体系负载在氯化镁载体上形成的负载型配位催化剂，其效率极高，一克钛可生产数十至近百万克聚合物，因此不必从产物中分离催化剂，可降低生产过程中的能耗。

高效配位催化剂出现于 20 世纪 60 年代，曾用钴配合物作催化剂进行甲醇羰基化制乙酸反应，但操作压力高、选择性差。20 世纪 70 年代美国孟山都公司推出低压法甲醇羰基化铑催化剂。后来又开发了膦配位基改性的铑催化剂，用于丙烯氢甲酰化制丁醛。这种催化剂与原有的钴配合物催化剂相比，具有很高的正构醛选择性，而且操作压力低。继铂和钯之后，铑成为用于催化剂工业的又一重要贵金属，在碳一化学发展中，均相铑催化剂具有重要意义。在均相催化选择性氧化中另一个重要的成就是 1960 年乙烯直接氧化制乙醛的大型装置投产，用氯化钯-氯化铜催化剂制乙醛的这一方法被称为瓦克法。

选择性氧化是获得有机化学品的重要方法之一，早期开发的氧化钒和氧化钼催化剂选择性都不够理想，于是大力开发适于大规模生产用的高选择性氧化催化剂。1960 年美国标准石油公司开发的丙烯氨化氧化合成丙烯腈工业过程投产，使用复杂的铋-钼-磷-氧/二氧化硅催化剂，后来发展成为含铋、钼、磷、铁、钴、镍、钾 7 种金属组元的氧化物负载在二氧化硅上的催化剂。20 世纪 60 年代还开发了用于丁烯氧化制顺丁烯二酸酐的钒-磷-氧催化剂，用于邻二甲苯氧化制邻苯二甲酸酐的钒-钛-氧催化剂，乙烯氧氯化用的氯化铜催化剂等，均属固体负载型催化剂。现代催化剂厂也开始用喷雾干燥技术生产微球形化工催化剂。

在环境保护催化剂的工业应用方面，1975 年美国杜邦公司生产汽车尾气净化催化剂，采用的是铂催化剂，铂用量巨大，1979 年占美国用铂总量的 57%，经过多年不断改进，现在已发展成为著名的机动车三元尾气处理催化剂 Pt-Pd-Rh/载体（TWC）。目前，环保催化剂与化工催化剂（包括合成材料、有机合成和合成氨等生产过程中用的催化剂）、石油炼制催化剂并列为催化剂工业中的三大领域。

1.3.2 中国催化发展史

20 世纪 30～40 年代，我国仅南京、大连等地有少数关于氨合成、炼油催化剂的研究开发与生产。20 世纪 50 年代初以来，中国科学院、高校和产业部门的研究院组建了以中国科学院大连化学物理研究所张大煜、吉林大学蔡馏生、厦门大学蔡启瑞、中国石化集团南京化学工业有限公司余祖熙、中国石化石油化工科学研究院闵恩泽等老一辈科学家为代表的催化研究团队，分别开展了炼油、有机合成、化肥、裂解催化等方面的研究工作。20 世纪 80 年代，中国的催化事业进入了一个快速发展期，在此期间，中国科学院、高等学校和工业界等均建立研究部门并迅速投入研究。在基础研究中，开发新的催化材料、表征方法和新的催化反应是主要的研究方向，同时以反应动力学为主要方法和手段进行了研究。表面科学和纳米科学的引入极大地促进和深化了催化的基础理论探索，催化已从一种技艺转变为一门科学。在不同的历史时期，应用催化的研究均以国家需求为导向，在煤炭与石油及天然气的优化利用、先进材料、环境保护和人类健康等领域都作出了显著的贡献。

我国首个催化剂生产车间是创办于 20 世纪 30 年代的永利铔厂触媒部，1959 年改名为南京化学工业公司催化剂厂。该厂于 1950 年开始生产 A I 型合成氨催化剂、C_2 型一氧化碳高温变换催化剂和二氧化硫氧化的钒基催化剂，随后逐步配齐了多种工业所需各种催化剂的生产线。20 世纪 80 年代中国开始生产天然气及轻油蒸汽转化的负载型镍催化剂，90 年代后已有多家单位生产硫酸、硝酸、合成氨等工业系列催化剂。

石油化工催化剂方面，20 世纪 50 年代初期，抚顺石化公司石油三厂开始生产页岩油加氢用的硫化钼白土、硫化钨-活性炭、硫化钨-白土，以及纯硫化钨、硫化钼催化剂。石油工业部石油六厂开始生产费-托合成用的钴基催化剂，1960 年起生产叠合用的磷酸-硅藻土催化剂。20 世纪 60 年代初期，我国发现了丰富的石油资源，开始发展石油炼制催化剂的工业生产。60 年代起中国即开始发展重整催化剂，60 年代中期抚顺石化公司石油三厂开始生产铂催化剂，1964 年小球硅铝催化剂在兰州炼油厂投产。20 世纪 70 年代我国开始生产稀土-X 型分子筛和稀土-Y 型分子筛，70 年代末开始生产共胶法硅铝载体稀土-Y 型分子筛，后生产高硅比、耐磨半合成稀土-Y 型分子筛。70 年代先后生产出双金属铂-铼催化剂及多金属重整催化剂。在加氢精制方面，60 年代抚顺石化公司石油三厂开始生产钼-钴及钼-镍重整预加氢催化剂。70 年代开始生产钼-钴-镍低压预加氢催化剂，20 世纪 80 年代开始生产三叶形的加氢精制催化剂。至 1984 年已有 40 多家单位生产硫酸、硝酸、合成氨工业用的催化剂。

有机化工催化剂方面，20 世纪 50 年代末至 60 年代初开始制造乙苯脱氢用的铁系催化剂，乙炔加氯化氢制氯乙烯的氯化汞/活性炭催化剂，流化床中萘氧化制苯酐用的氧化钒催化剂，以及加氢用的骨架镍催化剂等。至 20 世纪 80 年代已生产出各种精制烯烃的选择性加氢催化剂，并开始生产丙烯氨氧化氧化用的微球形氧化物催化剂，乙烯与醋酸氧化制醋酸乙烯酯的负载型金属催化剂，高效烯烃聚合催化剂以及治理工业废气的蜂窝状催化剂等。

20 世纪 80 年代以后，我国工业催化研究开发技术有了突飞猛进的发展，开始逐步走向国际，在许多领域达到国际先进水平，由于篇幅所限，虽不能一一提及，但以中国石化石油化工科学研究院闵恩泽等开发的 DCC 技术、RN-1 催化技术等一系列石油化工催化技术，中国科学院山西煤炭化学研究所开发的新型 F-T 合成技术，中国科学院大连化学物理研究所刘忠民等开发的 MTO 技术以及张涛等开发的航天器推进剂催化分解技术，中国科学院上海有机化学研究所丁奎岭等开发的不对称催化技术等，都处于国际领先水平，被视为中国工业催化的优秀代表。

可以看出，20 世纪 80 年代后，中国催化的基础研究与应用已基本与世界同步。中国在工业催化领域取得的主要成就如图 1-2 所示。

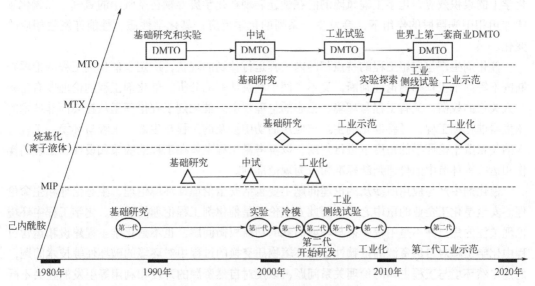

图 1-2　中国工业催化主要里程碑成就
MTO—甲醇制烯烃；MTX—甲苯甲醇甲基化制二甲苯；MIP—多产异构烷烃的催化裂化工艺技术

1.4　催化剂工程伦理

工程伦理是应用于工程学的道德原则系统，是工程技艺的应用伦理。工程伦理是"工程技术人员包括技术员、助理工程师、工程师、高级工程师在工程活动中，对包括工程设计和建设以及工程运转和维护中的道德原则和行为规范进行的研究"。工程伦理审查与设定工程师对专业、同事、雇主、客户、社会、政府、环境所应承担的责任。伦理规范不光是作为公共关系的文件或作为专业人员之间的誓约，还应该作为鼓励专业人员以公众利益为决策基础的一种手段，同时也应该是政府和公众的一种共识和自觉意识。开展工程伦理教育对于催化剂工程师的培养和工程实践具有重要意义。它不仅关系到工程师自身伦理素养和社会责任的提升，而且通过工程这一载体，关系到经济、社会和自然的和谐发展。

催化剂生产与应用属于化学工程的范畴，具有广泛性、独特性、动态静止性、潜在性、难逆转性等特点。所谓动态静止是指催化剂生产流水线、厂房等建成后，从表面看来类似于一个土木工程，是静止不变的，然而工程内部不断在发生由反应原料到生产产品的变化，不断与周围环境发生物质交换。因此催化剂生产与应用对周围环境的影响是不断产生的，并不能在工程设计阶段就完全科学预计。动态静止特征的另一表现是在实际催化剂生产的过程中，不可能保证每次反应都完全等同于理论设计的状态，反应原料的细微变化，同种原料批次不同，每次生产的温度、压力、湿度的差异，都可能导致生产中的副产品和废弃物成分不同。

潜在性风险是指催化剂生产与应用的危害在工程初期一般不能表现出来而成为工程的隐

患。化学品的危害与其浓度有非常密切的关系。很多化学品在低浓度时，对人体几乎无害甚至可能是有益的。一旦浓度超过人体承受的阈值时，对人的伤害就是致命的。化学品中的有毒无机污染物如重金属汞、镉、铅和砷等无法通过自然排泄而排出体外，因此即使一直保持在对人体无害的低浓度范围，也会在人体中不断累积，最终引发人体的重大疾病，这也就是化学上的累积效应。化学工程风险的潜在性还表现在化学废弃物在空气中的氧气、二氧化碳的作用和阳光照射的作用下，会发生一系列的化学反应，其化学性质、性能亦发生相应的变化。

催化剂生产与应用工程的特点和国内工程运行体制的现状，决定了催化剂工程的伦理判断既不等同于工程师的伦理判断，又不等同于利益博弈的分析。催化剂工程的伦理既有工程与人关系的权衡，又有工程与环境、生态的伦理权衡。催化剂工程伦理是从社会而非技术的角度看催化剂工程，是将催化剂生产与应用活动中涉及的工程与生态、工程与环境、工程与人的关系置于伦理学的角度下进行判断，以及考量工程主体在工程的决策和设计、工程的操作和运行等环节中的价值判断标准和行为规范准则。

催化剂生产与应用所涉及的伦理问题主要包括安全伦理、环境伦理、生态伦理和生命伦理。安全是化工企业的重中之重，因此安全伦理是催化剂工程伦理的重点。化学工程中环境伦理关注的焦点并不是工程受益与环境消耗的利益权衡问题，也不是化学工程建设和运营过程中化学工程对自然资源的依赖性，与环境物质交换的过程中对环境的破坏性等技术问题，而是自然环境与工程主体的伦理关系问题，以及对自然资源的开发和利用等引发的社会不同群体之间的矛盾与冲突问题。其关键问题是当代人之间以及当代人与后代人在自然资源上的公平分配问题，也就是环境正义和代际公正问题。如果说环境伦理是以自然物生存所依托的自然环境系统和地表空间为关怀对象，那么生态伦理中的生态则是将自然空间内的所有自然物作为一个完整的系统，这个系统包括动植物、微生物以及这些生物赖以生存的大气、土壤、水等各种存在物。人类只是自然系统的一部分，是等同于其他生物的。生态是构成生态系统的各要素之间和生态内不同的物种间通过物质、能量的转移和流动联系起来的一个食物网，是循环的。生态系统中，每一个物种都有其确定的生态坐标点，有其所以存在的内在价值，任何一个物种都不可以成为该网络的中心。在自然生态系统中，每一个具体的种群都必须和其他种群循环往复地进行物质和能量的交换活动，才能维持物种自身群落和整个生态系统的稳态，否则物种本身会灭绝，也会造成生态系统的紊乱。所有工程活动都是人的造物工程，是一个对立统一的过程。评价某一工程的合理性，确立工程人员的职业规范和伦理道德，是一个群体的人共同认定的结果。人的因素是工程伦理中的终极因素，对人的关注也是工程伦理中的终极关注。

很多化工安全事故都在现实中演变为灾难，不仅极大地影响到公众的安全、健康和福祉，也给社会发展和公众生活的生态环境造成难以估量的损害。工程是社会试验，它意味着人类通过科技手段在与自然力作斗争，但是我们并不能保证每次试验都能取得满意的成果。如何主动掌握和控制潜在风险？如何规避可能存在的风险而不致演变为事故？这就需要在化工生产过程的各环节中将公众的安全、健康和福祉放在首位，坚持环境与生态的可持续发展，以综合全面的视角积极掌控已知的与潜在的风险，做好相关的各项评估，减少风险引发的各种不确定性因素，缓解公众的邻避情绪，实现化学工程项目与人、自然、社会的和谐良序发展。

习题

1. 简述催化剂的定义及催化作用的基本特征。
2. 催化剂为什么不能改变化学反应的平衡位置？
3. 解释具有加氢功能的催化剂往往对脱氢反应也有活性的原因。
4. 简述催化反应的分类。
5. 简述催化剂的分类及其组成部分。
6. 概述何为 F-T 反应及其发展历史。

第 2 章 催化剂设计、制备与表征

2.1 催化剂设计总体考虑

化学工业的发展离不开催化剂，事实上催化剂的作用远不止于此，人类粮食危机的解决就是借助合成氨催化剂的开发，从煤到石油的原料转换等大的变革时期许多新的催化剂被开发出来，今后数十年间能源问题的处理需要开发许多新的催化剂。催化剂的利用从汽车的排气净化或发电厂的排烟脱硝开始，到家庭使用的各种机器、房间装饰等个人生活用品为止，十分广泛。但是，在过去催化剂往往是偶然或盲目发现的，例如 Haber 筛选了两万种催化剂才发现了合成氨的有效催化剂。进行催化剂开发的研究者必须从无数个物质群的无意义试验中才能找到有用的催化剂。随着化学工业的发展，各种新分析技术的出现，使具有复杂现象的催化化学在最近有显著的进步，但是根据催化化学来开发催化剂的阶段还没有达到，催化化学所不足的部分由研究者的经验和设想来补充。所以催化剂开发的方法是一种秘密，也是一种技巧。然而催化剂在化学工业上的用途没有止境，在非化学工业领域中的应用日益广泛，靠少数几个人来开发催化剂已不能适应客观需要。在这种背景下，就产生了催化剂设计，就是根据合理的程序和手法，在时间上、经济上最有效率地开发新催化剂的方法。

所谓催化剂设计，是有效利用未系统化的法则、知识和经验制备出合适的新催化剂的方法。如果已确定目的反应及希望反应达到的指标作为催化剂的设计目标，就动用全部催化化学的研究成果、经验法则及未系统化的知识经验，来选定达到此目标的催化剂并指定其制造方法，这就是催化设计。

在着手选择设计催化剂之前，先要考虑它在反应条件下面临的问题。首先进行热力学分析，指明反应的可行性、最大的平衡产率和所要求的最佳的反应条件；接着考虑反应条件参数，如温度范围、压力高低、原料配比等。其次是主产物之外的副产物，包括目的产物的分解等；生产中可能遇到或者出现的实际问题，如设备材质及其对催化剂和催化反应的要求，氧化反应可能出现爆炸问题、腐蚀问题等。最后是经济性考虑，包括催化剂的经济性和催化反应的经济性等。

在对催化剂和催化反应有了一个总体性的合理了解之后，接着就是分析催化剂设计参数的四要素，即活性、选择性、稳定性或寿命、再生性。

在催化剂设计中，各不同阶段有相应的目标值，例如在初期以探索最适宜的催化剂成分作为目标，接着是微观结构最优化，最终为了在工业装置上使用而在催化剂形状和强度上建立目标。在性能方面也是如此，在开始时，以活性和选择性作为重点目标，在以后阶段最重要的是催化剂的寿命。初期在实验室规模的装置中进行试验，然后在接近工业化的中试装置中试验催化剂性能。

催化剂设计程序如图 2-1 所示，在此过程中主要强调设计假设的重要性以及为了修正设计假设反馈的重要性。

对目的反应的原理已解析清楚或经验已十分充分，有时根据催化原理或经验进行催化剂设计就能达到目的。然而催化作用是十分复杂的，往往对目的反应催化原理的解析或经验并不十分充分，此时必须根据已有的经验做一些大胆的假设来开始进行催化剂设计。当然设计假设要尽可能符合科学的法则，有时设计假设有问题，就不能根据最初的设计假设来合成具有目标性能的催化剂。为此需要一个几次反复的过程，就是根据第一次设计假设，选定催化剂、制备、试验而得出结果，根据此结果对第一次设计假设修正而得出第二个设计假设，进一步选定催化剂、制备后进行反应试验而得出结果，由此结果再修正设计假设。这样反复数次，使催化剂的性能达到目标。

这样的过程与历来的催化剂开发看起来没有很大的差别，然而根据设定合理的

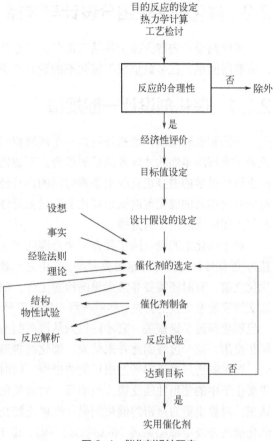

图 2-1　催化剂设计程序

设计假设，有效的催化剂设计成为可能。一般而言，在明确提出设计假设的场合下，根据已有经验，在现有数据的延长线上，得到新催化剂的情况是很多的。于是，一些参数作为独立变数，把催化剂性能作为这些参数的函数来理解，试验结果以函数形式给出，就较容易求得最佳值了。

在设计假设错误的场合，由之而制得的催化剂性能就很差，这就表示设计假设有关的参数在这个系统中不是起支配作用的因子，需要选择其他参数。另外，对经验法则要进一步修正，以能更符合客观规律。

此外，催化技术可以带来巨大的经济效益。催化剂是典型的专用化工品，其经济效益主要依赖于专利转让费，其次才是价格。因此催化剂工业强烈地依赖于科学研究，包括对复杂工业催化剂的组成研究、生产方法和催化反应过程开发等。这种工业实质上是专利性的，其研究开发的成果很少公开发表，都是以专利品的方式贮存于政府部门或者大企业公司，从公开发表的参考资料中只能窥测到一般性的情况。

由于工业催化剂的经济重要性，一种成功的工业催化剂所显示的巨大经济效益，促使各工业发达国家、各大石油化工公司投入大量的研究力量进行工业催化剂的开发。在这种强大经济压力的推动下，催化技术得到了迅速的发展，催化科学正在迅速地进步，催化剂设计的新时代正在到来，这种趋势对工业催化技术的进一步发展，对促进世界经济的繁荣，必将作出更大的贡献。

2.2 催化剂活性组分设计与选择

催化剂设计内容大体上包括三部分，即催化剂、载体和反应器。对具体对象而言，三方面应有所侧重，在多数情况下催化剂的设计是重点。

2.2.1 催化剂设计一般规律

新的和改进型催化剂的开发是一个烦琐费时的过程，需要科学素养、辛勤劳动、经验以及善于发现新事物的才能等品质的综合。不要错误地认为催化剂的开发完全是经验式的，实际上催化科学的进步正反映出随着时间的延长经验性正在减少。在投入工业使用之前，我们对新开发出来的催化剂的认识要比我们过去对催化剂的认识深刻得多，同时，在开发过程中在很大程度上应用了预选择。

对于催化剂的设计除了要有一个合理的考虑以外（即尽可能高的性能以取得最大经济效益），还有其他的实际问题需要考虑。其中之一就是在确定一个能使用的催化剂之前和使其最优化之前，有时还需要非常大量的检验工作。例如一种新的汽车尾气净化催化剂必须通过多层次的实验室规模的筛选，然后在汽车制造厂经过发动机与行车试验，这些都需要长期运转。一旦催化剂过了这些关，它才能进入从汽车制造商取得合格证明的行列，这又增加了许多时间和费用。这一过程到此并未结束，催化剂制造商还得继续对他们的不同批号的产品进行筛选，汽车制造厂家还得通过出厂前的检查，同时在催化剂交付使用后还要经过各种代理商收集买主手中的使用性能反馈。很明显，对有关化学的、物理的、工程的各种问题有更深刻的认识，对提出更为严密的催化剂设计程序无疑会有很大的好处。类似的例子在各种石油炼制催化剂的开发中都能见到（例如加氢过程），由于需要长期的耐久性试验，能用于考察的催化剂数目受到很大限制。

因此，我们需要对影响催化剂性能的各种因素在实用意义的水平上有详细了解。其中首先是催化剂的表面。我们需要更多地了解结构、表面的组成与反应性能的关系。实际情况是复杂的，因为工业催化剂可能都会有许多助催化剂、覆盖剂、选择性增加剂、结构稳定剂、分散稳定剂等，这些都是能实用的和不能实用的催化剂之间的差别。大量调查研究的重心还是催化剂的原表面，而对于经过多组分化学改性的催化剂表面了解得很少。因此，对于一个更有效的催化剂设计，我们需要对包括多组分催化剂的表面进行更多的基础研究。

另一个需要深入了解的领域是金属与载体的相互作用。这是现代催化剂研究中一个很活跃的领域，这方面已取得一些重要的进展。

我们对分子大小的孔道（沸石孔道）在分子水平上对传递过程的定量关系的了解远远地落后于我们所观察到的具有丰富的催化性能的这些材料。这些传递现象的定量关系已受到重视并取得进展，它将适用于动力学-工程分析。

表面与反应物分子之间的作用机制决定着活性与选择性，它对许多热力学可能的基元步骤的综合进行复杂的控制。与均相催化相似的反应体系将在这方面提供有用的信息，这一领域今后将取得大的进展。

一旦催化作用在分子水平上有了一个"合理的"轮廓，我们就需要用反应工程的工具来提供可实用的催化剂颗粒的设计以及一个装填催化剂的反应器的最佳设计。在反应工程文献中报道了若干在化学问题明确以后催化剂设计成功的例子。可是遗憾的是化学反应工程技术应用到催化剂设计上仍然落后于它所能发挥的作用。其原因之一可能是需要熟悉复杂的非线性微分方程及其求解所需的高级计算机技术。另一个障碍是需要功能非常强大的计算机来求解复杂的问题。这些领域在商品软件与超级计算机不断增加及普及的情况下将有新的发展。

最后，新催化剂的设计必然要求设计新的催化材料。材料科学的迅速发展最终将导致全新类型的催化材料出现。在元素周期表有限数目的元素中，都已适时地开拓出许多的反应，这些材料的本质在组成上是多元的，在结构上是复杂的。

而当我们确定研究课题后，着手设计催化剂时，应遵循下列步骤来进行：

① 详细分析研究对象和明确问题所在。例如，设计一个乙炔加氢催化剂，应该了解乙炔的浓度、乙炔存在的环境气体的组成、乙炔加氢变成乙烯还是变成乙烷等。对于不同的要求，设计催化剂时考虑的方面和深度会有差别。如果要求乙炔加氢变成乙烯，设计催化剂时选择性就是重点考虑的问题；如果加氢变成乙烷，选择性就可不予考虑。

② 写出在确定的条件下可能发生的化学反应，包括希望的和不希望的反应。

③ 进行热力学计算，确定哪些反应是可能进行的，哪些反应是不可能进行的。

④ 根据已知的基础理论知识和某些规律性的资料，设计对所需反应有利而对不希望的反应不利的可能的催化剂类型和主要化学组分。

⑤ 选择次要组分和载体。

⑥ 通过试验验证初步的设计，根据试验结果再进行设计（修改、补充起初的设计），然后再验证，反复进行。

催化剂的设计，最主要的是寻找主要组分。关于主要组分的选择，可按以下的基本原理或原则进行：基于化学键合理论，基于催化反应的经验规律，基于活化模式，等等。

(1) 键合理论与主组分设计的考虑

催化剂的开发，约 50%是靠经验与直觉，约 40%是靠实验的优化，余下的约 10%才是靠理论指导。尽管如此，理论指导终究还是有益的。随着催化科学的发展，理论的指导作用必然会增强。

基于催化的能带理论选择主催化剂的一个实例是 N_2O 的催化分解。其计量的反应式如下：

$$2N_2O \longrightarrow 2N_2+O_2$$

按设计程序写出的表面反应为：

$$N_2O+e^- （来自催化剂） \longrightarrow N_2+O^- （吸） \tag{2-1}$$

$$O^- （吸） +N_2O \longrightarrow N_2+O_2+e^- （去催化剂） \tag{2-2}$$

上述两式孰为反应的速率控制步骤呢？如为式 (2-1) 就要选易给出电子的催化剂，即 n 型半导体氧化物；如为式 (2-2) 就要选易得电子的催化剂，即 p 型半导体氧化物。理论研究指出：对于许多涉及氧的反应，p 型半导体氧化物（有可利用的空穴）最活泼，绝缘体氧化物次之，n 型半导体氧化物最差。活性最高的半导体氧化物催化剂，常是易于与反应物交换晶格氧的催化剂。N_2O 的催化分解、CO 的催化氧化、烃的选择性催化氧化都遵循这些规律。NiO 和 CoO 都是 p 型半导体，在 400℃以下对 N_2O 的分解有较好的催化活性。若反应温度提高到 450℃以上时，则 ZnO、Cr_2O_3 等 n 型半导体也对该反应有较好的活性，这可能是温度升高改变了反应的控制步骤所致。

基于键合理论指导主组分设计的第二个例证，是关于金属催化剂的优选。根据键合理论已知，金属催化剂的催化活性是与其 d 轨道状态联系在一起的。这种状态特征，可以用能带理论的 d 带填充分数表示，也可以用 Pauling 的 d 带填充分数表示，实质是一样的。需要指出的是，这种 d 带填充分数特征并不总是一个好的关联参数，最基本的关联参数应是与反应物或产物分子形成化学键的强度或活性指标。

(2) 基于催化反应的经验规则

任何催化剂的本性，是为反应物转化成产物提供一条比非催化反应活化能低的反应途径。对于有效的催化过程，大量的催化反应实践概括出这样一条规则：反应物分子在催化剂表面上吸附的强度，必须位于一个适宜的范围，吸附太强或太弱都是不适宜的。可以用甲酸在多种不同金属催化剂上催化分解成 H_2 和 CO_2 为例说明，见图 2-2。

红外光谱（IR）研究表明，吸附的甲酸类似于表面金属甲酸盐。整个分解过程涉及表面吸附中间物的生成及随后的分解成金属、CO_2 和 H_2。图 2-2 中曲线 A 代表吸附太弱，反应的进行涉及越过高的能垒；曲线 B 代表吸附太强，中间物的生成无困难，但它分解成产物需要的能量太大；曲线 C 代表最理想的情况，吸附具有最适宜的强度，即从反应物生成表面中间体及其分解生成产物都不涉及太大的活化能。图 2-3 描绘了 Sachtler-Fahrenfort 研究甲酸分解为这一规则提供的定量证明。纵坐标代表完成反应转化率达 50%所需的温度，金属的催化活性越大，此温度越低。横坐标代表金属甲酸盐的生成热。从图中看出，Ag 与 Au 是最差的催化剂，因为吸附强度太小；Fe、Co、Ni、W 也是很差的催化剂，因为吸附强度太大；最大的活性是靠近火山形（volcano-shaped）曲线顶部的金属，它们对甲酸显示了最适宜的吸附强度。

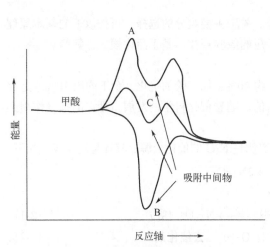

图 2-2　甲酸在金属催化剂上催化
分解的反应途径

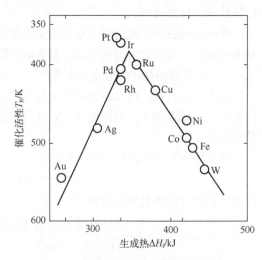

图 2-3　金属催化甲酸分解的催化活性与
甲酸盐生成热的函数关系

T_R—其他条件相同时完成 50%转化率
所需要的反应温度

吸附强度重要性的另一例证是第一长周期中从 V 到 Ni 等过渡金属催化合成氨的活性变化，位于左边的金属与 N_2 吸附过强，位于右边的金属则吸附太弱，只有中部的 Fe 对 N_2 的吸附强度最适宜，故它广泛地用作合成氨的催化剂。

用于这种经验关联的参数还有每摩尔吸附氧与金属最高氧化物的生成热曲线，即 Tanaka-Tamara 规则；还有用其他气体吸附热关联的，如 C_2H_4、N_2、NH_3、H_2 等呈现出类似的图像。早在 20 世纪 50 年代，人们就注意到一个现象：在金属催化反应中，金属的相对活性与生成相应金属氧化物的热化学数据之间存在一种火山形状的曲线关系。然而，由于缺乏这些最稳定中间产物的精确热化学数据，这一火山形曲线规律的正确预测一直受到阻碍。

这些经验规则一般是很好的。但是，也提出了几点值得考虑。首先，它是用热力学参量如吸附热、生成热关联，它们可能是重要的，但不是动力学所必需的；其次，在甲酸的分解讨论中，稳定的表面甲酸盐分解是速率控制步骤，火山曲线的关联是正确的，但也有吸附步骤的活化能低而表面化合物是很稳定的；最后，对于较复杂的表面反应，伴生的副反应可能导致表面失活。例如乙烯的催化加氢，可能伴随有聚合和脱氢结焦等副反应，使金属失活，故观察活性最好的金属不一定在火山顶部，常取决于它抗结焦的能力。

（3）基于活化模式的考虑

就催化剂设计的观点来说，尤其是对主要组分的探索，分子的活化模式对可入选的催化剂往往能提供非常有用的启示。为了充分利用分子的活化模式，应该尽可能多地占用数据资料和广泛地查阅有关的文献，这是减少催化剂设计和制备人员的宝贵时间去"再发现"前人已有的研究工作的重要途径。Trirnm 的专著、Lpage 等合编的专著，都有活化模式的详尽介绍，可借鉴参考。

2.2.2 催化剂成分组成

工业上用的催化剂往往不是单一的物质，而是由多种单质或化合物组成的混合物，因此常把催化剂分成主体和载体两部分，主体由主催化剂、共催化剂和助催化剂构成。

化学催化剂除上述几种主要组分外，有时还要添加抑制剂、稳定剂等组分。如果在主催化剂中添加少量的某种物质，能使主催化剂的催化活性适当降低甚至大幅度下降，则所加的这种少量物质称为抑制剂。抑制剂的作用与助催化剂的作用恰好相反。

在有些催化剂配方中加入抑制剂是为了使催化剂的各种性能达到均衡，以实现整体优化。例如过高的活性会导致副反应加剧，选择性下降。

稳定剂的作用与载体相似，也是某些催化剂中的常见组分，不过稳定剂的用量要比载体少得多。氧化铝、氧化镁等难还原的耐火氧化物，常作为易烧结催化组分的细分散态的稳定剂。

2.3 助催化剂的设计与选择

工业上所使用的催化剂，除了少数是单一物质之外（例如加氢骨架镍催化剂、银粉、氨氧化铂催化剂），大多数是由好几种物质构成的。而构成这些催化剂的各种组分，又可分为主要组分和次要组分两大类。

主要组分是催化剂中最主要的活性组分，没有它，催化剂将丧失对反应的催化活性。催化剂的次要组分是指为了改进催化剂的某些性能，例如选择性、活性、寿命或催化剂的物理性能等，而加入催化剂中的各种较次要的成分。上述合成氨铁催化剂中的 Al_2O_3、K_2O 和 CaO 都属于次要组分。

习惯上，把催化剂次要组分分为助催化剂和载体两大类。助催化剂和载体有时不容易区分，一般将催化剂中含量较少（通常低于总量的 10%）而又是关键性的次要组分称作助催化剂；而将含量较大且主要是为了改进催化剂物理性能的组分称作载体。

而在催化剂主要组分被设计出来之后,通过验证试验才能显示出次要组分设计的必要性。不管是什么理由,若验证试验表明该催化剂不具有所需要的催化性能时,就要加入种种次要组分(包括各种助催化剂及载体)以便改进催化剂的催化性能。

助催化剂的设计有两种方法。第一种方法是运用现有的科学知识结合已掌握的催化理论,针对催化剂及催化反应存在的问题进行助催化剂的设计。第二种方法是通过对该催化反应机理的深入研究,在弄懂了催化机理后对催化剂做出调整。第一种方法的应用比较简便,并且常能取得效果。一般来说,第二种方法是准确的,因为弄懂了催化机理必然会使催化剂得到改进。问题是催化机理的研究相当费力费时,而且不能保证一定有收益,所以这种方法有一定应用范围,只适用于影响很大,值得推敲,而且一经改良就有很大效益的场合。一般只用在那些有改进余地又通用的催化剂上。

2.3.1 助催化剂种类与作用

在催化剂中添加少量的某些成分,能够使催化剂的化学组成、晶体与表面结构、离子价态及分布、酸碱性等发生改变,从而使催化剂的性能(如活性、选择性、热稳定性、抗毒性和使用寿命等)得到改善。但当单独使用这些物质作催化剂时,没有催化活性或只有很低的活性,这些添加物质就被称为助催化剂。通常助催化剂在催化剂中存在最适宜的含量。

按照助催化剂的作用机理,可作如下分类。

2.3.1.1 结构性助催化剂

结构性助催化剂的作用之一是增大比表面积,防止烧结,提高催化剂主要组分的结构稳定性。因这类助催化剂可在温度升高时防止和减慢微晶体的生长,增强催化剂的稳定性,所以也被称作稳定剂。

由磁铁矿(Fe_3O_4)还原产生的 α-Fe 微晶对氨的合成反应有很高的活性,但在 773K 的高温条件下,α-Fe 微晶极易烧结而长大,从而减小活性表面而使活性丧失,寿命不超过几个小时。若在熔融的 Fe_3O_4 中加入 Al_2O_3,由于 Al_2O_3 能与 Fe_3O_4 发生同晶取代,生成固溶体 $Fe_{3-x}Al_xO_4$。在还原过程中,溶解了的 Al_2O_3 在铁微晶之间的小孔中析出,这样 Al_2O_3 可以把铁晶体隔开成为许许多多的铁微晶,增大了催化剂的比表面积,也增加了铁活性中心的数目,并防止活性铁的微晶在还原时及使用中进一步长大,保持还原后的微晶结构,提高催化剂的热稳定性及延长催化剂的使用寿命。在合成氨催化剂中,Al_2O_3 就是典型的结构性助催化剂。

大多数结构性助催化剂是熔点及沸点较高、难还原的金属氧化物。将这些氧化物加入易被还原的金属氧化物中去时,可以稳定所形成的金属结构。这可能是它使活性组分的熔点升高的缘故。

载体也起着结构性助催化剂的作用,如烃类蒸汽转化催化剂中所用的 Al_2O_3、MgO、水泥等载体,不仅作为镍基催化剂的骨架和基底,而且支撑着镍组分的分散状态,防止镍微晶在高温下迅速长大,失去催化活性。

结构性助催化剂主要用于增加活性组分的比表面积或提高活性组分的稳定性从而提升催化剂的活性。

2.3.1.2　调变性助催化剂

调变性助催化剂的作用是改变催化剂主要组分的化学组成、电子结构（化合形态）、表面性质或晶形结构，从而提高催化剂的活性和选择性。调变性助催化剂能使催化反应活化能降低。

调变性助催化剂有下列几种形式。

（1）电子助催化剂

以合成氨铁催化剂为例，K_2O 就是一种电子助催化剂。

研究人员发现，在 $Fe-Al_2O_3$ 氨催化剂基础上，再加入第二种助催化剂 K_2O，活性更高。这是因为加入 Fe 中的 K_2O 起着电子给予体的作用。Fe 是一种过渡金属元素，铁原子有空的 d 轨道，可以接受电子，所以 Fe 起电子接受体的作用。K_2O 把电子转给 Fe 后，增加了 Fe 的电子密度，降低了铁表面的电子逸出功，加速了 N 在 Fe 上的活性吸附，因而提高了催化剂的活性。

在加氢催化反应中，那些具有 d 空轨道或 d 能带中有空穴，并且对加入的电子有强的吸引力的金属，会强烈地吸附氢，而从氢得来的电子可以成为主体电子体系的一部分，这类金属是不良的加氢催化剂，因为它们对反应有效的氢吸附太牢；而没有 d 空轨道的金属，对 H_2 只有弱的吸引力，因此在纯金属元素状态时，它们不能强烈地吸附氢，因而也显示出较差的催化加氢能力。有少数 d 空轨道的金属（如 Ni、Pt）则可使 H_2 被吸附，但又能很快地放还给其他作用物，只有这类金属才是良好的加氢催化剂。

若加入某种助催化剂，能影响 d 空轨道的数目，改变对 H_2 的吸附性能使催化剂的活性得到明显的改进，则这种助催化剂可认为是一种电子助催化剂。

（2）晶格缺陷助催化剂

许多氧化物催化剂的活性中心是靠近表面的晶格缺陷，少量杂质或附加物对晶格缺陷的数目有很大影响，助催化剂实际上可看成加入催化剂中的杂质或附加物。如果氧化物催化剂表面的晶格缺陷数目是由于某种助催化剂的加入而增加，从而提高氧化物催化剂的催化活性，这种助催化剂被称为晶格缺陷助催化剂。

为了发生间隙取代，通常加入的助催化剂的离子需要和被它取代的离子大致上一样大。

（3）增界助催化剂

在相与相之间或晶体与晶体之间的边界区域与主体相有不同的催化活性。可以产生或增加活性界面数目的添加物，即被称为增界助催化剂。

（4）选择性助催化剂

在可能发生一种以上反应的情况下，往往需要一种选择性助催化剂去引导反应沿着一定的途径进行，或者防止产物进一步反应。如轻油蒸汽转化镍基催化剂以水泥为载体时，由于水泥中含有酸性氧化物的酸性中心，催化轻油裂化会导致结碳。如果在催化剂中加入 K_2O，则不但可中和酸性中心，防止裂化结碳，还可使反应沿着气化方向进行。

（5）扩散助催化剂

当使用较大粒度催化剂时，微孔对反应介质扩散所产生的阻力，在某些反应中将影响整个反应的速率。加入扩散助催化剂，可以改善扩散性能，减小对扩散流的阻力，又不损害催化剂的物理强度或其他性质。经常使用的扩散助催化剂有：有机物质像矿物油、石墨、木粉、淀粉、糊精、纤维素等，可以完全分解而使催化剂孔数目增多，具有许多大孔的高孔率载体；

具有针状颗粒的物质；干燥时失去大量水分而剩下多孔性残骸的含水氧化物；可分解的盐类像硝酸盐和碳酸盐，在加热时放出气体而获得高度多孔的产物。

(6) 相变助催化剂

催化剂表面在非常快的转变下，是个动的体系。在催化剂中加入一种能够帮助或阻碍物相或氧化态转变的助催化剂，称为相变助催化剂。

(7) 双重作用助催化剂

在某些催化作用中，必须催化一种以上的反应才会得到全部结果。在这种情况下，助催化剂可催化其中一个反应，即有选择地在多种反应中催化一种反应。

2.3.1.3 能加速催化剂预处理的助催化剂

这种助催化剂能降低催化剂预处理的温度及加快还原速度，如将铜加入沉淀钴或铁催化剂中，可以加快还原速度。

2.3.2 助催化剂与主活性相间作用

(1) 对催化剂活性的影响

助催化剂的加入可以以两种形式来增加催化剂的活性。一种是由于加入助催化剂可以提高催化能力，整个催化反应的活化能下降。在工业上可使催化反应活性温度降低，产率或转化率提高。电子助催化剂等调变性助催化剂属于这一类助催化剂。另一种是加入助催化剂虽不改变催化反应的活化能，但能使催化剂的固有活性持久、稳定，以增加对毒物的抵抗能力。结构性助催化剂属于这一类，这类助催化剂在工业上的应用极为普遍。所有使用载体的催化剂及放入高熔点难还原的金属氧化物——SiO_2、Al_2O_3、MgO、CaO、Cr_2O_3、MnO_2 等的催化剂都用这类助催化剂。

(2) 对催化剂热稳定性与寿命的影响

低压甲醇合成用的铜基催化剂，如果不放入一定量的 Al_2O_3 或 Cr_2O_3，那么还原态的金属铜就会很快失去热稳定性。合成氨工业中精制合成气用的甲烷化催化剂，如果没有 γ-Al_2O_3 或低硅铝酸钙水泥作为载体，活性相的金属 Ni 就会很快失去活性；在这些催化剂中放入少量的镧系元素，不仅可提高活性，而且可提高热稳定性，即使在 873K 左右的温度下，也不会使 Ni 微晶体显著变大。在大多数情况下，催化剂热稳定性的增强可能与助催化剂使活性组分的熔点升高有关。当助催化剂与活性组分形成固溶体时，就能发生这种情况。氨合成熔铁催化剂的 Fe 与 Al_2O_3 生成 $FeAl_2O_4$ 固溶体，可使催化剂的热稳定性提高。烃类蒸汽转化制合成气的镍基催化剂，活性相的镍与载体 Al_2O_3 和 MgO 形成固溶体，即使在 1073K 左右的高温中运转，也具有足够的热稳定性和寿命。结构性助催化剂主要起着影响催化剂这方面性能的作用。

(3) 对催化剂抗毒能力的影响

催化剂在使用过程中，要受反应介质气中所含各种毒物的毒害。毒化现象大致可分为两类：一类为可逆毒化，即催化剂中毒并降低活性后，只要重新处于纯净的反应介质中，活性可重新恢复；另一类为不可逆毒化，中毒后活性不能复原，例如硫化物对铜基催化剂的毒害是不可逆毒化。在合成氨与合成甲醇工艺过程中，可能带入反应介质中并对催化剂有毒害作用的毒物为硫化物。硫化物对铁铬系催化剂（一氧化碳变换）的毒害为可逆毒化，而对铜基催化剂（合成甲醇）或镍基催化剂（甲烷化）是不可逆毒化。在 CO 变换铁铬系催化剂中，加入一定量的助催化剂，可提高催化剂对硫的抗毒作用。在合成氨铁催化剂中加入少量的稀土元素氧化物，也可显著提高催化剂对硫的抗毒能力。另外，加入扩散助催化剂，可增加催化剂的内表面积和孔径率等，故也可增强对硫的抗毒能力。加入合适的载体，可降低和抑制催化剂的中毒程度。在脂肪油、萘、苯的氢化反应中以酸性白土为载体对中毒的抑制较为有效。

（4）对催化剂选择性的影响

催化剂中加入助催化剂（包括载体），能提高催化剂的选择性。例如在镍基催化剂上进行烃类蒸汽转化制合成气（$CO+H_2$）时，可按下列示意方式进行：

当催化剂以酸性氧化物为载体时，酸性中心有利于催化裂化，反应容易向析碳反应 1 进行。用碱（K_2O）作助催化剂，不仅可中和酸性中心，而且有利于向反应 2 的方向进行。也可用氧化镁作载体，使反应向气化方向进行。

合成甲醇所用的锌铬催化剂如果放入一定量的碱性催化剂，就会在合成甲醇的同时生成一定量的异丁醇及其他高级醇类。周期表中ⅠA族的金属阳离子特别表现出这种性能。它们的助催化活性与碱性密切相关，碱性随原子量的增大而增强。锂、钠、钾、铷、铯等碱金属元素加入锌铬催化剂中对生成高级醇的催化活性，以铯（Cs^+）为最高，其次是铷（Rb^+）、钾（K^+）。

用于硫酸工业中的二氧化硫氧化催化剂，通常以五氧化二钒（V_2O_5）为活性组分，以二氧化硅（SiO_2）为载体。在萘氧化时，五氧化二钒活性组分以浮石作载体比以二氧化硅作载体的活性好。而当以二氧化硅吸附硫酸钾之后作载体，其收率就远超过以浮石为载体所得的收率。

镍催化剂中加入 Al_2O_3 和 MgO，可提高加氢活性，但加入钡、钙、铁的氧化物时，则对苯加氢的活性下降。在石油催化裂化中，单独使用 SiO_2 或 Al_2O_3 催化剂时，汽油的生成率低。如果两者混合作催化剂，则汽油的生成率可提高。

以上例子充分说明助催化剂对催化剂的选择性有很大的影响。

2.4　载体的选择

2.4.1　载体作用与类型

在催化剂中有很大一部分活性组分是负载在载体上的，石油化工中所用的催化剂，多数属于固体载体催化剂。

载体用于催化剂的制备上，原先的目的是节约贵重金属材料（例如铂、钯、铑等）的消耗，即把贵重金属材料分散负载在体积较大的物体上，以代替整块金属材料使用。另一个目的是使用强度较大的载体，使得催化剂能够经受机械冲击，使用时不会因逐渐粉碎而增加对反应器中流体的阻力。所以开始选择载体时往往从物理力学性能、来源容易及价格低廉等方面加以考虑。像碎砖、木炭、浮石等都可用作催化剂载体。而到后来，由于使用不同载体而使催化剂活性产生差异，才了解到载体还有其他多方面的作用。

作为催化剂的载体可以是天然物质（如浮石、硅藻土、白土等），也可以是人工合成物质（如硅胶、活性氧化铝等）。天然物质的载体常因来源不同导致性质有较大的差异，例如，不同来源的白土其成分差别就很大。而且，由于天然物质的比表面积及细孔结构是有限的，所以，目前工业上所用载体大都采用人工制备的物质，或在人工制备物质中混入一定量的天然物质后制得。

虽然工业上使用的载体种类不一，并随活性组分及催化反应种类而异。一般来说，一个理想的催化剂载体应具备下列条件。

① 具有能适合反应过程的形状和大小。

② 有足够的机械强度，能经受反应过程中机械或热的冲击；有足够的抗拉强度，以抵抗催化剂使用过程中逐渐沉积在细孔里的副反应产物（如积炭）或污物而引起的破裂作用。

③ 有足够的比表面积、合适的孔结构和吸水率，以便在其表面能均匀地负载活性组分和助催化剂，满足催化反应的需要。

④ 有足够的稳定性以抵抗活性组分、反应物及产物的化学侵蚀，并能经受催化剂的再生处理。

⑤ 耐热，并具有合适的热导率、比热容、密度、表面酸性等性质。

⑥ 不含有能使催化剂中毒或使副反应增加的物质。

⑦ 原料易得，制备方便，在制备载体以及制备成催化剂时不会造成环境污染。

⑧ 能与活性组分发生化学作用。

a. 与活性组分作用以改良其比活性或尽可能减少烧结；

b. 可以通过逸出机理接受或给予化学物质；

c. 可以与金属活性组分发生金属-载体强相互作用。

⑨ 能阻止催化剂减活。

a. 用于稳定催化剂使它能抗烧结；

b. 使中毒降至低限。

2.4.1.1 载体的作用

载体的机械功用是作为活性组分的骨架，它可以分散活性组分，减少催化剂的收缩并增大催化剂的强度。而大量实验结果表明，载体除了这种纯粹的机械功用以外，还影响催化剂活性和选择性。

一般情况下载体的作用在于改进催化剂颗粒的物理性质，一个典型的例子是载体可以增加活性组分的比表面积。但在很多情况下，活性组分附载在载体上后，载体与活性组分之间会发生某种形式的作用，或使相邻活性组分的原子或分子发生变形，以致活性表面的本质产生改变，载体在催化剂中可以起到以下几个方面的作用。

（1）增加有效表面积和提供合适的孔结构——增强催化剂的活性和选择性

采用合适的载体和制备方法，可使负载的催化剂得到较大的有效表面积及适宜的孔结构。加入载体使活性组分有较大的暴露表面，促使微粒分散强化，增加了比表面积，从而提高本身表面积小的活性组分的催化活性。使用少量的活性组分就能获得同样的表面积和活性，这对于像铂、钯一类的贵金属来说更具有特别意义。

一般来讲，选作催化剂用的载体希望具有适合于该反应的反应物分子进入的细孔结构。例如，选择分子筛作催化剂载体时，它不但具有筛分分子的作用，而且本身也具备催化作用，可以做到只使特定大小的反应物分子发生选择催化作用，从而大大提高催化剂的构型选择性。

(2) 提高催化剂的机械强度

固体催化剂颗粒抵抗摩擦、冲击、压力以及由温度变化与相变等引起的各种应力的能力，可统称为机械强度或机械稳定性。机械强度较高的催化剂，可以经受颗粒与颗粒、流体与颗粒、颗粒与反应器之间的摩擦，运输、装填过程的冲击，相变、压降、热循环等引起的内应力和外应力，而不显著磨损或破碎。

无论是固定床或流化床用催化剂，都要求催化剂具有一定机械强度。而固定床催化剂机械强度的要求随反应器类型和使用条件的不同而异，主要考虑催化剂装填、取出时的磨损，由压力变化引起的破坏，因碳析出引起的粉碎，以及由急冷、受热引起破坏等。固定床催化剂有时用了载体但强度依然不够，还需用添加黏合剂等方法来强化催化剂。例如，人造刚玉、碳化硅等都具有很高的机械强度及导热性，常用作一些氧化反应的催化剂载体。

流化床催化剂则要求具有很高的耐磨强度。例如萘催化氧化反应，用 V_2O_5 作催化剂，反应是在流化床上进行的强放热反应，反应物质在爆炸极限内操作，有发生深度氧化的可能。因此，要求催化剂载体具有高度热稳定性及耐磨强度。这时可以选择比表面积比较小或孔隙率比较大的 SiO_2 作载体，能满足对萘氧化催化剂性能的要求。又如丙烯氨氧化反应催化剂 Bi_2O_3-MoO_3-SiO_2，其中起着载体作用的 SiO_2，就是为了提高催化剂的耐磨性能而加入的。

(3) 提高催化剂的热稳定性

氧化反应和加氧反应都是放热量比较大的反应，尤其在高空速及高反应物浓度下操作时必须很好地除去反应热，以防止反应热积蓄而引起催化剂烧结。

不使用载体的催化剂，活性组分颗粒紧密接触，由于相互作用，会使活性组分颗粒聚集、增大，减小表面积，容易引起烧结，导致活性下降。将活性组分负载在载体上，就能使颗粒分散开，防止颗粒聚集，提高分散度，增加散热面积和热导率，有利于热量的除去，从而增加催化剂的活性。例如，将铜和钯单独用作加氢、脱氢反应的催化剂，在 473K 时，很快就因发生半熔和烧结而失去活性；如果将这些催化剂负载在 Al_2O_3 或 SiO_2-Al_2O_3 上，由于提高分散度，即使在 573～773K 下仍能长期使用而不烧结。由此可见，载体明显地提高了催化剂的热稳定性，延长了催化剂的寿命。

催化剂烧结会造成催化剂减活，一般来说是不可逆的。选择一种载体和填充剂能对抗烧结起很大作用，这在选择载体时是最关键的问题。

因为各种催化活性物质和载体都是有截然不同的孔隙率的高比表面积的固体，它们总是存在一种能降低自由能的热力学推动力，即能使表面自由能降至最低限度。各种催化剂由于受到固体性质和物理排列以及固体重排机理的动力学限制，它们是不可能立即烧结的。虽然这些固体的化学性质和周围环境会影响烧结速率，但一般来说，温度是起支配作用的主要因素。因此，在足够低的温度下，固体能长期保持其原有结构不变。当温度不断升高时，很可能是由于催化反应供给了热量，表面扩散变得重要起来，开始时极不稳定的表面变得光滑了，最终成了平圆或球形的颗粒。凡是有沉积催化剂颗粒相互接触的地方，或有穿过表面，或通过气相传递的地方，颗粒都有可能长大。

(4) 提供活性中心

活性中心是催化剂表面上具有催化活性的最活泼区域。发生催化反应时，一个反应物分子中的不同原子可能同时被几个邻近的活性中心所吸附，活性中心力场的作用使分子变形而生成活化配合物，然后活化配合物分子中的键进行改组而形成新的化合物。

一般认为，催化剂活性中心的形成与载体的性质无关，但有些载体，尤其是具有固体酸碱结构的载体也可以提供某种功能的活性中心。例如，正己烷铂重整反应，包括异构化和加氢脱氢两种反应，所用催化剂的活性金属是铂，载体常用氧化铝。该重整反应是在加氢、脱氢活性中心(铂活性中心)和促进异构化反应的酸性中心上发生，这种酸性中心是由载体 Al_2O_3 所提供，即用酸处理的氧化铝可以产生这种功能。载体这种提供活性中心的能力，实际上常常与催化剂的多功能催化作用相联系。促进异构化的除氧化铝以外，还可用硅酸铝或分子筛。在实际反应中，只有当催化剂载体上的金属活性组分和酸性组分之间的比例适当时，催化剂才能发挥最佳效能。

(5) 与活性组分之间的相互化学作用

载体所起积极作用的重要方面之一，是它与活性物质之间的相互化学作用。

有时，当活性组分负载在载体上后，由于两者的相互作用，或因形成吸附键，部分活性组分和载体可能形成新的化合物或固溶体，产生新的化合形态及晶体结构，从而引起催化活性的变化，这时候载体的作用往往与助催化剂的作用相似。

(6) 增加催化剂的抗毒性能

催化剂在使用过程中常会由于各种因素而使活性降低或失去活性，尤其是金属催化剂常会由于各种毒物的存在而中毒，而将金属活性组分负载在载体上就可以增加催化剂的抗毒性能，其原因除了载体使活性表面增加，降低对毒物的敏感性以外，载体还有分解和吸附毒物的作用。

倘若催化剂在操作过程中结碳，则必须在高温下用水蒸气或氧除去结碳使催化剂再生，那么该载体在减活和再生条件下必须有显著的抗烧结能力，这样的载体就能起更加积极的作用。

对于水蒸气转化反应，不希望有积炭生成，显而易见的一种预防措施是消除金属和载体的积炭活性。已知碱能催化积炭与水蒸气的反应，将碱加入载体会有非常实用的优点。但氢氧化钾在蒸汽中蒸发并带到后工序，它会使设备、管道等很快腐蚀损坏。为了克服这一不足，可将碱和原催化剂中的硅酸铝结合成配合物，如 $KAlSiO_4$。在水蒸气转化条件下，配合物缓慢分解释放低浓度的苛性钾，就能促进积炭的清除。

为了避免减活而掺杂载体是不常用的，除非加入载体之后可以去除不需要的酸性或碱性。然而，有另一类催化剂，其载体在消除中毒方面起主要作用，这就是分子筛。分子筛是极为重要的一类催化剂，其载体的晶体结构使形成的孔道具有十分整齐的进口孔径。例如，各种硅酸铝能用来生产含有 0.5～1nm 进口的笼子。金属离子交换到笼子的孔穴中，得到极好的分布，而使烧结的机会降至最低。因为受孔口大小条件的限制，可以阻止大的毒物分子扩散到催化剂上。

沸石的强酸性有时会造成麻烦，导致不希望出现的积炭出现而堵塞孔道。在这种情况下为解决积炭可制备一种有效的分子筛催化剂，其酸性能保持在低限，所以不会引起积炭。

(7) 节省活性组分用量，降低成本

使用载体可以减少活性组分用量是显而易见的，这对于某些贵金属活性组分来说，可以大大降低催化剂成本。

SO_2 氧化反应使用的催化剂主要是用 V_2O_5 作活性组分，其含量占催化剂总重量的 7%左右，其余是助催化剂和载体。硅藻土、硅胶、分子筛等都可作为载体，由于载体的使用，只用少量 V_2O_5 便可获得同样的催化效能。

(8) 均相催化剂的载体化

均相催化剂与多相催化剂相比，其优点是均相催化剂具有较明确的活性部位，金属原子的空间和电子的环境至少在原则上可以任意调节。但它的主要缺点是需要在损失其含有的金属情况下从反应产物中分离出来，分离步骤既复杂又费时，而且它容易中毒、腐蚀反应器。如果能将均相催化剂浸渍在支载体上或用某些方法与其化学键合，就可保持其优点，克服其缺点。用于均相催化剂载体化的支载体有玻璃、硅酸、分子筛等无机物质，也有苯乙烯树脂、纤维素等有机物质和蚕丝一类的天然高分子。由于支载体在催化剂中有时是以配合物的特种配位体的形式存在或结合在一起，所以它与一般多相催化剂用的载体多少有些区别。为区别起见，有时称它为支载体。此外，支载体毕竟也起着负载过渡金属配合物的作用，所以也将它作为载体的一种形式来讨论。

2.4.1.2　载体的类型

载体的种类繁多，也没有比较简便的方法来分类载体物质，同时有些载体（如硅胶、氧化铝等）可以制备成性质非常不同的物质，所以对于载体的分类并不是很统一。下面介绍两种分类方法。

(1) 按载体物质的相对活性分类

根据载体物质的相对活性，可将载体物质分为两类：一类为非活性载体，包括那些非过渡性绝缘元素或化合物，它们是具有非缺陷晶体和非多孔聚集态的物质；另一类为相对非活性载体，它们具有潜在的活性，可以抑制或利用其活性。一般来讲，固体显示活性的温度顺序是：

金属＜氧化物≤硫化物

发生固体熔融的温度顺序是：

氧化物＞金属≥硫化物

1）非活性载体

作为这类载体的物质有碳化硅、氧化镁、氧化铝、氧化硅（熔融）及硅酸铝等。常用的有天然绿柱石（$3Be \cdot Al_2O_3 \cdot 6SiO_2$）、氧化锆、铝镁尖晶石（$MgAl_2O_4$）和 $\beta\text{-}Al_2O_3$ 等。合成物质经高温烧结可以制成比表面积较小（$0.5m^2/g$）的疏松粉末、颗粒或块状物，主要用于抗高温的催化剂的活性支撑。例如绿柱石和高温烧结的 $\alpha\text{-}Al_2O_3$ 作为贵金属的载体，已在工业生产中应用。疏松刚玉作为 V_2O_5 的载体，在 $673 \sim 773K$ 温度下，用于极快的氧化反应过程。

2）相对非活性载体

这类载体可以分为三类：

① 绝缘体。绝缘体是一种导电能力小到可以忽略不计的固体，是一些无定形或微晶形物质。化合价不变而且稳定的金属氧化物常属于这种类型。绝缘性氧化物都可用作载体。天然物质如硅藻土（SiO_2）、白土煅烧后的产物（膨润土、蒙脱石、海泡石）、硅石及石棉等可用作载体。碱土金属的硫酸盐如 $BaSO_4$ 等可用作氢化催化剂的载体，但不宜用于高温，以免硫酸盐还原产生的 H_2S 毒化活性金属。

② 半导体。金属氧化物很多都是半导体，它们在足够高的温度下表现出导电性。半导体的导电是由晶体中存在的结构缺陷所引起的，通常形成离子晶格的氧化物具有半导体性质。

具有高熔融温度的半导体氧化物都可用作载体，如 TiO_2、Cr_2O_3、ZnO 等是用得较多的半导体，它们分别用作加氢、脱氢及一些非贵金属催化剂的载体。

石炭（如焦、石墨、活性炭等）也属于半导体载体。焦和石墨比表面积较小，活性炭比表面积较大，在 $100 \sim 1000 m^2/g$ 之间，一般应用 $200m^2/g$ 的活性炭。在活化剂（$ZnCl_2$）存在下，部分氧化和高温裂解制得的活性炭在低温过程中显示有酸性和亲水表面，在高温过程中却有酸性和疏水表面。

③ 导体。金属一般都有活性，通常不用作载体，但它们与其他物质相比，具有导热性能好、机械强度高、制造方便等优点。金属对活性组分的黏着性很差，它除作为一些小面积无孔产品以外，一般是制成多孔性薄片。例如蜂窝状骨架镍（Raney-Ni）和在金属板上喷镀其他活性金属制成催化剂等。

(2) 按载体物质的表面积分类

载体表面积这一结构因子，对于活性组分分散在载体上引起催化活性改变是一个很重要的因素。所以通常从表面积这一角度出发，将载体分为小表面积载体和大表面积载体两类。

1）小表面积载体

小表面积载体的特点是比表面积较小，一般小于 $20m^2/g$，如碳化硅、浮石、刚玉、耐火砖等。使用小表面积载体制备催化剂时，大多是先制好载体，然后将活性组分分散在载体上。通常，载体对所负载的活性组分的活性无重大影响，小表面积载体一般又可分为有孔及无孔两种类型。

① 有孔小表面积载体。常用的有孔小表面积载体包括硅藻土、浮石、碳化硅烧结物、耐火砖、多孔金属等。它们的比表面积小于 $20m^2/g$。这些载体的特点是具有较高的硬度和热导率，在高温下具有稳定的结构。它们常用于活性组分对于所选择的反应是非常活泼的情况。这种情况下，反应物通过催化剂时，它与催化剂表面碰撞的分子数的分布曲线比多孔物质所得到的曲线要窄。而进入孔中的分子数或反应产物与催化剂表面的碰撞数，常比由平均停留时间计算出来的要大。

多孔的金属产品，如多孔的不锈钢及熔结金属物质也可用作载体，通常是将它们制成薄片，使反应物能够均匀通过孔结构而无过大的压降。总的来说，这类载体由于比表面积很小常常限制它们的应用。

② 无孔小表面积载体。无孔小表面积载体的比表面积为 $1m^2/g$ 左右，它们具有很高的硬度和热导率。例如石英粉、碳化硅等。这类载体仅用于活性组分是极端活泼的场合，在部分氧化及放热量很大的反应中，使用这种载体可以避免发生深度氧化及反应热过度集中，当它们被用作流化床催化剂的载体时，容易出现活性组分黏附到载体上这一现象。

2）大表面积载体

这类载体的特点是比表面积较大，通常为每克几百平方米，高的可达每克上千平方米，常用的有活性炭、硅胶、氧化铝、硅酸铝、分子筛等。它们的孔结构多种多样，常随制备方法不同而有所差异。

大表面积载体是使用最广泛的一类载体，载体的性质会对所负载的活性组分产生较大影响。通常也将它们分成有孔及无孔两种类型。

① 有孔大表面积载体。有孔大表面积载体的比表面积通常超过 $50m^2/g$，孔容大于 $0.2mL^3/g$，如硅胶、氧化铝、活性炭、分子筛等。这类载体自身常呈现酸性或碱性，并由此影响催化剂的催化活性，有时还提供反应活性中心。铂重整反应中的 $Pt-Al_2O_3$ 催化剂，载体

Al_2O_3 就起着酸性活性中心的作用。

有孔大表面积载体通常用在要求有最高活性及稳定性的场合，载体为活性组分提供很大的有效表面积并增强其稳定性。载体的稳定性一定要与活性组分的稳定性结合起来考虑。如果反应产物还会进一步反应，而且选择性又是很重要的话，就宁可选择较小面积较大孔径的载体，这样接触时间比较均匀。

为了使得用这类载体制得的催化剂具有最高活性，活性组分应该能适当地分散在载体上。制备这类载体时，可以根据不同原料及反应条件采取多种方法。天然产物如多水高岭土、膨润土、黏土矿等可以通过洗涤、酸处理及煅烧等过程进行制备；氧化铝及氧化镁等无机骨架产物，可以通过它们的晶体水合物或氢氧化物经共沉淀或热处理制得；活性炭是将原料经过碳化后，再经活化而制得。

② 无孔大表面积载体。无孔大表面积载体通常可以采用的物质是被称为颜料的物质，包括氧化铁颜料、炭黑、高岭土、TiO_2、ZnO、Cr_2O_3 及石棉等。其中有些属于半导体，如 TiO_2、ZnO 等，它们的比表面积超过 $5m^2/g$，具有亚微粒子的大小（$0.1\sim10\mu m$）。制备时往往需要添加黏结剂，经挤压后，在高温下焙烧成型。

（3）催化剂载体的选择

选择催化剂载体原则上是根据研究对象的需要和载体在其中起的作用来确定，大致包括载体的化学组成、杂质及含量、物理性质、制备方法和来源等。诸方面因反应不同而有所侧重。下面按化学因素和物理因素分述如下。

1）化学因素

① 载体对希望的反应是否需要有活性？载体在大多数情况下是无催化活性或不需要有催化活性的，但是有时（如双功能催化剂）需要有某种催化活性。如乙炔选择加氢制乙烯催化剂（Pd/Al_2O_3）中的 Al_2O_3 载体就不需要有催化活性；而 Pt 重整中 $\eta\text{-}Al_2O_3$ 就提供酸性中心而具有异构化活性。前者可用 $\alpha\text{-}Al_2O_3$ 而后者则用 $\eta\text{-}Al_2O_3$ 作载体。

② 载体与催化剂活性组分是否有相互作用？希望还是不希望有这种作用？具体问题具体分析，没有简单的原则可循。如 Ni/Al_2O_3 催化剂，在 500℃左右可生成 $NiAlO_4$ 尖晶石结构，这种结构对加氢、氢转移等反应是无活性的，并且 $NiAlO_4$ 尖晶石结构很难还原成金属 Ni，所以对于加氢、氢转移等反应不希望发生 Ni 和 Al_2O_3 相互作用。但对于制氢催化剂则可有少量 $NiAlO_4$ 尖晶石结构，因为它的强度好，可以改善催化剂的稳定性（Ni 在 $NiAlO_4$ 尖晶石上稳定）。

③ 载体是否和反应物或产物相互作用？希望还是不希望有这种作用？在选择载体时，尤其是在复杂反应情况下，要慎重考虑。如当 SiO_2 载体中有 HF 或 F 存在时（在气相）可与 SiO_2 生成 SiF_4，这样既可破坏载体又使催化剂粉化。

④ 催化剂的活性组分能否以所希望的形式沉积在载体上？

⑤ 载体是否抗中毒？

⑥ 在操作条件下，载体稳定性如何？

2）物理因素

① 所希望的比表面积、孔隙率和孔分布。载体的宏观结构如比表面积、孔分布等对催化剂的催化性能有影响，而且因反应种类不同而有差别。如果反应要求高比表面积和细孔的载体，则可以选择 SiO_2 载体，因为不同制备方法和处理条件可制取比表面积不同的 SiO_2。如果反应要求催化剂是双功能的，则可选用 Al_2O_3 或 $SiO_2\text{-}Al_2O_3$ 载体，因为它们具有酸性而且因

处理条件的改变可调整其酸量。

② 希望载体的导热性如何? 固体催化剂通常是在较高温度下使用,所以载体的导热性将直接影响到催化剂颗粒内外温差和固定床管式反应器横截面温差。温差的大小不但影响催化剂的活性,而且影响选择性。多数情况下要求温差越小越好,而载体往往是热的不良导体。若要改善载体的导热性和减小温差的影响,通常可在载体中加入适量的导热好的物质和选择性较佳的催化剂颗粒,形状应与反应管尺寸恰当匹配。

③ 载体的机械强度。对固体催化剂而言,机械强度是一项很重要的指标。载体的强度好坏直接影响催化剂的强度,对于负载型金属催化剂,载体的强度就是催化剂的强度。要考虑在反应条件(温度、压力、气氛)下,载体有没有收缩、膨胀、崩裂和化学变化。因为这些现象将造成催化剂的粉碎和活性物质的变化,从而导致催化剂失活或不能使用。

④ 所希望的载体形状。载体的形状实际就是催化剂的形状。催化剂的形状选择通常与反应器的种类和反应类型有关。目前工业上使用的反应器大体分为固定床、流化床、悬浮床和移动床四种类型。它们选用的形状为: 固定床多用片状、条状、柱状和异形;流化床由于催化剂在床内不停地翻腾,呈流化状态,所以要求用微球形催化剂;悬浮床多选用微米级的球体;移动床因为催化剂不断移动,相互磨损严重,所以选用小球催化剂为宜。

2.4.2　载体负载方法

载体的负载方法有很多,下面以负载型 TiO_2 光催化剂的负载方法为例。负载可在气相和液相两种状态下进行。由于液相法设备简单、成本低廉,所以实验室广泛采用液相法进行光降解催化剂的负载。液相负载主要有以下方法。

(1) 溶胶-凝胶法

溶胶-凝胶法是目前最常用的负载方法。李杰瑞等用溶胶-凝胶法将 TiO_2 涂覆在普通钠钙玻璃上,以苯酚为目标污染物,研究了胶液配比、涂覆次数、升温程序等因素对以溶胶-凝胶法在普通钠钙玻璃片上负载 TiO_2 催化剂活性的影响。结果表明玻璃片表面明显负载着厚实的薄膜,最优条件下制备的 TiO_2 颗粒粒径在 100nm 左右。傅雅琴等采用溶胶-凝胶法制备碳纤维 (CF) 负载 TiO_2 光催化剂材料 (TiO_2/CF),用常温氧化还原法在其表面沉积贵金属 Pd 粒子对其改性,制备碳纤维负载 Pd-TiO_2 的光催化剂材料 (Pd-TiO_2/CF)。研究结果表明, TiO_2 在负载条件下光催化活性有所下降;Pd 粒子沉积可有效提高光催化活性,对于酸性橙 II 溶液,Pd-TiO_2/CF 光催化活性较 TiO_2/CF 及粉末型 TiO_2 均有明显提高。

(2) 水解沉淀法

该法以廉价易得的 $TiCl_4$ 或 $Ti(SO_4)_2$ 等无机盐为原料,溶液中 Ti^{4+}、TiO^{2+}通过 OH^-吸附在玻璃陶瓷等固体表面,进而水解析出 $Ti(OH)_4$、$TiO(OH)_2$ 粒子,经干燥煅烧后得到 TiO_2 膜。沉淀法包括直接沉淀法和均匀沉淀法。陆洪斌等以硫酸钛为钛源,采用非均相沉淀法制备二氧化钛包覆粉煤灰漂珠,并利用已包覆的二氧化钛粉煤灰配制外墙隔热涂料,研究了水解反应温度、pH 值、反应时间和理论包覆厚度对二氧化钛包覆粉煤灰漂珠隔热性能的影响。在最佳包覆条件下, TiO_2 在粉煤灰漂珠的表面沉淀均匀。

(3) 偶联法

偶联法是利用偶联剂的黏结力直接将粉末 TiO_2 固定在载体上,纳米 TiO_2 光催化涂料的开发即为偶联负载法的典型应用。对于不能承受高温处理的载体,可以将纳米 TiO_2 粉末与有机钛酸酯、羧甲基纤维素钠、环氧黏结剂、硅烷偶联剂等偶联剂混合均匀，直接涂覆在载体上或者与颗粒状载体混匀加热回流，实现催化剂的负载。丁春生等分别用偶联法将 TiO_2 负载在不耐高温的聚丙烯多球面上和溶胶-凝胶法将其负载在玻璃珠上，并通过降解酸性红 B 染料溶液比较了两种负载型催化剂效果。偶联法工艺简单，膜牢固性较好，但因为黏结剂覆盖在部分催化剂表面，减小了其反应面积和光催化面积，导致光催化活性有所降低，并且偶联剂多为有机物，多次使用后可能会老化开裂，甚至剥落。

以溶液为介质的负载方法还有离子交换法、离子沉积法、微乳液法、掺杂法、阴离子电解法、粉体烧结法等。总的来说，溶胶-凝胶法因为工艺简单、便于调控、具有普遍性、光催化活性高，已得到广泛的应用。

2.4.3　载体改性修饰

（1）载体效应

金属催化剂一般分散在高比表面积无机载体上使用。载体作用是使活性组分金属表面积增大来达到提高活性、耐热性和耐毒性等的目的，使负载金属组分的基本催化性能得到利用，提高机械强度使催化剂寿命最大限度发挥并维持。但是，许多事实证明，载体不仅具有上面那些效应，而且可与负载金属发生电子相互作用等，使金属的基本催化性能发生改变。

（2）载体效应分类

Boudart 对金属载体相互作用进行了归纳分类。对于实际负载金属催化剂的载体效应必须考虑这些复杂作用。

① 金属的不完全还原。在某种氧化物载体上，制备 Fe、Co、Ni、Cu 等金属催化剂时，金属化合物可能存在一部分没有完全还原至零价态的情况，例如 Dumesic 关于用 Mossbauer 谱研究氧化镁上负载 Fe 催化剂，发现 Fe 负载量在 1%～40%之间变化，铁的还原度在 0.4～0.7 之间变化。推测这种情况是由于氧化镁载体影响了铁的氧化还原性能，是载体控制金属还原状态的一个具体例子。

② 控制金属粒子粒径。当金属粒子粒径发生变化时，金属的结构、电子状态均将发生大的变化。载体的细孔结构使金属粒子大小受到影响。利用沉淀法制备负载铁基催化剂，发现铁粒径限制在 1 nm。但是利用浸渍法制备催化剂时，载体细孔结构对金属粒径有大的影响。

③ 负载金属的外延。以 $Ni_3OHSi_2O_5(OH)_3$ 为原料制备 SiO_2 负载 Ni 催化剂，此时在载体上生成（111）和（110）晶面，形成与载体表面平行的镍板。这样金属与载体的晶格常数几乎相同，利用载体使金属外延生长。

④ 控制金属粒子形成。利用载体与金属之间界面接触和表面能不同来改变负载金属粒子形态（球形、层状结构等），关于这种效应报道很少，但 Wong 采用 Pt 催化剂研究环丙烷氢化反应的结果推断在 SiO_2 载体上 Pt 是球形的，而在 Al_2O_3 载体上 Pt 是其他形状。这是由于 Pt 与载体（SiO_2 或 Al_2O_3）之间界面能的不同所致。

⑤ 载体本身或杂质使金属污染。构成载体的元素或载体中的杂质使负载金属污染，从而引起催化性能明显变化。Den Otter 发现用氢还原氧化铝负载的铂催化剂，一部分氧化铝还原成铝，与铂形成合金，使吸附氢的能力下降。载体中的杂质引起金属污染，如 SiO_2 中铁使钯污染、Al_2O_3 中硫使铂污染等。

⑥ 双功能催化剂。这种情况有载体本身作为催化剂起作用的，如重整催化剂 Pt/Al$_2$O$_3$-X，

则 Al₂O₃-X 作为酸催化剂，生成碳正离子中间体，与脱氢、加氢作用的铂组分组合形成双功能催化剂。显然，将这种功能称为载体效应是不合适的。

⑦ 逸出现象。在金属上解离的氢转移到载体上的现象被称为氢的逸出现象。氧化钨粉末在常温下与 Pt/Al₂O₃ 催化剂混合，通氢气发生还原，证明发生氢的逸出现象，也是一种载体效应，但与上述双功能催化剂相同，载体起着积极作用。

⑧ Schwab 效应。Schwab 通过一系列研究提出半导体催化剂由于与金属接触活性受到影响的概念，称为第一种 Schwab 效应。相反，金属的催化活性受到非金属载体的影响称为第二种 Schwab 效应。只有第二种 Schwab 效应才真正是金属-载体的相互作用。具体说这个效应是在与载体作用的界面上，电荷移动和载体静电场作用发生极化，使高分散金属的电子密度发生变化促使其催化活性改变。在分子筛负载的铂催化剂中对这种强的金属-载体相互作用进行了详细研究。

(3) SMSI 现象

金属-载体相互作用对Ⅷ族金属的吸附和催化性能有显著影响。这种影响可能来自载体对金属的分散、形貌和氧化价态效应，也可能来自金属-载体界面上新出现的催化中心。氧化物中对金属颗粒的修饰也可导致金属表面金属原子的性质改变，这种调变作用以易还原金属氧化物的效应最大。

设计实用催化剂时必须考虑：催化剂的活性和选择性至少要多高，催化剂需要在什么条件范围内进行操作。在长期操作中，保持载体的热稳定性、化学稳定性和机械强度是非常重要的，这些性质在挑选载体时也必须加以考虑。一旦这些前提能够得到保证，进一步则是从提高预期反应的活性和选择性着眼来选择载体。遗憾的是，无论在知其然或在知其所以然方面，目前所掌握的关于金属-载体相互作用影响催化性质的知识仍极为有限，因此，对如何进一步选择载体的问题还不能给予普遍适用的指导。如果用单一的载体不能使负载型催化剂既有良好的载体稳定性又有所需的催化性能，这种情况下，应该设法将活性金属分散在稳定的载体上并进一步用氧化物助催，以改进催化剂对预期反应的催化性能。发动机的尾气净化催化剂可以作为一个例子。这类催化剂中的 Pt、Pd 和 Rh 是分散在 La₂O₃ 和 CeO₂ 为助剂的 θ-Al₂O₃ 上的。θ-Al₂O₃ 是一种高比表面积载体并具有一定的热稳定性。加入 La₂O₃ 是为了抑制 θ-Al₂O₃ 向低比表面积的 α-Al₂O₃ 转化。CeO₂ 的助催作用则是促进催化剂的水煤气变换反应活性和提高在低氧尾气组成下催化剂对 CO 的氧化能力。水煤气变换反应生成的 H₂ 对 NO 的还原是有利的，因为 H₂ 是比 CO 更好的还原剂。

总之，金属-载体相互作用对开发新型的和高效的负载型金属催化剂有很大用处。近期的研究对金属-载体相互作用的机制已有了许多阐述，并在少数反应中发现了相互作用的催化效应。可以预期，今后取得的更多研究进展可以用来设计负载型金属催化剂，使其催化性能比现有催化剂更加优越。

2.5 催化剂制备方法、预处理与成型

2.5.1 催化剂制备方法

我们已经知道催化剂在催化过程中起着相当重要的作用。催化剂的性质除取决于组成催

化剂的组分、含量以外，还与催化剂的制备方法、工艺条件密切相关。同一种原料，相同的催化剂组成和含量，但制备方法不同时，其催化剂的性能和效率可能有很大差异。

　　图 2-4 是影响催化剂性能的主要因素。从催化剂机械强度的影响因素能更清楚地看出催化剂制备和操作条件的重要性（图 2-5）。

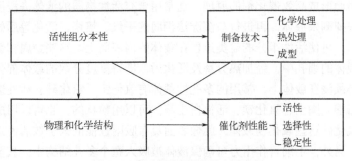

图 2-4　影响催化剂性能的主要因素

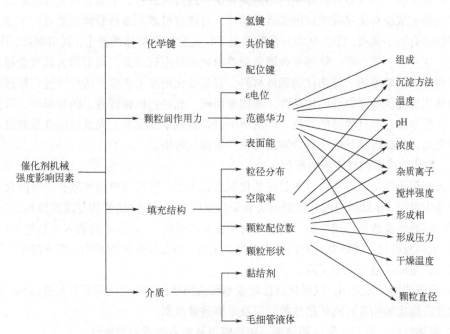

图 2-5　催化剂机械强度的影响因素

　　通过上面的介绍可知，催化剂的制备影响催化剂的性能，而催化剂制备方法和工艺的可变因素繁多，每种因素的变化都对其性能有所影响，所以催化剂的制备工艺是十分复杂但又非常重要的问题。因此，从事这方面的研究者很多，但至今未形成普遍的成熟的理论，然而在多年的实践中已总结出一些行之有效的规律和制备催化剂的单元操作，对它们的了解和掌握将有助于减少选择和制备催化剂的盲目性。

　　催化剂制备的流程一般较长，影响因素复杂，因而即使在实验室中催化剂性能的重现性也较差，工业上在同一生产线上制造的产品要保证性能重复更不容易。因而必须了解制备过程中各因素对催化剂性能的影响。然后抓住关键因素，进行严格控制，力图提高其重现性。

2.5.1.1　浸渍法制备催化剂

以浸渍为关键和特殊步骤制备催化剂的方法称为浸渍法，也是目前催化剂工业生产中广泛应用的一种方法。浸渍法是基于活性组分（含助催化剂）以盐溶液形态浸渍到多孔载体上并渗透到内表面而形成高效催化剂的原理。通常用含有活性物质的液体去浸渍各类载体，当浸渍平衡后，去掉剩余液体，再进行与沉淀法相同的干燥、焙烧、活化等后处理。经干燥，将水分蒸发逸出，可使活性组分的盐类遗留在载体的内表面上。这些金属和金属氧化物的盐类均匀分布在载体的细孔中，经加热分解及活化后，即得高度分散的载体催化剂。

活性溶液必须浸在载体上，常用的多孔性载体有氧化铝、氧化硅、活性炭、硅酸铝、硅藻土、浮石、石棉、陶土、氧化镁、活性白土等，可以用粉状的，也可以用成型后的颗粒状的。氧化铝和氧化硅这些氧化物载体，就像表面具有吸附性能的大多数活性炭一样，很容易被水溶液浸湿。另外，毛细管作用力可确保液体被吸入整个多孔结构中，甚至一端封闭的毛细管也将被填满，而气体在液体中的溶解则有助于过程的进行。但也有些载体难以浸湿，例如高度石墨化或没有化学吸附氧的碳就是这样，可用有机溶剂或将载体在抽真空下浸渍。

浸渍法有以下优点：①负载组分多数情况下仅仅分布在载体表面上，利用率高、用量少、成本低，这对铂、铑、钯、铱等贵金属负载型催化剂特别有意义，可节省大量贵金属；②可以用市售的、已成形的、规格化的载体材料，省去催化剂成型步骤；③可通过选择适当的载体，为催化剂提供所需物理结构特性，如比表面积、孔径、机械强度、热导率等。可见浸渍法是一种简单易行而且经济的方法，广泛用于制备负载型催化剂，尤其是低含量的贵金属负载型催化剂，其缺点是其焙烧热分解工序常产生废气污染。

（1）载体的选择和浸渍液的配制

负载型催化剂是将活性组分负载在催化剂的载体上。浸渍是将载体放在适当的含活性物质的溶液中浸泡。显然用浸渍方法制备负载型金属催化剂，载体的性质与浸渍效果直接相关。

浸渍时载体多数是已成型的（当然也有浸渍后成型的）。对载体的要求可归纳为：

① 机械强度好。能经受反应过程中温度、压力、相变等变化的影响，催化剂不会明显破裂或损坏。与浸渍液无化学反应。

② 适当的形状和大小，以优化其催化效率和选择性。适宜的比表面积和孔结构，以确保有效的反应物接触和良好的扩散性能，以及足够的吸水率。

③ 耐热性好。具有一定的热导率、比热容以及适当的表面酸碱性。

④ 不含使催化剂中毒和导致副反应发生的物质。

⑤ 原料易得，制备简单，不造成环境污染。常用的载体有硅胶、氧化铝、分子筛、活性炭、硅藻土、碳纤维、碳酸钙等，其中前四种使用较为普遍。

载体的选择视反应不同而异。因为载体除支撑活性组分外，还有影响反应物和产物的扩散、金属与载体相互作用而改变催化剂性能等其他作用。载体的酸碱性、孔结构等对制备催化剂的细节和催化剂的性能均有不同程度的影响。因此，载体在进行浸渍制备前通常采取适当的处理（视反应要求而选择确定处理的方法），如焙烧、酸化、钝化、扩孔等。

载体的热处理不但常有相变发生，而且影响其孔结构和表面酸性质。此外，载体的选择和处理对活性组分在载体上的分布形式有直接影响。如日本瓦斯化学的冈泰三等人制备了一种内核无孔而表面多孔的二重结构的载体，用该载体制备将钒、钾、钛活性组分负载在表层的催化剂，以控制邻二甲苯的深度氧化，提高了产品的收率。

用浸渍方法制备金属或金属氧化物催化剂时，浸渍溶液通常是含所需活性物质组分的金属的易溶盐的水溶液（或其他溶液）。选用的盐类应满足：①催化剂在焙烧过程中，盐类易分解成氧化物并经氢气还原成金属；②非活性物质或对催化剂有害的物质，在焙烧或还原时易挥发；③如要求活性组分在载体上分布形式不同，则选择不同的盐溶液。根据以上要求常用的盐溶液有硝酸盐、铵盐和有机酸盐（如醋酸盐、草酸盐、乳酸盐等）。Au、Pd、Pt 等贵金属能溶于王水生成 H_2PtCl_6、$PdCl_2$ 等溶液，常可用作耐氯离子腐蚀的催化剂的浸渍溶液。

不同的浸渍液常对催化剂的物理、化学性质有明显的不同影响。贵金属的盐类和配合物在载体上的渗透速度是由溶液在细孔内的扩散速度及这些化合物与载体的反应速度决定的。所以对同一种活性组分选择不同种类的化合物作为浸渍物质时，其渗透速度不同，因此活性组分在载体上的分布形式也不一样。

浸渍液的浓度必须控制恰当，溶液过浓不易渗透粒状催化剂的微孔，活性组分在载体上也就分布不均，在制备金属负载型催化剂时，用高浓度浸渍液容易得到较粗的金属晶粒，并且使催化剂中金属晶粒的粒径分布变宽。溶液过稀，一次浸渍达不到所要求的负载量，而要采用反复多次浸渍法。

浸渍液的浓度取决于催化剂中活性组分的含量。对于惰性载体，即对活性组分既不吸附又不发生离子交换的载体，假设制备的催化剂要求活性组分含量（以氧化物计）为 a（质量分数），所用载体的比孔容为 V_p（mL/g），以氧化物计算的浸渍液浓度为 c（g/mL），则 1g 载体中浸入溶液所负载的氧化物量为 V_pc。因此

$$a = \frac{V_pc}{1+V_pc} \times 100\%$$

采用上述方法，根据催化剂中所要求活性组分的含量 a，以及载体的比孔容 V_p，即可确定所需配制的浸渍液的浓度。

(2) 各种浸渍法及其评价

① 过量溶液浸渍法。将载体泡入过量的浸渍溶液中，待吸附平衡后滤去过剩溶液，干燥、活化后便得催化剂成品。在操作过程中，如载体孔隙吸附大量空气，就会使浸渍液不能完全渗入，因此可以先进行抽空，使活性组分更易渗入孔内得到均匀的分布（如目前我国铂重整催化剂的制备），此步骤一般也可省略。这种方法常用于已成型的大颗粒载体的浸渍，或用于多组分的分段浸渍，浸渍时要注意选用适当的液固比，通常是借助调节浸渍液的浓度和体积来控制吸附量。在生产过程中，可以在盘式或槽式容器中间歇进行。如要连续生产则可采用传送带式浸渍装置，将装有载体的小筐安装在传送带上，送入浸渍液池中浸泡一定时间（取决于池的长度和传送带的速度），经过回收带出的残余溶液，随后将浸渍物送入热处理系统内干燥、活化。

② 等体积溶液浸渍法。预先测定载体吸入溶液的能力，然后加入恰好使载体完全浸渍所需的溶液量，这种方法称为等体积浸渍法。应用这种方法可以省去过滤多余的浸渍溶液的步骤，而且便于控制催化剂中活性组分的含量。浸渍可以在转鼓式拌和机中进行，将溶液喷洒到不断翻滚着的载体上；也可以在流化床中进行，称为流化床浸渍法。流化床浸渍法流程简单，操作方便，周期短，且劳动条件好等，可在同一设备内完成浸渍、干燥、活化等过程，一般适用于多孔性微球或小粒状载体的浸渍。对于无孔载体，由于流化时常将表面的活性组分磨脱，故不宜采用。

③ 多次浸渍法。该法是将浸渍、干燥、焙烧反复进行数次。采用这种方法有下面两种情况：第一，浸渍化合物的溶解度小，一次浸渍不能得到足够大的吸附量，需要重复浸渍多次；第二，多组分溶液浸渍时，由于各组分的吸附能力不同，常使吸附能力强的活性组分浓集于孔口，而吸附能力弱的组分则分布在孔内，造成分布不均，改进方法之一就是用多次浸渍法，将各组分按顺序先后浸渍。每次浸渍后，必须进行干燥和焙烧，使其转化为不溶性物质，这样可以防止上次浸渍在载体上的化合物在下次浸渍时又溶解到溶液中，也可以提高下一次浸渍时载体的吸入量。多次浸渍法工艺操作复杂，劳动效率低，生产成本高，一般情况下应尽量少用。

④ 蒸气浸渍法。借助浸渍化合物的挥发性以蒸气相的形式将其负载于载体上。例如，用于正丁烷异构化的 AlCl$_3$/铁钒土催化剂，在反应器内先装入铁钒土载体，然后用热的正丁烷气流将活性组分 AlCl$_3$ 气化，并带入反应器，使其浸渍在载体上。一旦催化剂的负载量达到所需水平，就可以停止向气流中加入 AlCl$_3$，并开始通入正丁烷进行反应。然而，采用这种方法制备的催化剂在应用过程中，其活性组分容易流失，为了保持催化剂性能的稳定，需要不断通入 AlCl$_3$ 以进行必要的补充。

2.5.1.2 沉淀法制备催化剂

沉淀法是经典的且广泛应用的一种制备固体催化剂的方法。几乎所有的固体催化剂至少有一部分是由沉淀法制的。如用浸渍法制备负载型催化剂时，其中载体（Al$_2$O$_3$ 或 SiO$_2$）就是用沉淀法制备而得的。

沉淀法的基本原理是，在含有金属盐类的溶液中，加入沉淀剂通过复分解反应，生成难溶的盐或金属水合氧化物或者凝胶从溶液中沉淀出来，再经洗涤、过滤、干燥、煅烧等就得到催化剂的基本物质（或活性组分）。沉淀物的性质在很大程度上决定着催化剂的性质。沉淀操作和分析化学中沉淀操作基本相同，但要得到对某一特定反应具有特殊性能的沉淀物质，则需精心确定和严格控制各种因素。

（1）沉淀过程和沉淀剂的选择

沉淀作用是沉淀法制备催化剂过程中的第一步，也是最重要的一步，它给予催化剂基本的催化属性。沉淀物实际上是催化剂或载体的"前驱物"，对所得催化剂的活性、寿命和强度有很大影响。

沉淀过程是一个复杂的化学反应过程，当金属盐类水溶液与沉淀剂作用，形成沉淀物的离子浓度积大于该条件下的溶度积时产生沉淀。要得到结构良好且纯净的沉淀物，必须了解沉淀形成的过程和沉淀物的性状。沉淀物的形成包括两个过程：一是晶核的生成；二是晶核的长大。前一过程是形成沉淀物的离子相互碰撞生成沉淀的晶核，晶核在水溶液中处于沉淀与溶解的平衡状态，比表面积大，因而溶解度比晶粒大的沉淀物的溶解度大，形成过饱和溶液，如果在某一温度下溶质的饱和浓度为 c^*，在过饱和溶液中的浓度为 c，则 $S=c/c^*$ 称为过饱和度。晶核的生成是溶液达到一定的过饱和度后，生成固相的速率大于固相溶解的速率，瞬时生成大量晶核。然后，溶质分子在溶液中扩散到晶核表面，晶核继续长大成为晶体。如图 2-6 所示，晶核生成是从反应后 t_i 开始，t_i 称为诱导时间，在 t_i 瞬间生成大量晶核，随后新生成的晶核数目迅速减少。

应当指出，晶核生成速率与晶核长大速率的相对大小，直接影响到生成的沉淀物的类型。如果晶核生成的速率远远超过晶核长大的速率，则离子很快聚集为大量的晶核，溶液的过饱和度迅速下降，溶液中没有更多的离子聚集到晶核上，于是晶核迅速聚集成细小的无定形颗粒，这样就会得到非晶型沉淀，甚至是胶体。反之，如果晶核长大的速率远远超过晶核生成的速率，溶液中最初形成的晶核不是很多，有较多的离子以晶核为中心，依次排列长大而成为颗粒较大的晶型沉淀。由此可见，得到什么样的沉淀，取决于沉淀形成过程的两个速率之比。

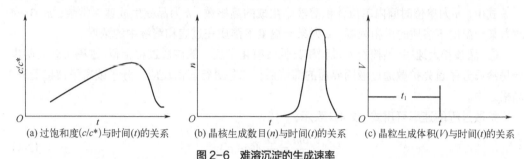

(a) 过饱和度(c/c^*)与时间(t)的关系　(b) 晶核生成数目(n)与时间(t)的关系　(c) 晶粒生成体积(V)与时间(t)的关系

图2-6　难溶沉淀的生成速率

此外，沉淀反应终了后，沉淀物与溶液在一定条件下接触一段时间，在此期间发生的一切不可逆变化称为沉淀物的老化。由于细小晶体的溶解度较粗大晶体的溶解度大，溶液对粗晶体的溶解已达饱和状态，而对细晶体的溶解尚未达饱和，于是细晶体逐渐溶解，并沉积在粗晶体上，如此反复溶解、反复沉积的结果，基本上消除了细晶体，获得了颗粒大小较为均匀的粗晶体。此时孔结构和表面积也发生了相应的变化。而且，由于粗晶体比表面积较小，吸附杂质少，吸留在细晶体之中的杂质也随溶解过程转入溶液。初生的沉淀不一定具有稳定的结构，沉淀与母液在高温下一起放置，会逐渐变成稳定的结构。新鲜的无定形沉淀在老化过程中逐步晶化也是可能的，例如分子筛、水合氧化铝等。

在沉淀过程中采用何种沉淀反应、选择何种沉淀剂，是沉淀工艺首先要考虑的问题。在充分保证催化剂性能的前提下，沉淀剂应满足下述技术和经济要求。

① 生产中采用的沉淀剂有碱类（NH_4OH、$NaOH$、KOH）、碳酸盐[$(NH_4)_2CO_3$、Na_2CO_3]、CO_2、有机酸（乙酸、草酸）等。其中最常用的是 NH_4OH 和 $(NH_4)_2CO_3$，因为铵盐在洗涤和热处理时容易除去，一般不会遗留在催化剂中，为制备高纯度的催化剂创造了条件；而 $NaOH$ 和 KOH 常会留下 Na^+、K^+于沉淀中，尤其是 KOH 价格较昂贵，一般不使用；应用 CO_2 虽可避免引入有害离子，但其溶解度小，难以制成溶液，沉淀反应时为气、液、固三相反应，控制较为困难；有机酸价格昂贵，只在必要时使用。

② 形成的沉淀物必须便于过滤和洗涤，沉淀可分为晶型沉淀和非晶型沉淀，晶型沉淀又分为粗晶和细晶。晶型沉淀带入的杂质少且便于过滤和洗涤。由此可见，应尽量选用能形成晶型沉淀的沉淀剂。上述这些盐类沉淀剂原则上可以形成晶型沉淀，而碱类沉淀剂一般都会生成非晶型沉淀。

③ 沉淀剂的溶解度要大，有利于提高阴离子的浓度，使金属离子沉淀完全。

④ 形成的沉淀物溶解度要小，沉淀反应越完全，原料消耗越少。这对于铜、镍、银等比较贵重的金属特别重要。

⑤ 沉淀剂必须无毒，不应造成环境污染。

(2) 沉淀法的影响因素

1) 浓度影响

前文已指出，获得何种形状的沉淀物取决于形成沉淀的过程中晶核生成速率与晶核长大速率的相对大小，而速率又与浓度有关。

① 晶核生成速率。晶核的生成是产生新相的过程，当溶质分子或离子具有足够的能量以克服液固界面的阻力时，才能互相碰撞而形成晶核，一般用式（2-3）表示晶核生成速率。

$$n = k(c-c^*)^m \tag{2-3}$$

式中，n 为单位时间内单位体积溶液中生成的晶核数；k 为晶核生成速率常数；$m=3\sim4$；c^* 为某一温度下溶质的饱和浓度；c 为某一温度下溶质在过饱和溶液中的浓度。

② 晶核长大速率。晶核长大过程和其他带有化学反应的传质过程相似，过程可分为两步：一是溶质分子首先扩散通过液固界面的滞流层；二是进行表面反应，分子或离子被接受进入晶格之中。

扩散过程的速率可用式（2-4）表示：

$$\frac{\mathrm{d}m}{\mathrm{d}t} = \frac{D}{\delta} A(c-c') \tag{2-4}$$

式中，m 为在时间 t 内沉积的固体量；D 为溶质在溶液中的扩散系数；δ 为滞流层的厚度；A 为晶体表面积；c 为液相浓度；c' 为界面浓度。

表面反应速率可用式（2-5）表示：

$$\frac{\mathrm{d}m}{\mathrm{d}t} = k'A(c'-c^*) \tag{2-5}$$

式中，k' 为表面反应速率常数；c^* 为固体表面浓度，即饱和溶解度。

稳态平衡时扩散速率等于表面反应速率，由式（2-4）和式（2-5）可得

$$\frac{\mathrm{d}m}{\mathrm{d}t} = \frac{A(c-c^*)}{\dfrac{1}{k'}+\dfrac{\delta}{D}} = \frac{A(c-c^*)}{\dfrac{1}{k'}+\dfrac{1}{k_d}} \tag{2-6}$$

式中，$k_d = D/\delta$，为传质系数。

当表面反应速率远大于扩散速率时，即 $k' \gg k_d$，式（2-6）可写为

$$\frac{\mathrm{d}m}{\mathrm{d}t} = k_d A(c-c^*) \tag{2-7}$$

即为一般的扩散速率方程，表明晶核的长大速率取决于溶质分子或离子的扩散速率，这时晶核长大的过程为扩散控制。反之，当扩散速率远大于表面反应速率时，即 $k_d \gg k'$，式（2-7）可改写为

$$\frac{\mathrm{d}m}{\mathrm{d}t} = k'A(c-c^*) \tag{2-8}$$

也就是说，过程取决于表面反应。有人根据经验提出反应级数在 $1\sim2$ 之间，故在表面反应控制阶段，其速率方程式可写成

$$\frac{\mathrm{d}m}{\mathrm{d}t} = k'A(c-c^*)^n \tag{2-9}$$

式中，n 在 $1\sim2$ 之间，取决于盐类的性质和温度。过程是扩散控制还是表面反应控制，或者二者各占多少比例，均由实验确定。一般来说，扩散控制时速率取决于湍动情况（搅拌情况），而表面反应控制时则取决于温度。

由上述讨论可知，晶核生成速率和晶核长大速率都与 $c-c^*$ 的数值有关，将式（2-4）、式（2-7）和式（2-9）三式进行比较，在晶核长大扩散控制时 $n=1$，表面反应控制时 $n=1\sim2$，

而晶核生成速率控制时 $m=3\sim4$。可以看出，溶液浓度增大，即过饱和度增加则更有利于晶核的生成。它们的关系如图 2-7 所示，曲线 1 表示晶核生成速率和溶液过饱和度的关系，随着过饱和度的增加，晶核生成速率急剧增大；曲线 2 表示晶核长大速率随过饱和度增加缓慢增大的情况；总的结果是曲线 3，随着过饱和度的增加，生成晶体颗粒愈来愈小。

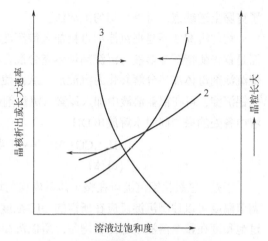

图 2-7 晶核生成速率、晶核长大速率与溶液过饱和度的关系

因此，为了得到预定组成和结构的沉淀物，沉淀应在适当稀释的溶液中进行，这样沉淀开始时，溶液的过饱和度不致太大，可以使晶核生成速率减小，有利于晶体的长大。此外，在过饱和度不太高时（$S=1.5\sim2.0$），晶核的长大主要是离子（或分子）沿晶格长大，可以得到完整的结晶。当过饱和度较大时，结晶速率很快，容易产生错位和晶格缺陷，也容易包藏杂质。

2）温度影响

前面已指出，溶液的过饱和度对晶核的生成及长大有直接的影响，而溶液的过饱和度又与温度有密切的关系。当溶液中的溶质数量一定时，升高温度过饱和度降低，使晶核生成速率减小；降低温度溶液的过饱和度增大，因而使晶核生成速率增大。但如果考虑能量作用因素，它们之间的关系就变得复杂了。当温度低时，溶质分子的能量很低，所以晶核生成速率可达一极大值。继续升高温度，由于过饱和度的下降，同时由于溶质分子动能增加过快，不利于形成稳定的晶核，因此晶核生成速率又趋于下降。研究结果还表明，对应于晶核生成速率最大时的温度，比晶核长大最快所需的温度低得多，即在低温时有利于晶核的生成，而不利于晶核的长大，故低温沉淀时一般得到细小的颗粒。

3）溶液 pH 值影响

沉淀法常用碱性物质作沉淀剂，当然沉淀物的生成过程必然受到溶液 pH 值变化的影响。

在生产上为了控制沉淀颗粒的均一性，有必要保持沉淀过程的 pH 值相对稳定，可以通过加料方式进行控制，这在下面进行讨论。

4）加料顺序影响

加料顺序不同对沉淀物的性能也会有很大的影响。加料顺序可分为"顺加法""逆加法""并加法"。将沉淀剂加入金属盐溶液中称为顺加法；将金属盐溶液加入沉淀剂中称为逆加法；将盐溶液和沉淀剂同时按比例加入中和沉淀槽中则称为并加法。当几种金属盐溶液需要沉淀且溶度积各不相同时，顺加法就会发生先后沉淀，这在催化剂制备时要尽量避免。逆加法在整个沉淀过程中 pH 值是一个变值。为了避免上述情况，要维持一定的 pH 值，使整个工艺操作稳定，一般采用并加法，但顺加法及逆加法也有采用。加料顺序的影响对后面讨论的共沉淀法制备催化剂尤为重要。

(3) 均匀沉淀法与共沉淀

① 均匀沉淀法。一般的沉淀法制备催化剂，是在搅拌情况下采用顺加、逆加或并加方法加料，溶液在沉淀过程中浓度的变化，或加料流速的波动，或搅拌不均匀，致使过饱和度不一、颗粒粗细不等，乃至介质情况的变化引起晶型的改变，对于要求特别均匀的催化剂，为

了克服上述缺点，可采用均匀沉淀法。

均匀沉淀法不是把沉淀剂直接加入待沉淀溶液中，也不是加入沉淀剂后立即产生沉淀，而是首先使待沉淀溶液与沉淀剂母体充分混合，形成一个十分均匀的体系，然后调节温度，使沉淀剂母体加热分解转化为沉淀剂，从而使金属离子产生均匀沉淀。例如，为了制取氢氧化铝沉淀，可在铝盐溶液中加入尿素（沉淀剂母体），均匀混合后加热至 90～100℃，此时溶液中各处的尿素同时水解放出 OH^-。

$$(NH_2)_2CO + 3H_2O \xrightarrow{90\sim100℃} 2NH_4^+ + 2OH^- + CO_2$$
$$\text{（母体）} \qquad\qquad\qquad\qquad \text{（沉淀剂）}$$

于是，氢氧化铝沉淀可在整个体系内均匀地形成。尿素的水解速率随温度的变化而改变，调节温度可以控制沉淀反应在所需的 OH^- 浓度下进行。采用均匀沉淀法得到的沉淀物，由于过饱和度在整个溶液中都比较均匀，所以沉淀颗粒粗细较一致而且致密，便于过滤和洗涤。

② 共沉淀法。将含有两种以上金属离子的混合溶液与一种沉淀剂作用，同时形成含有几种金属组分的沉淀物，称为共沉淀法。利用共沉淀的方法可以制备多组分催化剂，这是工业生产中常用的方法之一。

共沉淀法与单组分沉淀法的操作原理基本相同，但共沉淀物的组成比较复杂，由于组分的溶度积不同，不同的沉淀条件会得到明显不均匀的沉淀产物，当生成氢氧化物共沉淀时，沉淀过程的 pH 值及加料方式对沉淀物的组成有明显的影响。例如，用于甲醇分解的 CuO 和 ZnO 催化剂，若采用共沉淀法制备，采用 $Cu(NO_3)_2$ 和 $Zn(NO_3)_2$ 的混合溶液，NaOH 为沉淀剂，采用不同的加料方式：

一为顺加法，即将 NaOH 加入 Cu^{2+}、Zn^{2+} 混合溶液中。此时，由于 $Cu(OH)_2$ 溶度积小，易于沉淀；而 $Zn(OH)_2$ 溶度积大，则不易沉淀。因此，共沉淀时常是 Cu 先沉淀出来，Zn 到后期才沉淀。在沉淀过程中，由于各部分沉淀物中 Cu 与 Zn 的含量是不同的，因而影响产物的均匀性。

二为逆加法，即将 Cu^{2+}、Zn^{2+} 加入 NaOH 溶液中，这是碱性沉淀，开始时由于溶液浓度远远超过 $Cu(OH)_2$ 和 $Zn(OH)_2$ 的溶度积，因此 Cu、Zn 同时沉淀出来，各组分之间分布比较均匀。但是由于沉淀过程中 pH 值不断变化，会出现沉淀组分略有变化和重现性不好的情况。

三为并加法，即 Cu^{2+} 与 Zn^{2+} 的混合物为一方，NaOH 为另一方，两者以恒定速率加入强烈搅拌的中和槽中，这样可保持在恒定 pH 值条件下进行沉淀。如果该 pH 值能保证溶液中 $[Cu^{2+}][OH^-]^2$ 及 $[Zn^{2+}][OH^-]^2$ 均大于 $Cu(OH)_2$ 及 $Zn(OH)_2$ 的溶度积，则 Cu^{2+} 与 Zn^{2+} 就会同时沉淀，获得组成均一的产品。

2.5.1.3　离子交换法制备催化剂

利用离子交换反应作为催化剂制备主要工序的方法称为离子交换法。其原理是采用离子交换剂作载体，引入阳离子活性组分而制成一种高分散、大表面、均匀分布的金属离子催化剂或负载型金属催化剂。如制备贵金属催化剂，将小至 0.5～3nm 结晶直径的贵金属微粒均匀分布在载体上，可采用离子交换法。即将金属的离子与固体的载体表面进行离子交换，经蒸发后在一定温度下进行干燥，再用氢气或其他还原剂进行还原，金属微粒就像电荷一样非常均匀地分布在载体上。在离子交换法中关键工艺是交换剂的制备。交换剂制备可以分为无机离子交换剂制备、有机强酸性阳离子交换树脂制备和强碱性阴离子交换树脂制备，以下分别介绍。

离子交换法所能采用的载体仅限于具有阳离子交换能力的物质，如各种分子筛、SiO_2、硅铝酸盐、离子交换树脂、硝酸氧化处理过的活性炭等。利用载体的阳离子（Na^+、H^+）与金属阳离子交换反应，使金属阳离子固定在载体上，所以有可能使金属有极高的分散度，催化剂的重现性比较好。仅能负载阳离子交换容量以下的金属，适宜于负载贵金属催化剂。

研究表明，在稀溶液中，金属离子的交换亲和力随化合价的升高而增大：

$$Na^+ < Ca^{2+} < Al^{3+} < Th^{4+}$$

而相同化合价金属离子的交换亲和力与原子量呈顺变关系：

$$Li^+ < Na^+ < K^+ < Rb^+ < Cs^+$$
$$Mg^{2+} < Ca^{2+} < Sr^{2+} < Ba^{2+}$$

用离子交换法制备的 Pd/SiO_2、$Pd/SiO_2\text{-}Al_2O_3$ 中的 Pd 粒子极小（粒径 10 nm 以下），其分布很窄，分散均匀，耐热性很优越。Pt、Pd/分子筛在离子交换后进行 300℃以下低温热处理时，可得到原子状分散的 Pt、Pd 粒子。

分子筛等强酸型阳离子交换性载体上，活性组分的金属阳离子和载体阳离子（Na^+、H^+）能直接进行离子交换。在低 pH 区域时难以解离出 H^+ 的 $SiO_2\text{-}Al_2O_3$ 和 SiO_2 就不能与酸性的金属阳离子直接发生离子交换。

（1）无机离子交换剂的制备

1）常用的分子筛

目前无机离子交换剂的主要原料是人工合成的沸石，这种沸石的主要成分是 SiO_2、Al_2O_3、碱金属、碱土金属组成的硅酸盐矿物。该种沸石加热失水后会形成许多相同且相通的微孔，具有极强的吸附能力，可以将比其孔径小的物质排斥在外，而把分子大小不同的混合物分开，人们将这种沸石材料称为分子筛。显然，将阳离子活性组分与这种分子筛载体结合制成催化剂，可有效地将其物理分离功能和化学选择性结合起来，具有重大的科学研究和工业价值。

通常分子筛中 Na_2O、Al_2O_3、SiO_2 三者为主要成分，改变三者数量比例可制成不同规格、型号和晶型的分子筛，分成 A、X、Y、L 等类型，主要区别是硅、铝摩尔比（SiO_2/Al_2O_3），A 型为 1.3～2.0，X 型为 2.1～3.0，Y 型为 3.1～6.0，丝光沸石为 9～11。分子筛中 SiO_2/Al_2O_3 摩尔比不同，分子筛的耐热性、耐酸性各不相同，比值越大，耐酸性和热稳定性越强。也可根据孔径大小分，如 3A（孔径 0.3nm 左右）、4A（孔径略大于 0.4nm）、5A（孔径略大于 0.5 nm）。

除 Na 型分子筛外，还有其他阴离子分子筛如 Ca-X 分子筛、HZSM-5 分子筛等，主要适应不同的使用场合、不同的用途。

除组成外，晶体结构也极大地影响分子筛的各种物化性能，从而也构成各种分子筛催化剂新品种。

2）分子筛制备

分子筛的制备过程基本分四步，即成胶—结晶—洗涤—干燥。在成胶工艺中，需要选用或制备适宜的含硅化合物（如硅酸钠）、含铝化合物（如偏铝酸钠）以及碱性物质（如 Na_2O、K_2O、Li_2O、CaO、SrO 等）。这些物质可以单独使用，也可以作为混合物或与水一起使用。

以 Y 型 Na 型分子筛生产为例，如图 2-8 所示，硅酸钠选 SiO_2/Na_2O 摩尔比为 3.0～3.3 的工业水玻璃，偏铝酸钠溶液可用固体 $Al(OH)_3$ 与 NaOH 加热反应制得，一般用时现制，以防止偏铝酸钠水解，Na_2O/Al_2O_3 摩尔比大于 1.5。

将上述几种原料与水按适当比例均匀混合制成反应混合物，加到密闭容器中，经加热反应一定时间，就可使沸石结晶出来。

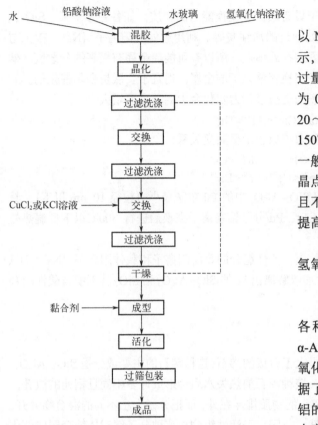

图 2-8 Y 型 Na 型分子筛的制作工艺流程

晶化过程要控制碱度，碱度习惯上是以 Na_2O 摩尔分数及过量碱的摩尔分数表示，要求碱度控制在 Na_2O 为 1.5～1.75，过量碱为 80%～14%，Na_2O/SiO_2 质量比为 0.33～0.34，成胶反应控制反应温度在 20～150℃称低温水热合反应，而大于 150℃则称高温水热合反应，Y 型分子筛一般控制在 97～100℃（相当于反应液结晶点）。晶化温度和晶化时间要严格控制，且不宜剧烈搅拌，必要时加入导晶剂，以提高结晶度。

洗涤工艺目的是洗掉分子筛吸附的氢氧化物，洗涤至 pH=9 时结束。

3）催化剂常用金属氧化物

① 氧化铝。氧化铝（Al_2O_3）可以有各种结晶形态，完全无水的氧化铝是 α-Al_2O_3（刚玉），它最稳定，具有六方形氧化物离子最紧密堆积的结构，铝离子占据了 2/3 的八面体位置。α-Al_2O_3 是通过将铝的氢氧化物或水合氧化铝在 1470K 以上高温进行热分解来制备的。这些氢氧化物可通过将铝盐溶液与铝的酸盐水解生成，在不同热处理条件下，可得到各种类型的过渡型氧化铝。其中，γ-Al_2O_3 和 η-Al_2O_3 是重要的催化剂。

氧化铝表面可通过 670K 以上热处理而加以活化，通常 γ-Al_2O_3 和 η-Al_2O_3 均同时具有酸中心和碱中心。在氧化铝表面存在弱的 B 酸和 L 酸中心，可用于脱水、脱卤化氢、水合及醇醛缩合反应。工业上最常用的是作载体，如环氧乙烷合成用催化剂 Ag/α-Al_2O_3；有时为双功能催化反应提供酸性中心，如用作铂重整催化剂。

② 氧化硅。硅酸表面是由一层硅烷醇（SiOH）和物理吸附水所组成的。大部分水可于 400～500K 下在空气中除去，而硅烷醇基团则留在固体表面，随着温度继续升高而进一步生成表面硅氧烷基。硅酸上的硅烷醇基在本质上是个很弱的酸，pK_a 值为 7.1±0.5。结晶的硅酸盐的酸性比硅胶强，如 $H_2Si_{14}O_{29} \cdot 5H_2O$ 的 pK_a 为 -5～-3。

硅胶可与金属阳离子进行离子交换，并且还可用金属配合物将金属阳离子引到表面。

③ 氧化钛。用氨水水解 $TiCl_4$ 经过洗涤干燥和焙烧得到 TiO_2。此种制备方法得到的 TiO_2 的最高酸强度为 $H_0<-3$。但酸量非常少，并且没有观测到碱性。但如果采用钛酸沉淀（将沉淀在 373K 老化 1h）在 623K 下焙烧，所得 TiO_2 比表面积为 169m^2/g，说明沉淀老化的作用影响相当大。TiO_2 的表面性质因其制备方法而变化，通常 TiO_2 属弱酸性金属氧化物，TiO_2 的酸中心在低温焙烧时为 B 型，高温焙烧时为 L 型。

TiO_2 催化剂对 1-丁烯的异构化反应具有活性。此外，具有弱酸性的 TiO_2 可以用于 α-蒎烯转化为茨烯的反应。然而，如果使用强酸性催化剂进行此反应，可能会产生副产物，如二烯、三环萜类和萜烯二聚体等。TiO_2 还可用作催化剂载体。

④ 氧化锆。氧化锆通常由氨水水解氧氯化锆，再经水洗、干燥及焙烧得到。ZrO_2 的比表面积(在 573～1173℃)随处理温度升高而降低,如 573K 时为 $175.5m^2/g$, 773K 时为 $64.5m^2/g$, 1173K 时为 $9.9m^2/g$。773K 下焙烧 3h ZrO_2 的最高酸强度为 $H_0 \leqslant +1.5$。ZrO_2 是弱酸氧化物,其酸性主要是 L 酸和部分 B 酸; ZrO_2 作为载体对于 Rh 催化剂的加氢反应比负载在 Al_2O_3 和 SiO_2 等上的催化剂的活性都要高。

(2) 有机离子交换剂（离子交换树脂）制备与应用

目前, 利用强酸碱离子交换树脂作为酸碱和相转移催化剂在有机合成工业中广泛应用。离子交换树脂自从 1935 年 Aaams 和 Holmes 首次报道酚醛磺酸树脂以后, 种类急剧增多。20世纪 40 年代初期开始出现用离子交换树脂作催化剂的报道, 1946 年 Thomas 和 Davies 使用磺酸型的酚醛树脂催化乙酸乙酯的水解反应, 其后用于磺化和胺化的交联聚苯乙烯离子交换树脂的出现开始了一个新的发展时期, 随之离子交换树脂作为固体酸碱催化剂的时期开始了。70 年代以后, 离子交换树脂的催化反应已由最初的催化酯化反应、酯和蔗糖的水解反应为主, 扩展到烯类化合物的水（醇）合, 醇（醚）的脱水（醇）, 缩醛（酮）化, 芳烃的烷基化, 链烃的异构化, 烯烃的低聚和聚合、加成、缩合等反应。离子交换树脂还可作为催化活性部分的载体用于制备负载型金属配合物催化剂, 阴离子交换树脂可应用于相转移催化剂。

离子交换树脂作为固体酸碱催化剂与均相溶液中的硫酸、盐酸、氢氧化钠（钾）这些常规的酸碱催化剂的作用是一样的。强酸树脂和强碱树脂中能起催化作用的基团, 是其中所含的 H^+ 和 OH^-, 由于树脂上负载了这些具有催化活性的离子的反离子, 聚合物立体结构为这些反离子提供承载骨架。因此, 在实际催化反应中与低分子量的酸碱催化剂相比有许多不同之处, 而且与用硅胶、氧化铝、硅铝酸盐或沸石类无机载体负载的酸碱催化剂也有很大差别。在反应介质中, 聚合物骨架会发生溶胀, 有利于反应物接近催化剂活性部位, 近似均相反应。而无机载体对于液相、气相反应而言是非均相体系, 催化作用也仅限于非均相反应体系, 因此, 离子交换树脂的催化性能介于低分子量的酸碱均相体系与无机固体酸碱催化体系之间。

离子交换树脂催化剂的优点如下。

① 稳定的商品来源, 购买方便。可以根据不同应用场合制成不同形状、不同结构和不同负载容量的树脂催化剂。商品凝胶型树脂的功能基容量一般为 3.5～5mg/g, 大孔树脂的负载容量虽低一些, 但其活性基团处于大孔的表面上, 易与反应物接近, 也可以引入金属离子或基团而提高催化剂的活性或选择性。

② 适用于气相、液相, 也适用于非水体系。反应结束可以通过过滤方法从反应混合物中分离出来, 免除常规酸碱催化剂使用后需进行的中和、洗涤、干燥、蒸馏等后处理程序, 避免了酸碱对环境的污染, 也避免了使用硫酸时由于其强氧化性、脱水性和磺化性引起的副反应。

③ 大孔的离子交换树脂具有固定的结构, 体积受溶剂作用影响很小, 适用于填充柱操作, 便于连续化生产。低压下仍可产生高流速, 对溶剂极性要求不高, 可使用极性差别很大的反应溶剂, 因为凝胶型离子交换树脂在干态和非极性溶剂中内部处于收缩微孔状态, 而在极性溶剂中则处于溶胀状态, 如果溶剂极性变化较大, 低交联的树脂在这种变化后会机械破损。

④ 与常规酸碱催化剂相比, 便于保存和运输, 一般强碱中的 OH^- 易吸收 CO_2 而失活, 因此一般以 Cl^- 型保存, 而强酸树脂宜以 Na^+ 型保存, Na^+ 型和 Cl^- 型树脂在使用前再分别用酸和碱处理成相应的 H^+ 和 OH^- 而使其活化。

⑤ 酸性树脂与低分子酸催化剂相比, 另一突出优点是酸性部位处于树脂内部, 避免了酸

与反应器壁的接触，进而避免反应器壁的酸腐蚀，可以节省建设投资。

⑥ 同一催化剂可以反复使用，基本可以就地蒸馏直接将产物蒸馏出来。

离子交换树脂催化剂的缺点如下。

① 热稳定性差。强酸树脂最高操作温度120℃，200℃完全失活，而碱树脂热稳定性更差，仅能在60℃以下使用，而许多工业生产反应都会高于120℃，这就限制了其应用场合。

② 耐磨性差，机械强度低。

③ 价格较贵，一次投资成本高，但可再生，可重复使用，可弥补其不足。

④ 对于凝胶型树脂，如果没有强极性化合物存在，反应物分子几乎完全不能与颗粒中的催化活性基团接触，只有在水等强极性化合物存在下凝胶型树脂才会溶胀，才可让反应物分子从聚合链间进入树脂颗粒内部。非水介质凝胶孔容很小，活性很低。

2.5.1.4 机械混合法制备催化剂

众所周知，复杂组分的催化剂的活性和选择性通常不仅由单一物质的性质决定，而是受各组分相互作用所产生的物质的性质的影响。在制备催化剂的过程中，生成物或按化学计量或不按化学计量进行，相互作用的产物往往是催化剂的真正活性组分。因此，原料物质同生成的所需要的化合物之间的相互作用是十分重要的，尤其是原料为固体并用混合方法制备催化剂时。一般来讲，混合法比沉淀法的相互作用要差些。

利用原始物混合法制备催化剂的通常过程如下：原始物准备→各组分的混合→成型→烘干→煅烧。其中关键步骤为混合过程，在相当大的程度上这一步决定着组分间的相互作用——形成活性组分。

混合物组分之间的相互作用可分为固体混合物组分间的直接相互作用、气相参与下的相互作用、液相参与下的相互作用。根据混合法的具体情况又可细分为干组分的混合、干组分和胶状组分在液相中的混合、在制备气体产物过程中生成的组分的混合等。

混合法是工业上制备多组分固体催化剂时常采用的方法。它是将几种组分用机械混合的方法制成多组分催化剂。混合的目的是促进物料间的均匀分布，提高分散度。因此，在制备时应尽可能使各组分混合均匀。尽管如此，这种单纯的机械混合，组分间的分散度不及其他方法。为了提高机械强度，在混合过程中一般要加入一定量的黏结剂。

混合法又分为干法和湿法两种。干混法操作步骤最为简单，只要把制备催化剂的活性组分、助催化剂、载体或黏结剂、润滑剂、造孔剂等放入混合器内进行机械混合，然后送往成型工序，滚成球状或压成柱状、环状的催化剂，再经热处理后即为成品。例如，天然气蒸汽转化制合成气的镍催化剂，便是典型的干混法工艺制备的。

湿混法的制备工艺要复杂一些，活性组分往往是以沉淀得到的盐类或氢氧化物形式，与干的助催化剂或载体、黏结剂进行湿式碾合，然后进行挤条成型，经干燥、焙烧、过筛、包装，即为成品。目前国内 SO_2 接触氧化使用的钒催化剂，就是将 V_2O_5、碱金属硫酸盐与硅藻土共混而成。

2.5.1.5 熔融法制备催化剂

熔融法是借助高温将催化剂的各组分熔化合成均匀分布的混合体、合金固溶体或氧化物固溶体，以制备高活性、高热稳定性、高机械强度的催化剂的一种特殊方法。固溶体是由多种固体成分以连续的比例混合形成的体系，其中这些固态成分能够相互扩散，形成极其均匀的混合物。所以固溶体也可称为固体溶液。因此，固溶体中的各个组分的分散度比一般混合物高得多。熔融法主要制备骨架型催化剂，如雷尼镍催化剂、合成氨的熔铁催化剂、Fischer-Tropsch 合成催化剂、氨氧化 Pt-Rh 或 Pt-Rh-Pd 催化剂、甲醇氧化 Zn-Ga-Al 合金催化剂以及其他一些合金催化剂。

　　熔融法制备催化剂通常与熔融温度、熔炼次数、环境气氛、冷却速度、合金组成、沥滤条件等有关。提高熔炼温度一方面可降低熔浆的黏度，另一方面可增加各组分质点的能量，从而加快组分之间的扩散。增加熔炼次数可促进组分之间分布均匀。熔炼 Ni-Al 合金应尽量避免与空气的接触。采用快速冷却让熔浆在短时间内迅速淬冷，产生一定内应力可以得到晶粒细小、晶格缺陷较多的晶体，也可防止不同熔点组分的分步结晶，以制得分布尽可能均匀的混合体。

2.5.1.6　几种特殊的制备方法

　　催化新反应和新型催化材料的不断开发，纳米催化材料、膜催化反应器等研究的不断发展，促成了众多催化剂制备新技术的不断涌现。纳米技术、超临界流体技术、成膜技术等都被认为是与催化剂制备直接或间接相关的新技术，这些技术各有特点，且各种技术常可相互关联运用并取得令人满意的结果，因而受到人们广泛的关注。

　　纳米技术是一门在 0.1～100nm 尺寸空间研究电子、原子和分子运动规律及特性的高新技术学科。在这里，首先介绍超细粒子的概念。超细粒子通常是指粒径在 1～100nm 范围内的粒子，由超细粒子构成的松散集合体称为超细粉。当超细粒子粒径在 1～10nm 时，则称为纳米粒子，由纳米微晶颗粒聚集而成的块状或薄膜状人工固体又称为纳米固体材料。超细粒子是介于宏观物质与微观原子或分子之间的过渡亚稳态物质。当颗粒细化至超细粒子范畴，并达到某一临界尺寸之后，就会出现表面效应、体积效应和量子效应，表现出与传统固体不同的特异性质。由于纳米粒子表面原子或分子的化学环境和体相内部完全不同，存在大量的悬空键和晶格畸变，呈现出较高的化学活性。因而对纳米催化剂的研究也就受到人们的极大关注。目前，已经开发了许多制备纳米粒子的方法，归结起来大致可分为两大类：物理方法和化学方法。常用的物理方法有粉碎法、机械合金法和蒸发冷凝法。粉碎法是通过机械粉碎等手段获得纳米粒子。机械合金法是利用高能球磨，使元素、合金或复合材料粉碎。这两种方法操作简单、成本低，但纳米粒子的粒度均匀性差。蒸发冷凝法又称为惰性气体冷凝法（IGC），是在真空条件下通过加热、激光或电弧高频感应等手段将原料气化或形成等离子体，然后与惰性气体（He 或 Ar）碰撞而失去能量，凝聚成纳米尺度的团簇，并在液氮棒上骤冷凝结下来的方法，此法可得到高品质的纳米粒子，粒度可控，但成本高，技术要求也很高。化学制备方法有化学气相沉积（CVD）法、沉淀法、溶胶凝胶（sol-gel）法、微乳液法等。化学气相沉积法是利用气体原料在气相中通过化学反应形成基本粒子，并经过成核长大成纳米粒子，该法具有产品纯度高、工艺可控、过程连续等优点，但也存在反应器内温度梯度小、合成粒子不够细、易团聚等缺点。沉淀法、溶胶-凝胶法、微乳液法等均属于液相法的范畴。由于其初始物是在分子水平上的均匀混合，最终制备出的粒子较小。此外，操作简单、设备投资少、安全，所以是目前实验室或工业上广泛采用的制备超细粒子及催化剂的方法。溶胶-凝胶法有一定的应用范围，适用于制备某些易于相变的纳米材料，能获得高品质的纳米粒子。微乳液法制备超细粒子是近年发展起来的新方法。操作容易，并且可以很好地控制微粒的粒度，受到人们的重视。本节将重点介绍微乳液法和溶胶-凝胶法。此外，还将就超临界流体技术、膜分离技术等展开论述。

(1) 微乳液技术

微乳液是由两种不互溶的液体形成的热力学稳定的、各向同性的、外观透明或半透明的分散体系，微观上由表面活性剂界面膜所稳定的一种或两种液体的微滴所构成。该体系最早是由 Hoar 和 Schulman 于 1943 年报道的。报道说水和油与大量的表面活性剂及助表面活性剂（一般为中等链长的醇）混合能自发地形成透明或半透明的分散体系，可以是油分散在水中[水包油（O/W）型]，也可以是水分散在油中[油包水（W/O）型]。分散相质点为球形，半径非常小，通常为 10～100nm，而且是热力学稳定的体系。但直至 1959 年，Schulman 等才首次将上述体系命名为"微乳液"。

在结构方面，微乳液类似于普通乳状液，但有根本的区别。普通乳状液是热力学不稳定体系，一般需要外界提供能量，如经过搅拌、超声粉碎、胶体磨处理等方能形成，且分散相质点较大、不均匀，外观不透明，依靠表面活性剂维持动态稳定；而微乳液是热力学稳定体系，即使没有外界提供能量也能自发形成，且分散相质点很小，外观透明或近乎透明，即使经高速离心分离后也不发生分层现象，或即使分层也是短暂的，在离心力消失后很快恢复原状。从稳定性方面来看，微乳液更接近胶团溶液；从质点大小来看，微乳液是胶团和普通乳状液之间的过渡物，因此它兼有胶团和普通乳状液的性质。

用微乳液法制备纳米催化剂，首先要制备稳定的微乳体系。微乳体系一般含有四种组分：表面活性剂、助表面活性剂、有机溶剂（油相）和水。常用的表面活性剂有 AOT[双(2-乙基己基琥珀酸酯磺酸钠)]、SDS（十二烷基硫酸钠，阴离子型）、CTAB（十六烷基三甲基溴化铵，阳离子型）以及 Triton-X（聚氧乙烯醚类，非离子型）。用作助表面活性剂的往往是中等碳链的脂肪醇。有些体系中可以不加助表面活性剂。有机溶剂多为 C_6～C_8 直链烃或环烷烃。在制备微乳体系时，通常使用 Schulman 法或 Shah 法。Schulman 法是把油、表面活性剂和水混合均匀，然后向该乳液中滴加助表面活性剂，从而形成微乳液。Shah 法是先把油、表面活性剂和助表面活性剂混合为乳化体系，然后加入水得到微乳液。根据油和水的比例及其微观结构，可分为 O/W 型、W/O 型和中间态的双连续相微乳液。其中 W/O 型微乳液在纳米催化剂制备中应用较为普遍。在 W/O 型微乳液中，水核被表面活性剂和助表面活性剂所组成的界面所包围，尺度小（可控制在几个或几十纳米之间）且彼此分离，故可以看作是一个"微型反应器"，或称为纳米反应器。该反应器具有很大的界面，在其中可增溶各种不同的化合物。微乳液的水核半径与体系中的 H_2O 和表面活性剂的浓度及种类有关。在一定范围内，水核半径随 H_2O 和表面活性剂浓度比的增大而增大。由于化学反应被限制在水核内，最终得到的颗粒粒径将受到水核大小的影响。而水核的大小是可以控制的，这就为制备不同粒度范围的纳米催化剂提供了良好的基础。

微乳液法制备纳米（或超细）粒子的特点在于：粒子表面包裹一层表面活性剂分子，使粒子间不易聚集；通过选择不同的表面活性剂分子可对粒子表面进行修饰，并可在很宽的范围内控制微粒的大小且粒径分布窄。对于催化剂而言，还可在室温下制备双金属催化剂；可在微乳内直接合成纳米金属粒子，无须进一步的热处理即可用于悬浮液中的催化；在颗粒形成时没有载体的影响等。

(2) 溶胶-凝胶技术

溶胶-凝胶技术是 20 世纪 70 年代迅速发展起来的一项新技术。由于其反应条件温和、制备的产品纯度高且结构可控、操作简单，因而受到人们的关注。在电子、陶瓷、光学、热学、生物和材料等技术领域得到应用。在化学方面，主要用于无机氧化物分离膜、金属氧化物催化剂、杂多酸催化剂和非晶态催化剂等的制备。

溶胶-凝胶技术制备催化剂的基本过程是：将易于水解的金属化合物（金属盐、金属醇盐或酯）在某种溶剂中与水发生反应，通过水解生成水合金属氧化物或氢氧化物，胶溶得到稳定的溶胶，再经缩聚（或凝结）作用而逐渐凝胶化，最后经干燥、焙烧等后处理制得所需的材料。该技术的关键是获得高质量的溶胶和凝胶。以金属醇盐溶胶法制备溶胶的溶胶-凝胶流程如图 2-9 所示。

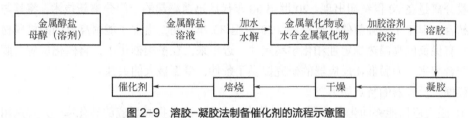

图 2-9　溶胶-凝胶法制备催化剂的流程示意图

溶胶-凝胶法制备催化剂有以下优点：

① 可以制得组成高度均匀、高比表面积的催化材料；

② 制得的催化剂孔径分布较均匀且可控；

③ 可以制得金属组分高度分散的负载型催化剂，催化活性高。

（3）超临界流体技术

利用超临界流体的两个特性来制备催化剂，一是利用调节温度和压力可显著改变溶解度的特性，将超临界流体作为负载型催化剂的溶剂；二是高扩散和低黏度的特性可使超临界流体作为向微孔中输送活性组分的溶剂。

用超临界流体结合化学法制备金属和金属氧化物微粒的例子很多。Armor 等使溶解在超临界醇中的金属盐反应析出成功地合成出了金属（合金）微粒，275℃、15MPa 条件下，用含有 10%水的超临界甲醇溶解 $Cu(OAc)_2$，并通过减压操作，制得 Cu 微粒。Aaschlri 等从超临界水中析出制得多种金属氧化物微粒，如 $Al(OH)_3$、α-Fe_2O_3、TiO_2、CeO_2 等。并通过调节温度和压力制备出了不同粒径和不同形状（片状、球状、针状）的微粒。

目前，基于超临界流体（supercritical fluids，SCF）的多相催化反应的研究发展迅速。特别是环境友好的 SCF 多相催化反应更受人们关注。相对于液体，SCF 的扩散系数大，黏度小，张力也小，有利于扩散；SCF 的溶解度比气体大，又具有液体所不具备的溶解选择性，因此可以提高反应物的浓度，加速反应。SCF 允许人为地控制相行为，只要微小地改变温度和压力，就可以实现反应物的溶解、产物和催化剂的析出以及提高反应速率和反应的选择性。在 SCF 丙烯催化聚合生成聚丙烯的反应中，调节压力、温度，使得聚丙烯的分子量达到一定值，在 SCF 中的溶解度就会发生变化，于是就会从 SCF 中析出。简化了产物的分离过程。利用 SCF 优异的溶解能力可去除催化剂表面上的积炭、结焦和毒物，使催化剂恢复活性，延长催化剂的使用寿命。

在超临界反应中，CO_2、H_2O 等环境友好流体可代替有机溶剂，其效果与有机溶剂相近，而且廉价、无毒、惰性、来源丰富，超临界水（SCW）的催化反应温度多在 200～350℃，随着温度、压力的改变，它具有许多有机溶剂的特性。另外，SCF 相转移催化和 SCF 酶催化过程也为环境友好的多相催化提供了新途径，在烷基化反应、氨基化反应、裂解反应、酯化反应、费-托合成反应、加氢反应、异构化反应、氧化反应中都有广泛的应用。

随着酶催化过程的发展，传统水溶剂受限制，非水溶剂的使用逐渐增多，利用 SCF 作为酶催化反应的介质，可增强水溶剂的可调节性，因为 SCF 的密度随压力、温度的改变而改变，从而与密度有关的常数，如介电常数、溶解度、分配系数等就会随压力、温度的调节而发生变化，使得酶反应可人为控制。超临界技术应用到酶催化反应体系的例子很多，目前研究的重点是 SCF 条件下如何保持酶的活性。

(4) 膜分离技术

膜分离是在 20 世纪初出现，20 世纪 60 年代后迅速崛起的一门分离新技术，将其与催化技术结合，诞生了各种膜催化反应器。20 世纪 80 年代初，出现了能耐高温的无机膜材料，它们具有优良的高温热稳定性和化学稳定性。近年来，在多相催化中，将催化反应与膜分离技术结合起来，为膜催化反应器的研究提供了条件，受到极大的关注。

膜催化反应器的特点如下。

① 膜反应器能移动化学平衡，及时将产物分离，大大提高反应的转化率，尤其是用于传统催化无法实现的平衡限制反应。如氢与氮合成氨反应、CO 与 H_2O 变换反应等，若改为膜反应器催化反应，可大大提高产率。

② 由于反应产物迅速离开反应体系，可避免副产物的产生，提高反应的选择性。

③ 反应物可以净化，并且化学反应、产物分离等单元操作都可在一个膜反应器中进行，工艺简化，可节省投资。

④ 膜反应器可以提高转化率，降低反应的苛刻度，如降低反应温度、降低反应压力来改善选择性，降低能耗，节约能源。

膜催化反应中膜催化作用机理一直是人们感兴趣的课题。Nourbakhash 等认为具有催化活性的多孔膜可以在某种程度上影响反应物和中间产物的浓度分布，从而对反应的选择性和产物分布进行控制。Easpalis 认为负载于多孔膜上的催化剂的活性是传统球形催化剂的 10 倍以上，反应物和产物通过膜时，对反应的催化作用比扩散作用要强得多。此外，反应物和产物在膜孔中的停留时间比在传统固定床反应器中短得多，因此极大地提高了反应的选择性。Easpalis 进一步用不同的物料流动方式研究甲醇在 γ-Al_2O_3 膜中的脱氢反应，并证实物料流动方式和催化剂分布对膜反应器有重要影响。

许多基础研究结果表明膜催化反应技术具有广阔的工业应用前景，但在向工业化发展的过程中，尚存在许多问题。首先是膜的制备。与实验室制膜有很大不同的是，工业用膜必须是大面积的，这就要求成本低、制膜重现性好，对支撑体要求也更严格。其次是高温下设备的密封问题。聚合物密封圈只能用于300℃以下；石墨密封圈在氧化气氛中能耐450℃，但有一定泄漏；多孔陶瓷和致密陶瓷烧结，然后在致密陶瓷管上密封，成本很高，难以工业化。再有就是膜的污染与稳定性问题。高温结碳对膜的污染特别严重，Gallaher 等在乙苯脱氢反应中观察到所用 γ-Al_2O_3 膜渗透速度下降很快。还有一个问题是膜催化反应过程的模拟。如何将影响反应器性能的各因素，如物料流动方式、反应物组成、催化剂的活性与比表面积、膜的选择性、操作温度和压力等，组合建立较健全的膜反应器模拟方法，仍是一大难题。

膜分无机膜和有机膜两种。在形成的膜催化剂中，有机膜在热稳定性和化学稳定性上都不及性能良好的无机膜。膜与催化剂一般以四种形式组合：①膜与催化剂是两个分离的部分；②催化剂装在膜反应器中；③膜材质本身具有催化作用；④膜作为催化剂的载体。③和④两种形式称为膜催化剂或催化膜，其优于常规催化剂的地方是扩散阻力小，温度易控制，选择性高，反应可以不生成副产物，可获得纯度很高的产品，甚至不需分离工序而完成产品生产。

膜反应器分平板型、管型、蜂窝型及螺旋型等多种。平板型设备简单，但膜催化效率不高，用得最多的是管型。管型变化形式多样，催化剂活性组分可以在管内也可以在管外，进料方式可以并流也可以逆流。蜂窝型则可提高堆积密度，提高透过面积。双螺旋型可大大增加膜的透过面积，减少空间。

2.5.2　催化剂预处理

利用各种方法如沉淀或共沉淀、浸渍或吸附法、混合法等制备的各种催化剂，其母体物多数为氢氧化物和盐类，一般不能直接使用，需经过预处理才能变成有催化活性的组分。在预处理过程中会发生物理的和化学的变化。

预处理通常包括干燥、焙烧（煅烧）和还原（活化）三个过程。有些催化剂还需经历老化过程。三个过程均在加热条件下进行，所以统称为热处理过程。这三个过程既有联系又有区别。

2.5.2.1　干燥过程

干燥过程是催化剂预处理的第一步。主要作用是脱水和对某些催化剂活性组分进行再分配。一般不发生化学变化。

固体物质中水分有三种：化学结合水，属于物料结构中的组成部分；吸附水，是固体表面或毛细孔中吸附的水；游离水，是处于物料颗粒之间的水。干燥过程只能除去后两种水。

干燥温度通常在 $80\sim200℃$ 之间。根据干燥物料的不同和要求的差异，可分快速和缓慢干燥，有的则需不同的气氛或于真空下干燥。

载体或催化剂多数是多孔的物质，而且孔的大小不一、孔径不等。

图 2-10（a）表示蒸发前孔全部被液体充满，图 2-10（b）表示孔中部分液体蒸发后的情况。经干燥处理最大的孔中液体全部蒸发变成空的，中等孔部分变空，最小孔仍然被液体充满（指在干燥过程中的变化）。产生这种现象的原因之一是：当缓慢干燥时，大孔中液面蒸气压较大优先蒸发，小孔中液面蒸气压小蒸发迟缓。由于小孔的毛细管力大于大孔的毛细管力，所以小孔因蒸发减少的液体能从吸引大孔中的液体来补充，这样大孔已蒸发干了而小孔内仍有液体。如果是非饱和溶液，在干燥初始时，只有溶剂的蒸发，溶质不会沉积出来；随着干燥的进行，溶液不断由大孔向小孔迁移。与此同时溶剂不断蒸发，致使溶液达到饱和，导致

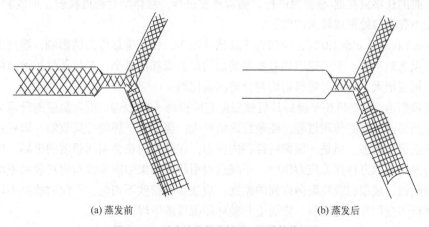

(a) 蒸发前　　　　　　　　　　　(b) 蒸发后

图 2-10　孔中液体蒸发前后不同孔的截面图

溶质沉积而分布不均匀。载体对活性物质吸附越弱、溶液浓度越小和干燥速度越慢，溶质迁移现象就越严重。

载体对溶质吸附强时，载体孔中基本只有溶剂，干燥过程不会影响溶质的分布。如果干燥过程中吸附的物质性质有明显变化，如加热分解成非吸附性质的水溶液时，则会有迁移现象发生。如能在瞬间干燥，也能基本消除迁移现象，但做到这点是不太可能的。

另一种可能的原因是：干燥时热量从颗粒外部传到内部，因此颗粒外部温度高于颗粒内部。蒸气压也如此，蒸发过程无疑先从颗粒外部和孔口处开始。随着颗粒外部溶剂的蒸发，内部溶质随同溶剂一起向颗粒外部迁移。当溶液达到饱和时，在颗粒外部或孔口处开始沉淀出溶质，溶剂不断蒸发，溶质不断沉淀。因此颗粒外部的溶质（活性组分）含量高于颗粒内部，严重的可在外部结块，大大地影响活性物质在载体上的分布均匀性。

从上面的分析可见，活性物质在载体上的迁移和分布与载体对活性物质的吸附强度直接相关。当为弱吸附时，强烈地影响浸渍效果，并受干燥过程的限制。当为强吸附时，在干燥过程中活性物质的分布不太可能变化，其分布主要由浸渍过程决定。归纳起来决定选择浸渍技术和干燥条件的两个相互依赖的因素是：金属化合物在载体上的吸附强度；制备的催化剂的金属含量。

弱吸附时，在干燥过程中，组分在粒子内部发生再分布和迁移。这时粒子表面蒸发的速率 v 比因毛细管力作用下粒子内溶液的迁移速率 v' 小得多，此时可用下面的方程表示：

$$a = \frac{v'}{v} = \frac{\varepsilon \sigma r \cos \theta}{4 \mu D \xi} (1 + Nu)^{-1} \frac{\rho_L}{\rho_V} \Delta \gg 1.0$$

式中，ρ_L 和 ρ_V 分别表示溶剂液体和蒸气的密度；Nu 为努塞特（Nusselt）数；ε 为孔隙率；r 为平均半径；D 为蒸汽的分子扩散系数；ξ 为弯曲因子；Δ 为沿半径孔分布的参数；σ 为表面张力；θ 为润湿角；μ 为黏度。

此外，同时还满足下列条件：

$$a' = \frac{D\xi(1 + Nu)}{D'\varepsilon} \times \frac{\rho_V}{\rho_L} \ll 1.0$$

式中，a' 表示颗粒内部孔隙空间的体积与整个颗粒体积的比率；D' 为颗粒内部液体的扩散系数。

这时颗粒内没有扩散梯度。当 $a \gg 1$ 时，由于毛细管力的作用，蒸发液体由大孔向小孔迁移，这时的迁移只在固-液界面进行。随着蒸发进行，液体结合程度减弱，形成解离界面，其结果在小孔孔口处形成较大的粒子。

当 $a \ll 1.0$ 时且 $a' \gg 1.0$ 时，在快速干燥的情况下，由于毛细管力的影响，溶剂的迁移和再分布可以忽略不计。干燥速率随着蒸发前沿的深度增加而减小，并且蒸气扩散到粒子外表面的阻力相应增大，这时可能得到均匀分布的催化剂。

还应该指出，湿物料在干燥后其机械强度有所提高（如凝胶）。因为温度的升高会加速不规则颗粒凸部向凹部的传质过程，使颗粒聚结长大，再加之干燥使骨架收缩，颗粒连接进而牢固，导致强度增加。但是，因物料存在内应力，在干燥时也会引起强度的破坏。内应力就是物料内部局部地方存在着应力集中。干燥过程引起应力集中的原因有物料收缩不均匀、存在不规则颗粒、成型时颗粒取向排列的差别、成型物料密度不均匀、干燥时收缩不均匀，因而造成物料的变形并引起微裂，进而引起破坏和强度的下降。

另外，干燥的物料块较大，外层先于内层失水，失水的外层向未失水的内层挤压，造成物料的龟裂和破碎。当堆积物料体积较大时，物料上下受热不均也会引起裂纹和强度的下降。所以采取缓慢升温干燥，逐渐降低物料的温度，再不断翻动物料，对减少应力和破裂现象是有益的。

2.5.2.2　焙烧过程

干燥后的催化剂一般是没有催化活性的，需要继续进行加工处理。在不低于催化剂使用温度下加热煅烧，称为焙烧。600℃以下称为中温焙烧，600℃以上称为高温焙烧。在焙烧过程中会发生物理的和化学的变化。焙烧因对象不同，目的也不同。普通焙烧的目的为：使催化剂中的某种化合物发生分解反应，同时放出某种气体；使不同催化剂组分（或载体）之间发生固态反应；使催化剂烧结，改变催化剂的孔结构、催化性质和强度等。

（1）焙烧过程中可能发生的变化

① 热分解。多数催化剂尤其是共沉淀和浸渍法制备的催化剂，在干燥后其活性物质仍以硝酸盐、碳酸盐、草酸盐等以及氢氧化物的形式存在，所以在加热焙烧过程中，首先这些盐类或氢氧化物进行热分解反应，生成相应的氧化物、亚盐或金属（视盐类不同和焙烧温度高低而异），放出某种气体。

② 固态反应。无论是混合法、沉淀法还是浸渍法制备的催化剂，在焙烧过程中都有可能发生固相反应而生成新相。这种固相反应可发生在两种催化剂活性组分之间，也可发生在活性物质（或助剂）与载体之间。如 NiO/Al_2O_3 催化剂在高温焙烧时，可发生 $NiO+Al_2O_3 \longrightarrow NiAl_2O_4$ 反应；NiO 与 MgO 可形成固溶体；等等。发生固相反应有时对催化剂的稳定性和寿命是有利的，但某些情况则需要避免，要视具体研究的对象和要求不同，而具体分析确定希望还是不希望发生固态反应。例如，乙苯脱氢制苯乙烯的 ZnO/Al_2O_3 催化剂在焙烧时可能生成 $ZnAl_2O_4$，而 $ZnAl_2O_4$ 对反应是无活性的，所以应该尽量避免。

当两种固体之间的反应在热力学上是可能的时候，其反应速度主要与它们之间的接触界面面积和反应离子的扩散系数有关。为扩大接触界面和提高扩散系数，通常采取很细的粉末均匀混合和提高焙烧温度。

能否形成尖晶石结构与氧化物的酸碱性和金属离子的大小有关。离子半径相近的金属元素容易形成尖晶石；酸碱性相异的氧化物易于形成尖晶石。Al_2O_3 是两性氧化物，所以它可与 Fe、Ni、Zn、Mg、Ca 等多种金属氧化物形成尖晶石。通常采用 X 射线衍射法、红外光谱法、热谱法和程序升温还原法来鉴定是否有尖晶石生成。

③ 晶型的变化。在不同温度下焙烧母体物，由热分解而得到的氧化物会有不同的晶型。如三羟铝石（湃水铝石）和薄水铝石在空气中焙烧，不同温度下可得不同晶型氧化物。焙烧薄水铝石时，在 800℃以前几乎全为 γ-Al_2O_3，到 900℃时则为 60% γ-Al_2O_3 和 40% δ-Al_2O_3，1000℃以上则为 θ-Al_2O_3，1200℃以上为 α-Al_2O_3。

不同温度范围有不同的晶型取决于该晶型某一温度下热力学能最低。只有 α-Al_2O_3 是热力学稳定的晶型，其他的晶型都是介稳态，皆有较高的活性。

④ 再结晶。在焙烧过程中，随着水分或挥发性组分的逸出，所焙烧的基体物会转变成结晶氧化物的新固相，其转变过程可表示为：

基体物→分解→基体物的赝形态→赝形态破坏→无定形→再结晶→结晶的活性氧化物→烧结→无活性氧化物。

⑤ 烧结。烧结是指固体微晶或粉末经加热到一定温度（低于熔点温度）范围而黏结长大

的过程。在焙烧过程中,再结晶和烧结是不易截然分开的。影响烧结的因素很多,其中最主要的是温度。当焙烧温度低于塔曼(Tammann)温度(熔点温度的 2/3 以上)之前,再结晶过程占优势;而在塔曼温度以上烧结过程占优势。

烧结过程需要微晶的互相接触、黏结或重排,所以烧结过程一般使微晶长大,孔径增大,比表面积、比孔容积减小,强度提高。

一般情况下,烧结会导致催化剂活性降低,但催化剂的强度有所提高,所以如果对催化剂活性要求不高时,可通过部分烧结来改善催化剂的强度。多数情况下,催化剂应尽量减少或避免烧结现象。除选择适当的焙烧条件、催化剂的使用条件外,可在催化剂制备过程中,选择加入某种结构助剂。

(2) 焙烧过程对催化剂(或载体)物理和化学性质的影响

前面介绍了在焙烧过程中会发生物理的和化学的变化,当然因条件和焙烧物质不同,某些变化为主,某些变化次之,但往往这些变化不能截然分开,而对催化剂或载体性质的影响最终是总的结果。这些影响可归纳为:

① 对表面积和孔结构的影响。焙烧过程中因焙烧条件(如温度、气氛、时间)和催化剂的不同,对其表面积和孔结构影响也不同。

金属-载体催化剂通常在使用前需经高温焙烧和还原。在焙烧过程中,质点的热运动引起金属在表面上的分散,从而导致金属表面积的变化。这种变化不但与焙烧温度、气氛有关,而且还与金属含量、载体的种类有关。

焙烧温度对表面积和孔结构的影响是重要的,这种影响因催化剂体系、组成、含量的不同而异,因此又是很复杂的,不能用简单的变化规律来描述,而要针对具体对象研究确定。

② 对晶型和微晶大小的影响。薄水铝石在加热处理过程中发生晶型的转变就是一个很好的例证。通常在 1000℃以下焙烧主要得到 χ-Al_2O_3 和 γ-Al_2O_3,在 1000～1200℃主要得到 θ-Al_2O_3 和部分 α-Al_2O_3,1200℃以上全部变成 α-Al_2O_3。这种晶型的转变除与温度密切相关外,还与气氛、粒子的粗细和焙烧时间有关。

随着焙烧温度的升高和时间的延长,Al_2O_3 微晶也不断增大(表 2-1)。

表 2-1　晶粒边长随焙烧温度和时间的变化

焙烧时间 2h						
焙烧温度/℃	500	600	700	800	900	1000
粒径/nm	3.9	4.6	4.8	5.2	5.5	6.2
焙烧温度 700℃						
焙烧时间/h	1		6		48	
粒径/nm	4.5		5.9		6.7	

这种微晶的变化实际上是一个烧结过程。微小孔被烧死而产生新的较大的孔。影响烧结的因素很多,如颗粒大小、填充方式、杂质掺入和性质以及气氛等。

③ 对催化剂酸量、酸分布的影响。由于焙烧过程中会发生物理的和化学的变化,所以对催化剂或载体的表面酸性产生一定的影响,尤其对氧化物催化剂和分子筛催化剂。Al_2O_3 常用作脱水催化剂(如醇脱水制烯烃)和催化剂载体,因制备原料不同,首先生成不同的氧化铝的水合物,将这些水合物在不同条件加热处理脱水后可得各种类型的氧化物。氧化铝具有路易斯酸、碱中心,它除与制备条件有关外,还与焙烧时脱水程度有关。焙烧温度升高,脱

水量增加，Al₂O₃ 表面的羟基减少，酸量也减少。例如，γ-Al₂O₃ 的表面酸性与脱水温度的关系可用氨的吸附量来表示，测定结果如图 2-11 所示。

显然，当温度在 500℃左右时酸量最大，超过 500℃总酸量下降。

④ 对金属分散度的影响。金属分散度是表征金属在载体上分散程度的重要指标，分散度的高低往往直接影响催化剂的催化性能，尤其对结构敏感反应（structure sensitive reaction）。金属分散度除与催化剂初始制备条件（负载方法、温度、金属含量等）有关外，还与催化剂的后处理如焙烧温度、还原条件等有关。因为在高温条件下，金属在表面上的移动加快，所以导致金属粒子长大，从而影响金属在载体表面的分散度。

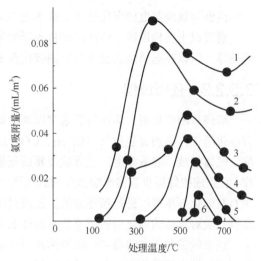

图 2-11 γ-Al₂O₃ 上氨的化学吸附量与处理温度的关系

1—500℃；2—600℃；3—700℃；
4—800℃；5—900℃；6—1000℃

⑤ 对催化剂催化性能的影响。MoO₃·Fe₂(MoO₄)₃ 表面酸量与焙烧温度密切相关，而且甲醇氧化成甲醛反应中的催化活性也与焙烧温度有一定的关系（如图 2-12 所示）。在 500℃焙烧具有最高的活性。

Pd/Al₂O₃ 催化剂是常用的加氢催化剂。Pd 在载体上的分布、粒子大小和 Pd 含量是影响催化性质的重要因素。而 Pd 在载体上的分布及粒子大小又直接与催化剂的焙烧温度有关。Dodgson 在研究 Pd/Al₂O₃ 催化剂用于硝基苯加氢反应中，焙烧温度对加氢活性的影响得到如图 2-13 所示的结果。

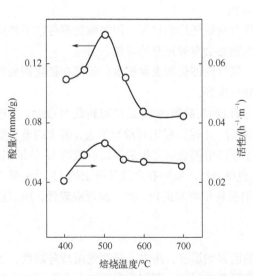

图 2-12 MoO₃·Fe₂(MoO₄)₃ 的焙烧温度对酸量和甲醇氧化反应活性的影响

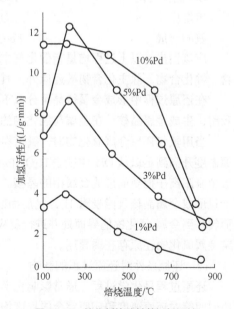

图 2-13 催化剂的硝基苯加氢活性与焙烧温度的关系

活性与焙烧温度的变化规律，基本上与金属的表面积与焙烧温度的变化规律相同。

通过以上实例说明，焙烧温度直接影响催化剂的活性，而这种影响又因催化剂的种类不同而异，所以在选择焙烧温度时应因催化剂不同而区别对待。

2.5.2.3 还原过程

煅烧后的催化剂，活性物质通常以高价氧化物的形态存在，除个别反应外，多数仍未具有催化活性，必须经还原气（如 H_2、CO）或还原物质（如醇、肼）在一定的条件下（如温度、气体组成、肼的浓度）还原成金属或低价氧化物。还原过程是催化剂制造的最后单元操作。它完成的好坏也直接影响催化剂的质量。还原过程多数在催化剂使用前于反应器内进行，也有在催化剂生产厂进行预还原的。还原过程因催化剂的体系、使用目的不同而有所区别，所以一般对具体的催化剂的还原都有具体的要求，还原时应严格按要求进行。

还原就是在一定的温度、适当的还原气氛中，使催化剂活化的过程。这里仅指新鲜催化剂而不包括失活催化剂的再生活化过程。

(1) 还原过程中的化学变化及金属微晶的生成

在催化剂的还原过程中，会发生化学变化。如金属氧化物或贵金属氯化物在氢气中还原通常发生如下的反应：

$$MO_x(s) + xH_2(g) \rightleftharpoons M(s) + xH_2O(g)$$

$$MCl_x(s) + x/2H_2(g) \rightleftharpoons M(s) + xHCl(g)$$

重要的工业催化过程及其催化剂的还原如下所示：

催化过程	催化剂的还原（主要化合物）
烃类蒸汽重整	$NiO \longrightarrow Ni$
CO 高温转化	$Fe_2O_3 \longrightarrow Fe_3O_4$
CO 低温转化	$CuO \longrightarrow Cu$
甲烷化	$NiO \longrightarrow Ni$
氨的合成	$Fe_3O_4 \longrightarrow Fe$

应该指出，以上过程均是指催化剂中主要化合物被还原的过程。因为催化剂往往不是只含一种化合物，除主化合物被还原外，其余化合物也会有被还原的可能。

在还原过程中形成金属微晶可分以下几步：氢气向催化剂表面扩散；氢气在催化剂表面吸附；生成金属晶核；在金属与氧化物的界面处反应等。

当用氢气还原金属氧化物时，氧化物表面上的 O^{2-} 与吸附的 H_2 反应而转化为 OH^-，当还原温度升高到足以从 OH^- 中脱去 H_2O 并解吸出来时，上述过程则可继续下去，剩余的电子则被金属阳离子捕获而形成金属相的晶核。所以还原的前提是氧化物表面具有吸附 H_2 的缺陷。一旦形成金属晶核且能吸附 H_2，则后面的反应更易进行。吸附在金属晶核上的 H_2 沿金属表面转移到金属-氧化物的界面处并进行反应，此时反应很容易进行。第一步反应较慢，所以通常金属氧化物还原存在诱导期。

(2) 还原条件对还原过程的影响

还原过程是化学过程，通常影响化学反应的因素如温度、压力、还原气组成与浓度、还原时间等对还原速度和还原完全的程度均有不同程度的影响。因催化剂组成、含量不同，在还原过程中发生的反应不同，所以这些因素影响还原反应的规律也有差异。一般是通过实际考察来确定具体体系的还原最佳条件和操作过程的。

一般用还原度（R）来衡量催化剂还原完全的程度。还原度（R）即催化剂中已除去的氧量 W 与由化学方程式计算的可除去的理论氧量 W_0 之比，即 $R=W/W_0 \times 100\%$。在实际测量时常常测定生成的水量，所以在实际中又常以实际出水量 G 和理论出水量 G_0 之比表示还原度。

$$R = \frac{G}{G_0} \times 100\%$$

对于金属-载体催化剂，还原后活性组分或金属的颗粒大小直接与催化活性相关（尤其对结构敏感反应），所以有时也用金属的分散度来比较还原的程度。

① 还原温度。还原反应是吸热反应时，提高还原温度无疑对还原过程是有利的。提高温度化学反应平衡向右移动，所以有利于催化剂的还原。提高温度还能加快还原反应速度以缩短还原时间。如某一种催化剂在 450℃需 100d 才能还原完全，而在 485℃则只需几十个小时就能还原完全。

但是，还原温度也不能过高，因为温度过高容易引起催化剂表面活性物质的烧结，导致活性表面减少，从而降低催化剂活性。

如果还原反应是放热反应，则需严格控制反应温度，使还原过程缓慢进行。为此经常采用惰性气体如 N_2 来稀释还原气体的方法以避免温度突然升高烧坏催化剂。如 CO 低温变换反应所用的 CuO-ZnO 催化剂还原时就用 N_2 稀释 H_2，以达到减慢还原反应速度和控制超温的目的。

② 还原气中水汽的影响。在氧化物还原过程中会有水生成，所以当还原气体中含水时会影响还原反应的速度和平衡。通常水汽使还原度不同程度地下降。

③ 还原气的空速和压力。还原过程是从催化剂的颗粒外表面开始向内表面扩散，所以空速大带走的水汽多，在气相水汽浓度低时，催化剂孔内的水汽容易扩散出来，因此，水汽对还原的影响减弱，有利于还原。另外，空速大带走的热量多，对于吸热反应需要增加热量的补充，对放热反应可带走热量，有利于温度控制。提高还原气的压力一般可提高还原速度，如果还原反应是分子数减少的反应，改变压力将影响还原反应的平衡，所以提高压力可提高催化剂的还原度。

除以上各因素对还原过程有影响外，催化剂的组成和颗粒度也对还原过程有影响。通常加入载体的氧化物比纯氧化物较难还原，但是对某些物质则有加速还原的作用。如难还原的铝酸镍中加入少量铜化合物，焙烧后生成氧化铜，还原时生成铜金属中心，此中心可使氢分子解离并迁移到铝酸镍中，从而加速铝酸镍的还原。催化剂颗粒大小也是影响还原效果的一个因素。一般情况下颗粒小有利于还原。颗粒度的影响可能因还原过程生成水而起作用，颗粒度小时受水的反复氧化，还原作用减弱，从而减轻水的毒化作用。

2.5.3　催化剂成型

成型催化剂的几何形状和颗粒大小是根据工业过程的需要而定的，因为它们对流体阻力、气流的速度梯度与温度梯度及浓度梯度等都有影响，并直接影响实际生产能力和生产费用。因此，必须根据催化反应工艺过程的实际情况，如将所用反应器的类型、操作压力、流速、床层允许的压降、反应动力学及催化剂的物化性能、成型性能和经济因素等综合起来考虑，正确地选择催化剂的外形及成型方法，以获得良好的工业催化过程。

催化剂常用的形状有圆柱状、环状、球状、片状、网状、粉末状、不规则状及条状等，近年来还相继出现了许多特殊形状的催化剂，如碗状、三叶状、车轮状、蜂窝状及膜状等。催化剂对流体的阻力是由固体的形状、外表面的粗糙度和床层的空隙率所决定的。具有良好的流线型的固体阻力较小，一般固定床中球形催化剂的阻力最小，不规则者则甚大。对于生产上使用的大型列管式反应器来说，使流经各管的气体阻力一致是非常重要的。因此必须十分认真地进行催化剂的填充，要求催化剂的形状和大小基本一致。从实际使用来看，当粒径与管径之比小于 1:8 时容易避免壁效应、沟流和短路现象，使各管阻力基本一致，得到气体的均匀分布。但粒径过小又会增加床层阻力，通常要求粒径与管径之比小于 1:5。为了提高反应器的生产能力，总希望单位反应器容积具有较高的填装量，一般球形催化剂的填装量最高，其次是柱形催化剂，对于柱形催化剂为了同时考虑强度和填装量，常采用径高比为 1 的形式。流化床反应器则采用细粒或微球状催化剂，要求催化剂具有较高的耐磨性。

催化剂的成型方法通常有破碎、压片、挤出、滚动、凝聚成球及喷雾。成型催化剂可分为以下几种。

① 片状和条状催化剂。由催化剂半成品通过压片或挤条成型制取。压片制得的产品具有形状一致、大小均匀、表面光滑、机械强度高等特点，适用于高压、高流速固定床反应器。而挤出成型则可得到固定直径、长度可在较广范围内变化的颗粒，与压片成型相比，其生产能力大得多。

② 球状及微球状催化剂。球状催化剂可采用凝聚成球法成型，将溶胶滴入加热的油柱中，利用溶胶的表面张力形成球状的催化剂；也有些球状催化剂采用滚动造粒法，在盘式或鼓式造粒机中成型。微球状催化剂的成型，则是将催化剂半成品溶胶喷雾干燥制成，流化床催化剂常用此法制得。

③ 不规则形状的催化剂。该类型催化剂多采用破碎法制得，所得的催化剂大小不一且有棱角，使用前要进行筛分，并在角磨机内磨去棱角。

④ 粉状催化剂。将干燥后的块状催化剂粉碎、磨细即得。

⑤ 网状催化剂。一般是将丝织成网状，如铂丝网催化剂等。

⑥ 其他特殊构型的催化剂。需要专门的设备和方法，此处从略。

2.6 催化剂表征分析

2.6.1 传统表征技术手段

2.6.1.1 X 射线衍射技术在催化剂研究中的应用

X 射线衍射是揭示晶体内部原子排列状况最有力的工具，借助它可以取得许多有关催化剂结构特征的信息，例如，晶相结构、晶格参数、晶粒大小等，使催化剂的许多宏观物理化学性质，从微观结构特点找到答案；也可用来研究物质的分散度、鉴别催化剂中所含的元素，丰富了人们对催化剂的认识，推动了催化剂的研究进展。近年来，多晶 X 射线衍射结构测定方法应用于催化剂研究，最突出的成就是分子筛的结构研究。几乎所有分子筛结构都被测定出来，并根据晶体几何学原理预言了可能的分子筛结构。学者们还研究了不同制备工艺、处理条件对阳离子位置、孔道形状的影响，以及由此而产生的结构稳定性、活性、选择性的变化。

以下简要介绍几种 X 射线衍射技术在催化剂研究中的应用实例。

（1）晶相结构的测定

由于不同的晶相结构具有不同的 X 射线衍射图谱，因此可以利用衍射图谱的差别来鉴别它们的晶相结构。

例如，由于制备方法和焙烧温度的不同，尽管化学组成相同，但 Al_2O_3 有近 10 种不同的晶相结构。晶相结构不同，其物理化学性质也不同，故其用途也是有区别的。例如，活性 γ-Al_2O_3 和 η-Al_2O_3 可用作催化剂或载体，而无活性的 α-Al_2O_3 仅用作载体。可用 X 射线衍射技术进行物相鉴定。该法现象肯定，方法简便。

图 2-14 给出了三种不同晶相 Al_2O_3 的 X 射线衍射图谱，图谱上峰的位置以衍射角 θ 表示，而强度用峰高表示。因此，只要将被测物质的衍射特征数据与标准卡片比较，即可进行鉴定。如果结构数据一致，则卡片上所载物质的结构即为被测物质的结构。

晶相结构的分析还可以帮助了解催化剂选择性变化及失活原因，稀土 Y 型分子筛催化剂在运转过程中活性逐渐降低，活性降低的原因之一是分子筛晶体被破坏。测定当前工业失活催化剂的结晶破坏程度，就能够从结构稳定性的角度分析当前分子筛催化剂还有多大潜力可挖。

（2）晶胞常数的测定

晶胞是整个晶体中具有代表性的最小的平行六面体。纯的晶态物质在正常条件下晶胞常数是一

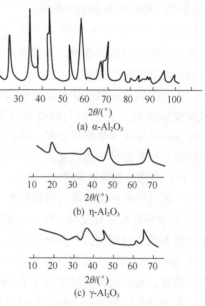

图 2-14　三种不同晶相氧化铝的 X 射线衍射图谱

定的，即平行六面体的边长都是一特定值。但当外界条件变化时，例如，温度变化或加入其他物质时，由于生成固溶体，发生同晶取代或产生变形或缺陷，而使其晶胞常数发生变化，从而可能影响到催化剂的催化活性和选择性。

当某一催化反应可以向几个方向转化时，晶胞常数与选择性之间是有一定的关系的。例如，甲醇在 Cu-ZnO 催化剂上转化时，改变 Cu 与 ZnO 的比例，制得一系列的催化剂，发现当 Cu 的晶胞长大时，甲醇生成甲酸甲酯的反应却大大减弱；而当 ZnO 的晶胞长大时，甲醇生成 CO 的反应却加快了。

（3）微晶颗粒大小的测定

用 X 射线衍射法测定微晶大小，是基于 X 射线通过晶态物质后衍射线的宽度（扣除仪器本身的宽化作用后）与微晶大小成反比。当晶粒小于 200nm 时，就能够引起衍射峰的加宽，晶粒愈细峰越宽，所以此法也称 X 射线线宽法。Scherrer 从理论上导出了晶粒大小与 X 衍射线增宽的关系如下：

$$D=K\lambda/(\beta\cos\theta)$$

式中，D 为晶粒大小，nm；θ 为半衍射角；β 为谱线的加宽度（注意，要扣除仪器本身造成的加宽度）；λ 为入射的 X 射线的波长，nm；K 为与微晶形状和晶面有关的常数，当微

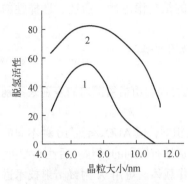

图 2-15 脱氢活性与晶粒大小的关系
1—CH₃OH，320℃；2—i-C₅H₁₁OH，260℃

晶接近球形时 K=0.9。

上式即有名的 Scherrer 方程，其测定晶粒大小范围为 3～200nm。

测得微晶大小的数据，对催化工作有一定的参考价值，如在石油化工中广泛应用的重整催化剂 Pt/Al₂O₃ 的催化活性，就直接与微晶大小有关。研究醇在一系列组成相同的 Ni/Al₂O₃ 催化剂上的脱氢反应。利用 X 射线线宽法可确定出，当晶粒大小在 6～8nm 范围内时催化活性最高，如图 2-15 所示。

再如，在固体内存在一个再结晶温度 T_c，当温度超过 T_c 时晶块生长速度明显加快，温度越高生长越快，以致发生半熔或烧结等现象。用线宽法对不同温度处理过的样品做微晶大小的测量，可以获得再结晶温度的实验数据。

实验测到的谱线形状受仪器因素的影响，它引起附加的谱线变宽，称为仪器变宽，应对这种变宽进行校正。应力畸变等也影响谱线形状，应注意在实验上加以消除或用傅里叶（Fourier）分析方法将其分开。不同大小的晶块各自对同一条谱线有不同的影响，所以实验测得的值具有某种平均意义。

（4）金属分散度的测定

X 射线在低角度区域的散射称为小角散射（small angle X-ray scattering），简写 SAXS。当 X 射线照射粉末样品时，在小角区域的散射强度分布只与散射颗粒的大小、形状以及电子密度的不均匀性有关，与颗粒内部的原子结构无关。应用小角散射仪测定样品在低角区的散射 X 射线强度分布，可以计算出样品的颗粒大小分布。该方法主要用于测定金属催化剂的金属分散度。该方法需要精密的 X 射线衍射仪，具有阶梯扫描装置和功率较高的 X 射线管。

X 射线衍射方法用于催化剂研究是非常广泛的，可以解决多方面问题，但各个方法也有其适用范围及局限性。例如，晶相结构的分析简单、快速，分析问题一目了然，它主要应用于催化剂制备规律研究，鉴定催化剂的物相，配合研制工作选择合适的工艺条件，分析各物相在催化剂中的作用及生成条件，提出合理的工艺路线。线宽法实验简单，应用比较普遍，但是它只能测定平均晶粒大小，反映不出晶粒大小分布情况，当晶体存在晶格畸变时，测定数据不真实。

2.6.1.2 红外光谱方法在催化剂研究中的应用

红外光谱（IR）方法是研究分子结构的重要物理方法。自 20 世纪 50 年代获得了吸附分子的红外光谱以来，红外光谱便在催化领域得到了广泛的应用。目前红外光谱技术已经发展成为催化研究中十分普遍和行之有效的方法。当前主要是应用于催化剂表面吸附态和催化剂表征（探针分子的红外光谱）以及反应动力学方面的研究。红外光谱技术研究的对象为从工业上使用的负载型催化剂到超高真空条件下的单晶成薄膜样品。它可以与热脱附（TPD）、电子能谱（PES）、闪脱质谱（FDMS）等近代物理方法相结合（在线联合），获得对催化作用机理更为深入的了解。以下介绍红外光谱方法在催化剂研究中的几个应用实例。

（1）吸附态的研究

分子在固体催化剂上的吸附可以是物理吸附或化学吸附，前者吸附分子的红外光谱几乎与吸附前分子的红外光谱一样，仅使特征吸收峰发生某些位移，或使原吸收峰的强度有所变化。化学吸附则因吸附分子和催化剂发生了相互作用，使分子内键强度变化，甚至某些键断裂，因而产生新的红外光谱。

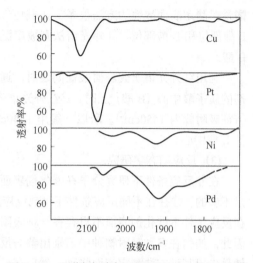

例如，CO 吸附在催化剂上，被吸附的 CO 分子与催化剂表面原子之间形成吸附化学键，因此在红外光谱中就会出现新的谱带。

从气相 CO 分子的红外光谱知道，CO 分子只有一种振动方式，当它同振动组合时在 $2110cm^{-1}$、$2165cm^{-1}$ 出现双峰。当 CO 化学吸附在金属催化剂上时，吸附的 CO 的吸收光谱呈现两个峰（图 2-16），在和一些金属羰基化合物的光谱图对照后，可认为一个靠近 $2000cm^{-1}$ 为 CO

图 2-16　吸附在各种金属表面上的 CO 的红外光谱

中的碳原子与单个表面金属原子结合的线式结构；另一个则在 $1900cm^{-1}$ 附近，为 CO 同时和两个表面金属原子结合而成的桥式结构。由图还可看出，光谱取决于吸附 CO 的金属，在铜和铂上 CO 和 H_2 反应生成甲烷是慢的，而在镍和钯上则是快的。生成甲烷的活性与吸附在这些金属表面上 CO 的特征吸收谱有关。

图 2-17 为 CO 在不同 Pd 含量的 Pd/SiO_2 上吸附的红外光谱。可见，吸收带强度随着吸附量的增加而增加，桥式特征吸收强度的增大尤为明显，而且波长向短波移动。这些可由金属催化剂表面非均匀或存在多种活性中心予以解释。

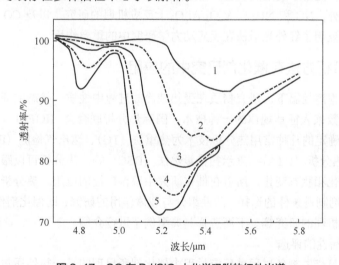

图 2-17　CO 在 Pd/SiO_2 上化学吸附的红外光谱

1—1%Pd/SiO_2；2—2%Pd/SiO_2；3—3%Pd/SiO_2；4—4%Pd/SiO_2；5—5%Pd/SiO_2

(2) 固体表面酸性的测定

酸性部位一般看作是氧化物催化剂表面的活性部位。在催化裂化、异构化、聚合等反应中烃类分子和表面酸性部位相互作用形成碳正离子，是反应的中间化合物。为了表征固体酸催化剂的性质，需测定表面酸性部位的类型 [Lewis 酸（L 酸）Brønsted 酸（B 酸）]、强度和酸量。测定表面酸性的方法很多，如碱性气体吸附法、碱滴定法、热差法等，但都不能区别 L 酸部位和 B 酸部位。红外光谱法则被广泛用来研究固体表面酸性，且可有效地区分 L 酸和 B 酸。

利用红外光谱研究表面酸性问题时，通常用吡啶、氨等碱性吸附质。当吡啶吸附在催化剂的质子酸中心（B 酸）上时，其红外光谱的特征吸附峰为 $1540cm^{-1}$。而吸附在 L 酸中心时，特征吸附峰为 $1450cm^{-1}$。所以一般用 $1540cm^{-1}$ 吸收带表征 B 酸中心，用 $1450cm^{-1}$ 吸收带表征 L 酸中心。

(3) 反应动态学研究

在非反应条件下研究分子在催化剂表面上的吸附态虽有一定意义，但要阐明过程的机理是不够的，往往在不同反应条件下（或反应定态下）吸附物种类型、结构、性能有很大差别。在反应条件下催化剂表面不只存在一种吸附物种，且不是所有的吸附物种都一定参与反应。因此，如何在多种吸附物种中识别出参与反应的"中间物"是非常重要的。一种有效的办法就是先用某种方法测定表面物种，然后在反应条件下研究它们的动态行为。吸附红外光谱可以检出和确定正常反应条件下许多催化体系的表面物种，它还可以在总反应处于稳态的情况下用同位素示踪法追踪吸附物种的动态行为，也可以在改变反应条件下研究化学吸附的状态。换言之，红外光谱既可用来确定反应过程中的催化剂表面上化学吸附的物种和结构，又可以在测定总反应速率的同时测出它们的表面浓度。通过在不同的反应条件下进行实验，可以确定反应速率与各种化学吸附物种的浓度以及周围气体中反应物的浓度之间的关系。这种关系的本质可以为确定哪种化学吸附物种参与了总反应的速率控制步骤提供信息。

例如，甲酸在 Al_2O_3 催化剂上分解机理的研究。Tamaru 等用"动态处理"的方法研究了甲酸的分解作用，提出了反应的机理。否定了催化剂表面的甲酸盐离子（$HCOO^-$）是反应中间物的结论。此外，NO 和 NH_3 在 V_2O_5/Al_2O_3 上反应机理的研究，以及 CO 加氢反应基元步骤的考察等，都证明了红外光谱法在反应动力学研究中的重要作用。

2.6.1.3 热分析方法在催化剂研究中的应用

热分析是在程序控温下，研究物质在受热或冷却过程中性质、状态的变化，并把它作为温度或时间的函数来表征其规律的一种技术。国际热分析联合会（ICTA）（现为国际热分析及量热联合会）确定的几种常用热分析技术为热重法（TG）、逸出气检测（EGD）、逸出气分析（EGA）、差热分析（DTA）、差示扫描量热法（DSC）等。热分析可以跟踪催化反应中的热变化、质量变化和状态变化，所以在催化研究中获得广泛的应用。热分析可用于催化剂活性的评选、催化剂制备条件的选择、活性组分与载体作用的研究、助催化剂作用机理的研究、吸附及表面反应机理的研究等。下面选择其典型例子进行介绍。

(1) 催化剂活性的评选

热分析技术是借助制备过程或反应过程中催化剂所呈现的某一热性质与其活性之间的关系而评选催化剂的。采用流动态差热分析法，可在 5 min 内完成裂化催化剂活性测定。该法是以某种活性气体在催化剂和参比物上化学吸附所产生的温差为依据的。实验时将催化剂和参比物分别放入试样池和参比池，在流通的惰性气氛下将温度控制在预定温度上。然后切换活性气体，此时由于活性气体在催化剂表面上的强烈化学吸附而出现一个放热峰。然后切换为惰性气体，由于脱附而出现一个小的吸热峰。总温差为：

$$\sum \Delta T = \Delta T_1 - \Delta T_2 \approx \frac{M \Delta H}{mc}$$

式中，M 为催化剂化学吸附气体量；ΔH 为活性气体化学吸附热；m 为催化剂量；c 为催化剂比热容；ΔT_1、ΔT_2 为吸附和脱附时的温差。

由上式可以看出，化学吸附峰高 $\sum \Delta T$ 正比于吸附气体量和它的化学吸附热。由于 $M \Delta H$ 与催化剂的活性中心数有关，所以化学吸附峰高可用来表征催化剂的相对活性。这种方法适用于硅铝催化剂和其他固体酸催化剂的快速评选。

（2）催化剂制备条件的选择

固体催化剂的催化性能主要决定于它的结构和化学组成。但因制备方法不同，催化剂的物性（如表面积、孔隙大小分布）、晶相结构及表面化学组成也会有所不同。所以选择催化剂的最佳制备条件对获得一个性能理想的催化剂是很重要的。借助热分析技术可以对其进行研究。

例如，用热重（TG）分析技术研究了 NiO-Al$_2$O$_3$ 制氢催化剂的制备条件。实验证明：活性组分 NiO 与 Al$_2$O$_3$ 生成 NiAl$_2$O$_4$ 结构，这有利于延长催化剂的寿命。因此制备方法应以生成 NiAl$_2$O$_4$ 结构为佳。对于不同方法制得样品的 TG 曲线，如图 2-18 所示。

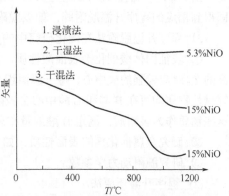

图 2-18　不同制备方法所得催化剂的还原 TG 曲线

由图 2-18 可见，浸渍法制得的催化剂只有与 NiO 还原反应（700℃左右）相对应的失重阶梯，而干湿法则有两个失重阶梯，分别与 NiO 和 NiAl$_2$O$_4$（800℃）还原相对应。用干混法制得的催化剂中活性组分大多与载体生成 NiAl$_2$O$_4$，因此采用此法制备的催化剂较好。

2.6.1.4　化学吸附与程序升温技术在催化剂研究中的应用

化学吸附与程序升温是催化剂表征中常用的技术，特别是在研究催化剂表面性质、吸附和脱附过程上应用得很成熟。

本节主要对常用的程序升温脱附法（TPD）、程序升温还原法（TPR）、程序升温氧化法（TPO）、程序升温表面反应（TPSR）和脉冲色谱化学吸附法进行介绍。

（1）程序升温脱附法

1）TPD 的基本原理

先使吸附管中的催化剂饱和吸附吸附质，然后程序升温，吸附质在稳定载气流速条件下脱附出来，经色谱柱后被记录并计算出吸附质脱附速率随温度变化的关系，即得到 TPD 曲线（脱附谱图）。如以反应物质取代吸附质，可得反应产物与脱附温度的关系曲线，称为程序升温反应法（TPSR）。

假定催化剂表面为均匀的，脱附时不发生再吸附且表面脱附不受扩散效应影响。在这种情况下，单一组成的吸附速率 r_d 为

$$r_d = -\frac{d\theta}{dt} = \theta^n k_d \tag{2-10}$$

式中，θ 为表面覆盖度；k_d 为脱附速率常数；n 为脱附级数；t 为时间。

因为 k_d 与 θ 无关，仅是温度的函数，符合阿伦尼乌斯方程，于是式（2-10）可变为

$$r_d = A_n \theta^n \exp\left(-\frac{E_d}{RT}\right) \qquad (2-11)$$

式中，A_n 为指前因子；E_d 为脱附活化能。

因为程序升温脱附过程中，脱附速率受时间和温度两个因素制约，线性升温关系式为

$$T = T_0 + \varphi t$$

式中，φ 为升温速率，K/min，即 dT/dt。

当 $t=0$ 时，温度 T_0 开始程序升温，随温度升高吸附质开始脱附并出现脱附速率最大值，即得到相应的程序升温脱附峰，如以脱附量对温度绘制 TPD 曲线，得到最大峰温 T_m。

2）程序升温脱附法在催化研究中的应用

① 表征固体酸催化剂表面酸性质。TPD 图谱上不同的 T_m 反映不同的酸中心的强度，较高的 T_m 对应较强的酸中心；每一峰面积表征对应强度的酸中心的酸量。NH_3 和吡啶、脂肪胺等碱性物质均可在 B 酸和 L 酸中心上吸附，但 2,6-二甲基吡啶只吸附于 B 酸中心，因此可用这些物质作为吸附质，测定 B 酸的量和总酸量后，通过差减法可得知 L 酸量。

② 研究金属催化剂的表面性质，如 H_2 在金属表面的脱附行为等。

③ 研究脱附动力学参数。

（2）程序升温还原法

在程序升温过程中，利用 H_2 还原金属氧化物时还原温度的变化，可以表征金属催化剂金属间或金属-载体间的相互作用及还原过程。

金属 Cu、Ni 负载于不同载体的催化剂，为了确定金属氧化物之间或金属氧化物与载体之间的相互作用，进行了 TPR 的研究。图 2-19 为氧化铜在不同载体上的 TPR 谱图。明显看到，负载在 SiO_2 上的 CuO 要比纯 CuO 更易于还原，这是由于载体 SiO_2 使 CuO 分散成小颗粒增加了分散度，从而增强了 CuO 的还原性，说明 CuO 和 SiO_2 没有发生作用。而含量为 7.5%CuO/SiO_2 在 320℃处出现了一个肩状峰，可能是由于 CuO 含量高而有一部分 CuO 不以单分子层存在，呈现出本体 CuO 性质。硅藻土上最高峰比纯 CuO 温度稍高，且还原速率降低，说明存在某种形式的相互作用。以 Al_2O_3 为载体的催化剂的 TPR 谱图较复杂，呈现出多个还原峰，以分子筛为载体更甚。由于还原困难，其还原温度都比 CuO 高得多，说明氧化铜与载体之间存在相互作用。

（3）程序升温氧化法研究催化剂的积炭

烃类催化反应中，催化剂表面积炭将导致活性衰退。对于单晶表面积炭机理的研究，已提出了有关的模型。但对实用的催化剂来说，载体的作用使金属表面结构和积炭关系更为复杂。TPO 是研究催化剂积炭与反应性能关联的一种较灵敏的方法。

为了考察 Pt/Al_2O_3 催化剂的表面积炭，进行了 TPO 研究。图 2-20 显示出了 Pt/Al_2O_3 表面积炭经程序升温氧化后的尾气情况。同时测定尾气的 O_2 和 CO_2 信号强度，图中看到

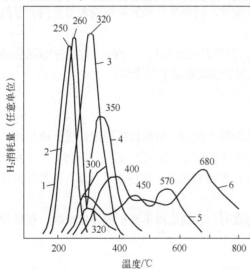

图 2-19　氧化铜在不同载体上的 TPR 谱图

1—1%CuO/SiO_2；2—7.5%CuO/SiO_2；3—纯 CuO；4—1%CuO/硅藻土；5—1%CuO/分子筛；6—1%CuO/Al_2O_3

CO_2 的生成和 O_2 的消耗有很好的对应关系。一些研究表明，在酸性载体的金属催化剂上，表面碳既可沉积在金属活性中心上，也可沉积在酸性氧化铝上。研究发现，经脱氯的 γ-Al_2O_3 的 TPO 过程，没有出现 CO_2 信号，所以 γ-Al_2O_3 经脱氯后是不易积炭的。而且有较强酸性中心的 η-Al_2O_3 在 570℃附近有明显的 CO_2 峰。

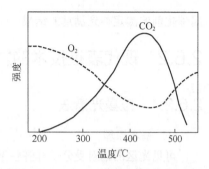

图 2-20 Pt/Al_2O_3表面积炭后的 TPO 图

（4）程序升温表面反应研究催化剂上的活性中心

TPSR 技术的特点是把 TPD 和表面反应（SR）结合起来，即在程序升温过程中表面反应和脱附同时发生。TPD 技术作为研究催化作用的一种动力学方法固然有其特点，但由于该技术只能局限于对某一组分或双组分吸附物种的脱附进行考察，因而不能得到真正处于反应条件下有关催化剂表面上吸附物种的重要信息，而这又恰恰是我们最感兴趣的。在这方面 TPSR 正好补充了 TPD 的不足，为深入研究和揭示催化作用的本质提供了一种新的手段。

催化研究工作者要求研究催化过程的本质，因此在反应条件下研究催化过程是十分必要的，在反应条件下反应物、中间物、产物都会吸附在催化剂表面上，而表面活性中心的性质明显地受到这些吸附物种的影响。所以，当进行反应时催化剂表面上的吸附物种及其性质，就不能根据每种反应物或产物的单独吸附来确定，而必须处于反应条件下来确定。TPSR 由于是在反应条件下进行脱附，因此它可以研究反应条件下的吸附态、确定吸附态的类型和性质、表征催化剂活性中心的性质、考察反应机理等，这就是 TPSR 技术越来越得到广泛应用的原因。

目前，在使用这一技术过程中大致有两种做法。一是首先将催化剂进行预处理，然后将催化剂处于反应条件下进行吸附和表面反应，保持一定的接触时间，再除去气相中或催化剂表面物理吸附的物种，以惰性气体为载气从室温开始程序升温到所要求的温度，使催化剂上的各表面物种边反应边脱附出来，并用色谱或质谱跟踪检测尾气中反应产物；二是作为脱附的载气本身就是反应物，在程序升温过程中，载气与催化剂表面上反应形成的某吸附物种一边反应一边脱附。从操作过程来看不论哪一种方式，都离不开吸附物种的反应和产物的脱附。因此，TPSR 的化学过程与 TPD 有许多类似之处，两者在本质上有着密切的关系，用于数据处理的基本方程式也与 TPD 一样。

（5）脉冲色谱化学吸附法研究催化剂的金属分散度

大量实验证实，负载型金属催化剂的性能与金属在载体上的分散度有关，金属的高度分散有效地提高了金属的利用率，可以得到活性更高的催化剂，这对于贵金属（Pt、Pd、Rh、Ru）尤为重要。金属分散度的测定有 X 射线线宽法、X 射线小角散射法、电子显微镜法及化学吸附法等，其他方法和化学吸附法比较起来，不仅仪器设备复杂，而且其准确度也没有化学吸附法高。

金属分散度有三种表示方法。一种是用分布在载体表面上的金属原子数和总的金属原子数之比 R 表示，即 $R=M_s/M_t$。式中，M_s 为表面金属原子数；M_t 为载体上金属的总原子数。二是用催化剂中金属组分的表面积 S_{Me} 表示。三是用金属的晶粒度 d_{Me} 表示。

化学吸附法的依据是，有些气体如 H_2、O_2、CO、C_2H_4 等在适当温度下能选择性地、瞬间地、不可逆地吸附在金属表面，而不吸附在载体上。如果知道气体在金属上的吸附量，即可从化学吸附量数据计算分散度。目前应用较好的是 H_2-O_2 滴定法，该法对 Pt、Pd、Ni 等金属催化剂的测定得到满意的结果。

2.6.2 现代表征技术的发展与应用

2.6.2.1 拉曼光谱法

(1) 基本原理

可见光区的辐射受分子非弹性散射而产生拉曼效应。其光谱可反映分子振动或转动。与单光子共振吸收的红外光谱不同，它是双光子散射过程。同一分子之所以产生红外吸收或拉曼散射光谱，与其分子的对称性密切相关，取决于分子振动的情况。引起分子永久偶极矩改变的是红外活性振动，产生红外吸收光谱。引起分子极化率改变的振动拉曼散射，其强度与分子极化率的导数的平方成比例。红外光谱适用于分子端基的鉴定；激光拉曼光谱适用于分子骨架的测定，给出红外光谱不能观察到的低频振动信息，且不受水的影响，可以对水溶液和固体催化剂进行表征。

谱图的表示方法：散射光能量随拉曼位移的变化。

(2) 拉曼光谱法在催化剂研究中的应用

① 沸石分子筛骨架结构的表征；

② 负载氧化物催化剂的表征（拉曼光谱较红外光谱的干扰少）；

③ 吸附物种与表面吸附中心的研究；

④ 水相催化体系的研究。

2.6.2.2 电子显微技术在催化中的应用

电子显微镜是一种直接观察物体微细结构的有力工具。这是由于电子显微镜采用了高压下（通常 70～110kV）的电子枪射出的高速电子流作为光源，波长短，因而分辨本领和有效放大倍数大大提高。同时，电子比 X 射线或中子更为强烈地与物质相互作用，因而能明显地被很小的原子簇所散射。电子也易被电场或磁场所偏转或聚焦，因此除了简单的绕射图形之外，还会形成放大的实像，使获得的结果不再仅仅是一张"显微图"，而是可同时获得关于试样的形态、形貌、表面微区元素组成以及晶体结构等有价值的信息，对综合分析问题十分方便。

在催化领域，电子显微镜主要用在固体催化剂研究上，大多数实用的催化剂是高度复杂的表面不均一的体系。早已证实，在催化剂表面上只有某些部位（活性中心）对反应起催化作用，要识别这些部位并定量地表征它们，就需要对其表面进行微细的考察。现代的电子显微镜的高分辨率和高放大倍数以及直观的特点，使它可以在原子、分子尺度上进行表征，因此电子显微镜已广泛地应用于催化剂研究的各个方面。透射电镜（TEM）主要用于催化剂宏观物性的检测、结晶类型的鉴别、催化剂制备的考察及催化剂使用中失活与再生的研究。其中催化剂宏观结构的检测是 TEM 应用的最主要方面，特别是对于负载金属催化剂的研究应用更为广泛。而扫描电镜（SEM）的应用基本上与 TEM 相同。其主要特点为：观察试样的景深大，图像富有立体感，可直接观察起伏较大的表面，且试样制备简单，但因其分辨能力较差因而在使用上受到一定的限制。

(1) 扫描电镜法

① 基本原理。具有一定能量的电子（束）与固体试样作用，会发生电子透射和被固体吸

收、散射等多种物理效应。利用此效应的电子光学特性，可以得到固体表面特性的电子显微图像。也就是利用电子技术检测高能电子束与样品作用时产生的二次电子、背散射电子、吸收电子、X 射线等并放大成像。

由扫描线圈控制电子束对试样进行扫描，二次电子探头探测到的二次电子信号经电子学处理后输入调制显像亮度的栅极，然后严格同步电子束扫描线圈和显像管偏转线圈的扫描电流，即可在显像管上得到对应试样扫描区不同形貌显示出不同亮度的二次电子像。

扫描电镜（SEM）的样品，一般采用原颗粒固定-真空喷涂法制取，要求保持样品有良好的导电性。由于 SEM 成像衬度机制是信号，所以除了试验参数调节以外，使用电子计算机对信号进行甄别处理，提高信噪比，常可达到提高衬度质量的要求。

SEM 谱图的表示方法有背散射像、二次电子像、吸收电流像、元素的线分布和面分布等。所提供的信息包括样品断口形貌、表面显微结构、薄膜内部的显微结构、微区元素分析与定量元素分析等。

② 扫描电镜的特点。

a. 可以观察直径为 0～30mm 的大块试样，场深大，适用于粗糙表面和断口的分析观察；图像富有立体感、真实感，易于识别和解释。

b. 放大倍数变化范围大，一般为 15～200000 倍，具有相当高的分辨率，一般为 3.5～6nm。对于多相、多组分的非均匀材料便于低倍数下的普查和高倍数下的观察分析。

c. 可以通过电子学方法有效地控制和改善图像的质量，如通过调制可改善图像反差的宽容度，使图像各部分亮暗适中。采用双放大倍数装置或图像选择器，可在荧光屏上同时观察不同放大倍数的图像或不同形式的图像。

d. 可进行多种功能的分析。与 X 射线光谱仪配接，可在观察形貌的同时进行微区成分分析；配有光学显微镜和单色仪等附件时，可观察阴极荧光图像和进行阴极荧光光谱分析；等等。

（2）透射电镜法

本法是利用磁透镜将电子束作用于固体试样所产生的弹性散射衬度来放大成像的。实际透射电镜（TEM）的电子束是一对电子聚焦成束的电子枪。由物镜得到的放大试样像，通过中间（透）镜在一定范围内连续调节放大倍数，物镜光阑挡住衍射束，仅允许透射电子的衍射衬度成像，得到试样明场像；反之，物镜光阑挡住直接透射电子，仅允许散射电子成像，则得到暗场像。由于电子束的穿透力很弱，因此 TEM 的测试要求使用薄试样，多数情况限于数十纳米。但 TEM 的放大倍数可达百万倍，分辨力可达 0.2nm。当 TEM 配备电子束扫描试样微区和接受该微区发射特征 X 射线的器件时，即可在获得试样几何结构信息的同时获得组成元素分布的信息。这类电镜称为分析电镜（AEM），主要使用能量色散波谱仪［简称能谱仪（EDX）］探测扫描微区特征 X 射线，不仅定性给出元素分析结果，且可定量分析元素含量及其面或线分布；也可以用波长色散（WDX）谱仪分析元素组成，尤其是轻元素组成。

TEM 谱图的表示方法有质厚衬度像、明场衍衬像、暗场衍衬像、晶格条纹像和分子像。提供的信息包括晶体形貌、分子量分布、微孔尺寸分布、多相结构、晶格与缺陷等。

（3）扫描隧道显微镜法

扫描隧道显微镜（STM）的原理是基于 20 世纪 60 年代所发现的量子隧道效应。将极细的磁探针和待研究样品表面作为两个电极，当二者间距非常接近时（通常小于 1nm），电子在外加电场作用下会穿过两电极间的绝缘层从一极流向另一极，产生与极间距和样品表面性质有关的隧道电流，这种效应是电子具有二象性的直接结果。隧道电流对极间距非常敏感，如果间距减少 0.1 nm，电流将增加一个数量级。因此，通过电子反馈线路以控制隧道电流的恒定，通过压电陶瓷材料以控制针尖在样品表面的扫描，探针在垂直于样品方向上的高低变化就反映出样品表面的起伏。若将扫描运动轨迹直接在荧光屏或记录纸上显示出来，就得到了样品表面态密度的分布或原子/分子排列的图像。

另外，如果表面原子/分子种类不同，或表面吸附有原子/分子时，由于不同种类的原子或分子具有不同的电子态密度和功函数，此时 STM 给出的等电子态密度轮廓不再对应于样品表面的几何起伏，而是原子起伏和表面不同性质组合的综合结果。此时可采用扫描隧道谱（STS）对表面性质进行分析，从曲线上峰的位置和高度推知样品表面的能量状态，进而获得与表面电子结构相关的信息。

与其他显微分析仪器相比，STM 具有以下特点：

① 具有原子级的分辨力，横向分辨率为 0.1nm，垂直分辨率高达 0.01nm，即可分辨出单个原子。

② 能够实时获得表面的三维图像，可用于表面结构研究和表面扩散等动态过程研究。

③ 可直接观察到表面缺陷、表面重构和表面吸附体的形态和部位。

④ 可以在大气、真空、常温、低温甚至液体中工作，不需要特别的制样技术，探测过程对样品无损伤，特别适用于研究生物制品。

⑤ 配合 STS 可以获得有关表面不同层次的电子密度、表面势垒的变化和能隙结构等。

⑥ 利用 STM 针尖可以对原子和分子进行操纵。

STM 所观测的样品必然具有一定程度的导电性，对于半导体观测的效果就不及导体，对于绝缘体则根本无法直接观测。如果在样品表面覆盖导电层，则由于导电层的粒度和均匀性等问题限制了图像对真实表面的分辨率。为了弥补 STM 的不足，经各国科学家的共同努力，后来又陆续发展了一系列新型的扫描探针显微镜，如原子力显微镜（AFM）、激光力显微镜（LFM）、摩擦力显微镜、磁力显微镜（MFM）、静电力显微镜等。下面仅介绍原子力显微镜。

（4）原子力显微镜

原子力显微镜（AFM）由四部分构成，即扫描探头、电子控制系统、计算机控制及软件系统、步进电机和自动逼近控制电路。将一个对微弱力极敏感的悬臂一端固定，另一端有一微小的针尖，针尖与样品表面轻轻接触，由于针尖端原子与样品表面原子间存在极微弱的排斥力（$10^{-8} \sim 10^{-6}$N），通过在扫描时控制这种力的恒定，带有针尖的微悬臂将对应于针尖与样品表面原子间作用力的等位面而在垂直于样品的表面方向起伏运动。可以采用光学法或隧道电流观测法进行观测。半导体激光器发出的激光束，经透镜汇聚后打到微探针的头部，并反射进入四象限位置检测器中，转化为电信号后再由前置放大器放大送给反馈电路。计算机发出的数字信号再转化为模拟信号，经高压运算放大器放大后驱动压电陶瓷管在二维平面内进行扫描。测出扫描各点的位置变化，从而获得样品表面形貌的信息。原子力显微镜与扫描隧道显微镜最大的差别在于并非利用电子隧道效应，而是利用原子之间的范德华力来呈现样品的表面特性。

应用 AFM 已经获得了包括绝缘体和导体在内的许多不同材料的原子级分辨率图像。首先获得的是层状化合物，如石墨、二硫化钼和氮化硼等的图像。另外还在大气和水覆盖下获得了在云母上外延生长的金膜表面的原子图像，也观察到亮氨酸晶体表面分子有序排列等彩图。

2.6.2.3　能谱法

电子能谱是近些年才发展起来的一种研究表面的新型物理方法，它是一种研究表面态的有效手段。在多相催化反应中催化剂的性质主要取决于催化剂的表面物理化学状态。表层的组成、结构和电子的能态是表征表面性质的三个方面，电子能谱对这些方面的研究，尤其表面电子能态的研究有独到之处。因此，电子能谱技术尽管还很年轻，也正在发展和完善之中，但它已愈来愈多地被广泛应用到催化领域的研究中。

（1）俄歇电子能谱法

① 基本原理。用一定能量的电子[或光子，在俄歇电子能谱法（AES）中一般采用电子束]轰击样品，使样品原子的内层电子电离，产生无辐射的俄歇跃迁，发射出俄歇电子。由于俄歇（Auger）电子的特征能量只与样品的原子种类有关，与激发能量无关，因此根据电子能谱中俄歇峰位置所对应的俄歇电子能量，即"指纹"，就可以鉴定原子种类（样品表面存在的元素组成），并在一定实验条件下，根据俄歇信号强度确定原子含量，还可根据俄歇峰能量位移和峰形变化，鉴别样品表面原子的化学价态。

② 俄歇电子能谱法在催化研究中的应用。a.氧化铁俄歇线性的化学价态分析；b.AES 测定吸附分子内部的分子电荷变化。

（2）X 射线光电子能谱法

① 基本原理。具有足够能量的入射光子（$h\nu$）与样品相互作用时，光子把它的全部能量转移给原子、分子或固体的某一束缚电子，使之电离。因此光子的一部分能量用来克服轨道电子结合能（E_B），余下的能量便成为发射光电子（e^-）所具有的动能（E_k），这就是光电效应。可表示为

$$A + h\nu \longrightarrow A^{+*} + e^-$$

式中，A 为光电离前的原子、分子或固体；A^{+*}为光致电离后形成的激发态离子。

由于原子、分子或固体的静止质量远大于电子的静止质量，故在发射光电子后，原子、分子或固体的反冲能量（E_r）通常可忽略不计。上述过程满足爱因斯坦能量守恒定律

$$h\nu = E_B + E_K$$

实际上，内层电子被电离后，造成原来体系平衡势场的破坏，使形成的离子处于激发态，其余轨道电子结构将重新调整。这种电子结构的重新调整，称为电子弛豫。弛豫的结果是使离子回到基态，同时释放出弛豫能（E_{rel}）。此外电离出一个电子后，轨道电子间的相关作用也有所变化，即体系的相关能有所变化，事实上还应考虑到相对论效应。由于常用的 X 射线光电子能谱（XPS）中，光电子能量小于或等于 1keV，所以相对论效应可忽略不计。这样，正确的结合能 E_B 应表示为

$$A_i + h\nu = A_F + E_K$$

所以

$$E_B = A_F - A_i = h\nu - E_K$$

式中，A_i 为光电离前被分析（中性）体系的初态能量；A_F 为光电离后被分析（中性）体系的终态能量。

严格地说，体系的光电子结合能应为体系的终态和初态的能量差。

对于固体样品，E_B 和 E_K 通常以费米能级 E_F 为参考能级（对于气体样品，通常以真空能级 E_V 为参考能级）。在固体样品的 X 射线光电子能谱测定中，由于样品与能谱仪之间的接触，

会存在一个接触电势。因此，在实际测量中，能谱仪材料的逸出功 Φ_{sp} 需要被考虑。只要能谱仪材料的表面状态保持稳定，那么 Φ_{sp} 就可以视为一个恒定值。它可用已知结合能的标样（如 Au 片等）进行测定并校准。XPS 可以再现原子从内层到外层的全部电子能级结构。

② X 射线光电子能谱法在催化研究中的应用。a. 用 XPS 强度比测定活性物质在载体上的分散状态；b. 方钠型硅酸盐形成和结构的测定；c. 氧化物模型催化剂中的内标和氧化数的研究；d. Mo/TiO_2、Mo/Al_2O_3 催化剂"激活"时的氧化态分布；e. XPS 价带谱测定 Mo/C 催化剂中钼酸盐的结构；f. 研究硫氧化镧催化剂上硫化羰基的生成；g. 载体催化剂中氧表面基团对载体的影响；h. 对 $LaMn_{1-x}Cu_xO_{3+\lambda}$ 的氧物种的研究；i. $(VO_2)P_2O_7$ 催化剂的表面分析；j. 氮化铼催化剂在加氢脱氮作用中的行为研究。

(3) 紫外光电子能谱法

①基本原理。紫外光电子能谱（UPS）是光电子能谱的一种，基本原理类似于 XPS。与 XPS 的不同之处在于入射光子能量为 16～41eV，它只能使原子外层电子，即价电子、价带电子电离，所以主要用于研究价电子和价带结构的特征。另外，这些特征受表面状态的影响较大，因此，UPS 也是研究样品表面状态的重要工具。能带结构和表面态情况与化学反应和固体特征密切相关。加之固体中由紫外光激发的能量为 16～41eV 的光电子，其非弹性平均自由程较小，故对表面状态比较灵敏。因此，UPS 被广泛地用来研究固体样品表面的原子、电子结构，如提供有关原子簇价带的丰富信息。

② 紫外光电子能谱法在催化研究中的应用。a. UPS 和亚稳碰撞电子能谱（MIES）在清洁和铯化的 W (110) 表面上研究碘的吸附；b. LaC_{82} 的电子结构；c. 利用 MIES、UPS(HeI)、XPS 研究 Ca、CaO 表面的 CO_2 化学吸附；d. WC (001) 表面与不同吸附质相互作用的电子能谱学研究；e. LaB_6 (100) 表面上初始氧吸附位的研究。

2.6.2.4 核磁共振法

若物质的原子核存在自旋，产生核磁矩，核磁矩在外磁场的作用下旋进，可以求得其旋进角速度 $\omega=\gamma B_0$，若再在垂直于 B_0 的方向施加一个频率在射频范围内的交变磁场 B，当其频率与核磁矩旋进频率一致时，便产生共振吸收；当射频场被撤去后，磁场又将这部分能量以辐射的形式释放出来，这就是共振发射，共振吸收和共振发射的过程称为核磁共振（NMR）。物质质子的共振频率与其结构（化学环境）有关，在高分辨率下，吸收峰产生化学位移和裂分，根据这些变化就可以得到物质的结构信息。

C、H 是有机化合物的主要组成元素。研究 ^1H 的核磁共振现象称为氢谱，研究 ^{13}C 的核磁共振现象称为碳谱。NMR 谱图用吸收光能量随化学位移的变化来表示，所提供的信息包括峰的化学位移、强度、裂分数和耦合常数、核的数目、所处化学环境和几何构型的信息。

广泛用于多相催化剂结构表征的是 MAS NMR。高分辨率的固体 MAS NMR 可以探测分子筛催化剂骨架上的所有元素组分和晶体结构，对局部结构和几何特性也很敏感。原位 MAS NMR 技术近年来得到了很大的发展，应用于催化剂结构、催化过程和催化机理的研究。如 ^{13}C NMR 能够根据有机物分子的特征化学位移来区分反应物、中间物和产物，很适合通过确定反应中间物来跟踪反应机理、探索反应机理。以下是核磁共振在催化研究中的应用实例：

① 研究分子筛结构，如确定其骨架结构、骨架脱铝和引入铝对结构的影响，确定阳离子的位置等；

② 研究固体酸的表面性质，如 B 酸或 L 酸；

③ 研究晶体孔道内吸附物的化学状态及催化性质等;

④ 采用 ^1H MAS NMR 技术研究催化剂表面不同结构的羟基。

2.6.2.5 穆斯堡尔谱

放射源电子核由激发态跃迁到基态发射 γ 射线,会发生被同种原子核共振吸收的现象,激发该原子核由基态跃迁到激发态。自由原子的核发射或吸收 γ 射线时,因为核反冲而不发生共振吸收现象;对于处于固体晶格中的发射或吸收 γ 射线的原子核,如若反冲能小于晶格中原子间的束缚能,则该原子核发射或吸收 γ 射线时就不离开其所在晶格中的位置,实际上没有反冲能量损失,实现无反冲的共振吸收,称为穆斯堡尔(Mössbauer)效应。当由放射源发射的 γ 射线经过一个多普勒速度发生装置调制后,能被作为吸收体的催化剂内相同穆斯堡尔同位素原子共振吸收,即可通过测量透过的或吸收的 γ 射线强度,对多普勒速度作图,得到穆斯堡尔谱。

吸收体(催化剂)原子核周围的物理、化学环境(如价态、配位情况)发生变化,穆斯堡尔谱图上即可显现出共振吸收峰位移(同质异能移或化学位移)、四极分裂或磁超精细分裂,以及谱线宽度变化和二次多普勒能移等穆斯堡尔参量变动,可以反映吸收体微观结构的信息。通常用 δ 表示同质异能移;用 Δ 表示四极分裂;用 H 表示磁分裂后的内磁场强度。于是通过测定这些参数值,可以确定催化剂上物种的化学状态,就铁磁材料而言,由磁分裂后磁场强度的数值可判定物种的粒子尺寸、物种归属及化学配位情况。

穆斯堡尔谱实验测量多利用能量为千电子伏级的 γ 射线,一般取 25~50mCi(毫居里,$1Ci=3.7 \times 10^{10}Bq$)^{57}Co 源。采用 α-Fe 箔进行多普勒速度标定,无须超真空,可在一定温度、压力和反应气氛下原位表征催化剂,这是此项技术的主要优点;但应用元素有限,是其主要缺点。

穆斯堡尔谱在催化研究中的应用如下:

① 联合 TPR 技术考察 Fe/Al_2O_3 催化剂的还原过程;

② 研究活性组分与载体间的相互作用;

③ 确定催化剂的组成。

习题

1. 简述固体催化剂比表面积的含义及其测定方法。

2. 简述 X 射线衍射分析法在催化剂表征中的应用。

3. 简述热分析技术在催化剂表征中的作用。

4. 简述催化剂表征中常用的光谱法,并对其进行比较。

5. 介绍催化剂表征中常用的显微分析方法及其特点。

6. 简述催化剂表征中常用的能谱分析的原理及其应用。

7. 简述设计催化剂时需要考虑的因素。

8. 催化剂主体由哪几部分组成?各部分分别在催化剂中起何种作用?

9. 简述抑制剂、稳定剂在催化剂配方中的作用,并举例。

10. 概述何为助催化剂,根据其作用机理,可以分为哪几类助催化剂?

11. 如何避免 α-Fe 微晶在氨的合成反应中发生烧结，原理是什么？

12. 请结合实例解释电子助催化剂的作用原理。

13. 加入助催化剂为何能起到增加催化剂活性的效果？

14. 什么是可逆毒化和不可逆毒化？

15. 简述如何调控镍基催化剂用于烃类蒸汽转化反应，从而控制反应朝析碳反应或生成 CO、H_2 反应方向进行。

16. 一个理想的催化剂载体应具备哪些条件？

17. 简述载体通常具有哪些作用。

18. 根据载体相对活性的不同，可以分为哪几种不同的载体？

19. 载体液相负载方法有哪些？

20. 简述载体的改性修饰方法。

第3章 催化剂评价

3.1 常用催化评价概念

催化剂的活性是催化剂加快化学反应速率的一种度量。由于反应速率与催化剂的体积、质量或表面积有关，所以需要引入比速率的概念。

$$体积比速率 = \frac{1}{V} \times \frac{d\zeta}{dt}$$

$$质量比速率 = \frac{1}{m} \times \frac{d\zeta}{dt}$$

$$面积比速率 = \frac{1}{S} \times \frac{d\zeta}{dt}$$

式中，V、m、S 分别为固体催化剂的体积、质量和表面积；ζ 为反应进度；t 为反应时间。体积比速率、质量比速率、面积比速率的单位分别为 $mol/(cm^3 \cdot s)$、$mol/(g \cdot s)$、$mol/(cm^2 \cdot s)$。

在工业生产中，催化剂的生产能力大多数以催化剂的单位体积为标准，并且催化剂的用量通常都比较大，所以这时反应速率应当以单位体积表示。

在某些情况下，用催化剂单位质量作为标准，以表示催化剂的活性比较方便。譬如说，一种聚乙烯催化剂的活性为"十万倍"，意思即为 1g 催化剂（或 1g 金属）可以生产 100000g 聚乙烯。

对于活性的表达方式，还有一种更直观的指标，即转化率。工业上常用这一参数来衡量催化剂的性能。转化率的定义为：

$$转换率(X_A) = \frac{反应物A已经转化的物质的量(mol)}{反应物A起始的物质的量(mol)} \times 100\%$$

用这种参数时，必须注明反应物料与催化剂的接触时间，否则就无速率的概念了。为此工业实践中还引入下列相关参数。

（1）空速

在流动体系中，物料的流速（标准状况下，单位时间的体积或质量）除以催化剂的体积就是体积空速或质量空速，单位为 s^{-1}。空速的倒数为反应物料与催化剂的平均接触时间，用 τ 表示，单位为 s。τ 有时也称空时。

$$\tau = \frac{V}{F}$$

式中，V 是催化剂的体积；F 为物料流速。

（2）时空得率

时空得率，即常用指标 STY。时空得率为 1h、1L 催化剂所得产物的量。该量虽然直观，但因与操作条件有关，因此不十分确切。

上述一些量都与反应条件有关，所以必须同时注明。

（3）选择性

从某种程度说，选择性比活性更重要，在活性与选择性之间取舍时，往往取决于原料的价格、产物的分离难易程度。其影响因素和活性基本相同，如果其中有物质的量变化，则必须加以系数校正。

$$选择性(S_A) = \frac{所得目的产物的物质的量(mol)}{已经转化的A的物质的量(mol)} \times 100\%$$

由于催化反应过程中不可避免地会伴随有副反应的产生，因此选择性总是小于 100%。

（4）选择性因素（选择度）

用真实反应速率常数比表示的选择性因素称为本征选择性，用表观速率常数比表示的选择性因素称为表观选择性。这种选择性因素的表示方法在研究中用得较多。

$$选择性因素(S_A) = \frac{k_1}{k_2}$$

对于一个催化反应来说，催化剂的活性和选择性是两个最基本的性能，人们在催化剂研究开发过程中发现，催化剂的选择性往往比活性更重要，也更难控制。因为一个催化剂尽管活性很高，若选择性不好，也会生成多种副产物，这样给产品的分离带来很多麻烦，大大地降低催化过程的效率和经济效益。反之，一个催化剂虽然活性不是很高，但若选择性非常高，仍然可以用于工业生产中。

（5）收率（Y）

收率的计算公式如下：

$$Y = \frac{产物中某一指定的物质的量}{原料中对应于该物质的总量} \times 100\%$$

例如，甲苯歧化反应，计算芳烃的收率就可估计催化剂的选择性。因原料和产物均为芳烃，且无物质的量变化。

（6）单程收率

单程收率的计算公式如下：

$$Y' = \frac{所得目的产物的物质的量(mol)}{起始反应物的物质的量(mol)} \times 100\%$$

单程收率有时也称得率，其与转化率和选择性有如下关系：

$$Y' = XS$$

（7）稳定性

催化剂的稳定性通常也称寿命，是指其活性和选择性随时间变化的情况。寿命是指催化剂在反应条件下维持一定活性和选择性水平的时间（单程寿命），或者加上每次下降后经再生而又恢复到许可水平的累计时间（总寿命）。测定一种催化剂的活性和选择性用时不多，而要了解其稳定性和寿命则需花费很多时间。工业催化剂的稳定性主要包括化学稳定性、热稳定性、抗毒稳定性和机械稳定性四个方面。

① 化学稳定性。催化剂在使用过程中保持其稳定的化学组成和化合状态，活性组分和助催化剂不产生挥发、流失或其他化学变化，这样的催化剂有较长的稳定活性时间。

② 热稳定性。一种良好的催化剂，应能在苛刻的温度条件下长期具有一定水平的活性。少数催化剂如氨氧化制硝酸的铂催化剂、烃类转化制氢的镍催化剂，能分别在 900℃ 和 1300℃ 下长期使用。然而，大多数催化剂都有极限使用温度，超过一定的温度范围，活性便会降低，甚至完全丧失，影响使用寿命。温度对催化剂的影响是多方面的，它可能使活性组分挥发、流失，使负载金属或金属氧化物烧结或微晶粒长大等，这些变化使催化剂比表面积、活性晶面或活性位减少而导致失活。衡量催化剂的热稳定性，是从使用温度开始逐渐升温，看它能够忍受多高的温度和维持多长的时间而活性不变。耐热温度越高，时间越长，则催化剂的寿命越长。

③ 抗毒稳定性。原料气中混杂的有害杂质（毒物），使催化剂的活性、选择性或稳定性降低及寿命缩短的现象，称为催化剂中毒。催化剂对有害杂质毒化的抑制能力称为催化剂的抗毒稳定性。这些毒物包括含硫、氧、磷、砷的化合物，卤素化合物，重金属化合物以及金属有机化合物等，它们大多数情况下是原料或原料中的杂质，也有可能是反应中产生的副产物。

催化剂的中毒现象可粗略地解释为：表面活性中心吸附了毒物后，或进一步转化为较稳定的表面化合物，钝化催化剂的活性位，降低其催化活性；或加快副反应的速率，降低催化剂的选择性；或降低催化剂的烧结稳定性，使晶体结构受到破坏等。催化剂中毒有暂时性中毒（可逆中毒）和永久性中毒（不可逆中毒）之分，其中可逆中毒可以通过再生而恢复活性。由结焦积炭引起催化剂衰变（失活）的现象也属稳定性范畴，有时也归入可逆中毒之列。但是，这类失活与中毒失活在作用机理上有所区别。

④ 机械稳定性（机械强度）。固体催化剂颗粒有抵抗摩擦、冲击、重力的作用，以及耐受温度、相变应力的能力，统称为机械稳定性或机械强度。

3.2 评价装置

3.2.1 固定床催化反应器

凡是流体通过静止不动的固体物料所形成的床层而进行反应的装置都称为固定床反应器。工业上以气相反应物通过固体催化剂所构成的床层进行反应的气-固相固定床催化反应器最为重要。如基本化学工业的氨合成、天然气转化，石油化学工业的乙烯氧化制环氧乙烷、乙苯脱氢制苯乙烯，炼油工业的催化重整、异构化等反应过程，均采用固定床催化反应器。

固定床催化反应器按催化床的换热方式可分为绝热式和连续换热式。绝热式又可分为单段绝热式和多段绝热式 [图 3-1(a)]。连续换热式固定床催化反应器多为列管（多管）式反应器 [图 3-1(b)]。

绝热式固定床催化反应器的特征是反应在绝热情况下进行，如果所要求的转化率不高或反应过程的热效应不大，可采用单段绝热式。如果反应的热效应相当大，以至于出口处催化剂超温或反应物系的出口组成受平衡组成的影响很大，可采用多段绝热式固定床反应器。对于放热反应，段间可通过间接换热器降温或与冷流体混合降温；对于吸热反应，段间可通过间接换热器升温或与热流体混合升温。

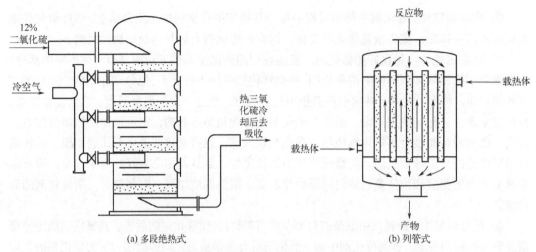

图 3-1　多段绝热式固定床反应器和列管式固定床反应器

绝热式固定床反应器按气体流动方向与反应器主轴方向的关系，可分为轴向反应器和径向反应器。轴向绝热式固定床反应器如图 3-2(a) 所示。这种反应器的结构最简单，它实际上就是一个容器，催化剂均匀置于床内，预热到一定温度的反应物料自上而下流过床层进行反应，床层同外界无热交换。径向绝热式固定床反应器如图 3-2(b) 所示。径向反应器的结构较轴向反应器复杂，催化剂装载于两个同心圆筒构成的环隙中，流体沿径向流过床层，可采用离心流动或向心流动。径向反应器的优点是流体流过的距离较短，流道截面积较大，床层阻力降较小。径向反应器适用于要求气流通道截面大，但床层较薄的情况。这时如采用轴向反应器，反应器的直径将过大，气流均布也较困难。

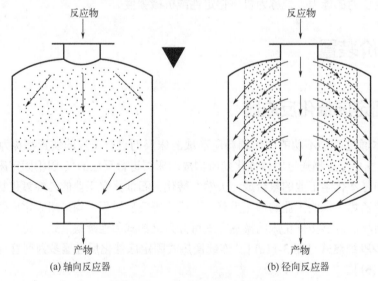

图 3-2　轴向反应器和径向反应器

连续换热式固定床反应器的特征是同时进行催化反应及与外界换热。对于放热反应，催化剂可放于多根管内，与管外冷流体换热而冷却，称为外冷列管式固定床反应器或简称为管式或壁冷式固定床反应器。

催化剂也可以放置在冷管之间，冷管内有需要预热的未反应气体流动，称为内冷自热式固定床反应器。对于吸热反应,催化剂放置于多根管内,与管外热流体以辐射或对流方式换热而升温。管径的大小应根据反应热和允许的温度情况而定,一般为 5～50mm 的管子,但不宜小于 25mm。催化剂的粒径应小于管径的 8 倍,通常粒径为 2～6mm,不小于 1.5mm。

固定床反应器的主要优点是床层内流体的流动接近活塞流,可用较少量的催化剂和较小的反应器容积获得较大的生产能力,当伴有串联副反应时,可获得较高的选择性。此外,结构简单、操作方便、催化剂机械磨损小,也是固定床反应器获得广泛应用的重要原因。

固定床反应器的主要缺点是传热能力差,这是因为催化剂的载体往往是导热性能较差的物质。化学反应多伴有热效应,而且温度对反应结果的影响十分灵敏,因此对热效应大的反应过程,传热与控温问题就成为固定床技术中的难点。固定床反应器的另一缺点是操作过程中催化剂不能更换,因此对催化剂需频繁再生的反应过程不宜使用。此外,由于床层压降的限制,固定床反应器中催化剂的粒度一般不小于 1.5mm,于高温下进行的快速反应,可能导致较严重的内扩散影响。

3.2.2　流化床催化反应器

流化床催化反应器是利用气体或液体自下而上通过固体颗粒层而使固体颗粒处于悬浮运动状态,并进行气固相反应或液固相反应的反应器。流化床催化反应器(图 3-3)通常为一直立的圆筒形容器,容器下部一般设有分布板,细颗粒状的固体物料装填在容器内,流体向上通过颗粒层,当流速足够大时,颗粒浮起,呈现流化状态。由于气固流化床内通常出现气泡相和乳化相,状似液体沸腾,因而流化床反应器亦称为沸腾床反应器。在流化床催化反应器中,可根据催化剂颗粒性状变化的速度决定是否设置催化剂连续进出料装置。如果催化剂的性状变化很快,则需设置催化剂连续进出料装置;如果催化剂的性状在相当长时间内(如半年或一年)不发生明显变化,则可不设置催化剂连续进出料装置。

流化床的形成过程、流态化的形式与气体流速,以及与床层压降 Δp 的关系如图 3-4 所示。开始时,Δp 随 u 的增大而增大,床层的颗粒是静止的,反应器的床层属于固定床。当 u 继续增大,床层开始膨胀,床层空隙率增大,进而粒子开始运动,这时压降反而减小了一些。Δp 的数值相当于单位床层截面积上颗粒的质量。相应的表观气速称为临界流化速度 u_{mf}。气速继续增大,床层随之膨胀,颗粒也不断流化。若流体为液体,粒子在床内分布比较均匀,Δp 波动也不大,基本上等于开始流化时的数值,这种状态称为散式流化;若流体为气体,在床层中会出现气泡,Δp 有较大波动。

气泡在上升过程中不断增大,在床层中

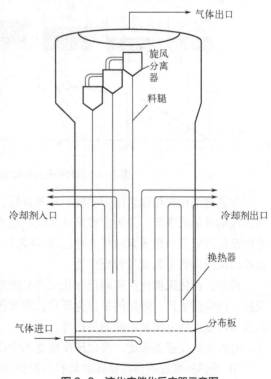

图 3-3　流化床催化反应器示意图

明显形成两个区域，一个是粒子聚集的浓相区，另一个是气泡为主体的稀相区。大部分气体都由气泡短路流出。这种流态称为聚式流化。在聚式流化中，气固相间的接触较散式流化差。为了提高反应器的效率，许多工作者开展了聚式流化的散式化研究，这一方向日益受到学者的重视。在聚式流化中，当气泡胀大到与反应器的直径相等时，便会出现固体层与气泡层相间的情况，整个床层呈柱塞状移动。移动了一段距离后气泡破裂，固体颗粒纷纷落下，随即又生成大气泡。如此继续，床层压降发生很大的波动，这种情况称为节涌。在节涌中，气固接触不良，应尽量避免反应器在节涌情况下操作。采用液体为流体以及反应器的直径很大，就不会发生节涌。当床高与反应器的直径之比较大或颗粒间的附着力较大时，也可能在稍大于临界流速时便发生节涌。图 3-4 为流化的各种形式和流速与压降的关系示意图，主要描述可能发生的流化以及各种流化下的压力变化。对于某种颗粒或同一类型的反应器，各种流化不一定都存在，也不一定按图 3-4 中所示的次序出现。例如，在节涌后，也可能出现聚式流化。聚式流化又分为两种情况：

① 气速较低时，床层中有大量气泡，称为鼓泡区，随着气速增大，床层的湍动程度加剧。由于气泡生成与破裂的速度很快，大气泡反而减少，压力波动减小，有人把这种情况称为湍动区。湍动区经常在节涌后出现。

② 在更高气速下，气体与固体颗粒间的相对流速加大，颗粒湍动程度更剧烈，也有人把这种流化床称为快速流化床，但划分的定义不是很严格。当气速达到或超过颗粒的自由沉降速度后，粒子便被气流带走，这时的床层称为输送床。粒子开始被带出的气体流速称为带出速度 u_t。

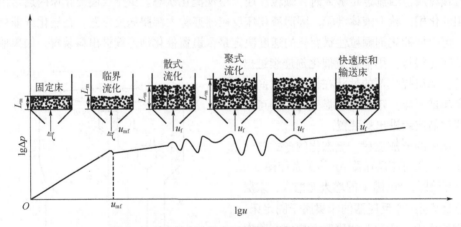

图 3-4　流化的各种形式和流速与压降的关系示意图

在快速流化床和输送床中气固相接触良好，而且气速较高，处理量大。在输送床中气固相的流动接近活塞流，最近许多流化床反应器都设计在这两种床中操作。例如，催化裂化过程的反应器就是一根垂直的气流输送管，在输送催化剂的过程中同时完成了原料的裂化反应。这样的反应器也称为提升管反应器。

目前，流化床催化反应器已在化工产品的生产过程中得到广泛应用，如石油裂化、加氢反应、丙烯腈生产、烯烃的氧氯化反应、萘氧化制苯酐、合成乙酸、甲苯和二甲苯的氨氧化以及高密度和低密度聚乙烯的生产等。

与固定床反应器相比，流化床反应器的优点是：

① 流体和颗粒的运动使床层具有良好的传热性能，这包括床层内部的传热以及床层和传热面之间的传热。当气速远超过临界流化速度时，由于固体颗粒的快速运动和大比热容，床

层内部的传热极为迅速，据估计，流化床内的有效热导率为银的 100 倍。

② 比较容易实现固体物料的连续输入和输出。在流化条件下，固体颗粒犹如流体一样具有流动性，可连续进入反应器和从反应器中排出。

③ 可以使用粒度很小的固体物料或催化剂。在固定床反应器中，固体颗粒的直径很少有小于 1.5mm 的，以避免床层压降过大。而在流化床反应器中，床层压降仅与单位截面床层的颗粒质量有关，因此可以使用粒度仅为几十微米的细颗粒。

但是，在具有上述突出优点的同时，流化床反应器也存在一些严重的缺点，具体如下：

① 气固流化床中，不少气体以气泡形式通过床层，气固接触严重不均，导致气体反应很不完全，其转化率往往比全混流反应器还小，因此，不适用于要求单程转化率很大的反应。

② 固体颗粒的运动方式接近全混流，停留时间相差很大，对固相加工过程，会造成固相转化率不均匀。固体颗粒的混合还会夹带部分气体，造成气体的返混，影响气体的转化率，当存在串联副反应时，会降低催化剂的选择性。

③ 固体颗粒间以及颗粒和器壁间的磨损会产生大量细粉，被气体夹带而出，造成催化剂的损失和环境污染，必须设置高效的旋风分离器等粒子回收装置。

④ 流化床反应器的放大远比固定床反应器困难。主要原因是小直径低床层的实验室反应器中和大直径高床层的工业反应器中，气泡的行为往往迥然不同。

3.3 催化剂失活与再生

3.3.1 催化剂寿命

对催化剂寿命的测试，最直观的方法就是在实际反应工况下考察催化剂的性能（活性和选择性）随时间的变化，直至其在技术和经济上不能满足要求为止。工业催化剂的寿命常常是短则数日长则数年，应用这种方法虽然结果可靠，但是费时费力。对于新过程、新型催化剂的研发而言，也不现实。因而需要发展实验室规模的催化剂寿命评价方法。

在催化剂的研发过程中，为了评估催化剂的寿命（或稳定性），一般是在实验室小型或中型装置上按照反应所需的工艺条件运行较长的时间来进行考察。典型的是要运行 1000h 以上，然后再逐步放大，进行单管试验、工业侧线试验，最后才引入工业装置，从而取得催化剂寿命的数据。由于工业生产过程中催化剂的失活往往由很多因素引起或者受各种因素的综合影响，且催化剂在工业反应器中不同部位所经受的反应条件和过程也不尽相同，因此，在实验室中完全模拟工业情况来预测催化剂的绝对寿命是很困难的。通过对已使用过的催化剂进行表征，全面考察和分析造成催化剂失活的各种因素，进而得出催化剂失活的机理。然后在实验室中可以通过强化导致催化剂失活的因素，在比实际反应更为苛刻的条件下对催化剂进行"快速失活"（又称"催速"）的寿命试验，以工业装置上现用的已知其寿命和失活原因的催化剂作为参比催化剂，进行对比试验，以预测新型催化剂的相对寿命是可行的。这样可以大大提高催化剂研发过程的效率。

（1）试验基本原理

通过对已用的催化剂（最好是工业装置上使用的同类型催化剂）进行表征，摸清催化剂的失活机理。然后强化影响催化剂失活的主要因素，进行新型催化剂的催速寿命试验，从而大大缩短测定新型催化剂寿命的试验时间。在进行催速失活试验时，如何做到既加快失活又能确保强化因素尽可能地反映工业操作中的真实情况，是准确测试催化剂寿命的关键。对于较为简单的反应，一般只选择一个参数进行催速，其余条件尽可能与工业条件相近。若要进行该试验，对于所选的强化因素，必须能给出相应的响应值，以便能将试验结果关联并外推。

（2）试验方法

目前进行催化剂催速寿命试验的方法有两种。第一种称为连续法，是考察催化剂的活性和选择性与运行时间的关系。试验可在通常用于动力学研究的试验装置上进行。在试验过程中，要在尽可能保持在各种过程参数与工业反应器相一致的情况下来考察其中某一强化参数的影响。如果还要考虑失活过程中催化剂的破碎和磨损问题，即机械稳定性问题，则还要在试验装置上备有催化剂的采样口并制定取出催化剂的操作方案，以获得催化剂机械稳定性对失活影响的结论。第二种是中间失活法（或中间老化法）。此法是选择在适合的强化条件下处理催化剂，对处理前后的催化剂进行相同的标准测试，比较催化剂活性和选择性的差异，最后得到催化剂寿命的相关数据。对于催化剂力学性能的考察，也可参照连续试验法进行。催化剂催速寿命试验条件的选取见表 3-1。

表 3-1　催化剂催速寿命试验条件的选取

失活原因	失活方式	催速参数及范围 （与正常生产情况相比）	催速方法
化学中毒	毒物可逆或不可逆吸附	毒物浓度高达 10～100 倍	多采用连续法
沉积失活	焦炭或无机物覆盖活性表面	反应温度升高 20%～50%，进料浓度增加 50%～100%	连续法
热烧结	高温引起烧结	反应温度升高 20%～50%	中间失活法
化学烧结	原料杂质与催化剂活性组分发生反应生成新化合物	杂质浓度增加 10～100 倍	连续法
固态反应失活	催化剂活性组分与催化剂其他组分（如载体）反应，物相变化	反应温度升高 20%～100%，进料浓度增加 10%～100%	连续法或中间失活法
活性组分流失	活性组分挥发	反应温度升高 20%～100%，进料浓度增加 50%～100%	连续法或中间失活法

这里需要指出的是，表 3-1 中催速参数的选择必须非常慎重。特别是对一些较为复杂的化学反应，如平行反应、串联反应以及具有复杂化学反应网络的催化体系，改变催速条件可能导致反应类型的变化。某些在低温时影响不甚明显的反应在催速条件下（较高温度或压力）可能变得不可忽视。特别是对于那些受多因素共同影响而失活的情况，更会给催速条件的选择带来困难。因此，催速试验条件的确定应该建立在对原催化剂进行细致表征、弄清催化剂失活机理的情况下。

（3）铂重整催化剂催速寿命试验实例

铂重整是石油炼制过程中为提高油品品质而进行的一道工序。该过程主要采用铂及钯、铱等贵金属负载在活性氧化铝上制成双功能催化剂。贵金属组分主要起脱氢、加氢作用，而酸性活性氧化铝主要起裂化和异构化作用，还添加了少量含卤素的物质作为助催化剂。在石脑油铂重整过程中，积炭失活被认为是催化剂失活的主要原因。以 $Pt/Br-Al_2O_3$ 双功能催化剂为例，对已结焦的催化剂进行程序升温氧化（TPO）研究，测得的 TPO 结果如图 3-5 所示。

图 3-5 中在 180℃和 380℃出现两个焦炭脱除峰。若在 250℃将催化剂上的焦炭烧除后再用于重整反应，可恢复到相同 Pt 含量的原新鲜催化剂的活性水平。这说明对应于 250℃能烧

焦脱除的积炭（相当于图 3-5 中的第一个峰），是导致 Pt 失活的原因。实验表明，在 380℃烧去的主要是沉积在 Al_2O_3 上的焦炭，与 Pt 金属的活性无关。积炭的多少对催化剂的活性、选择性有很大的影响。

采用中间失活法进行的催速寿命试验表明，反应的压力、温度、氢/油比等对积炭的影响显著。当中间过程反应压力低于 0.76MPa 时，催化剂积炭严重；高于 0.76MPa 时，催化剂积炭和正常运行（压力 3.04MPa）时的情况一致。所以可以在大于 0.76MPa 压力下，降低压力或氢/石脑油比以及升高温度，来达到催速失活的目的。

使用两种铂重整催化剂 A 和 B 对石脑油进行重整的催速寿命试验，在催速失活条件为压力 1.0MPa、温度 500~540℃、氢/石脑油比 500 时，得到的结果如图 3-6 所示。

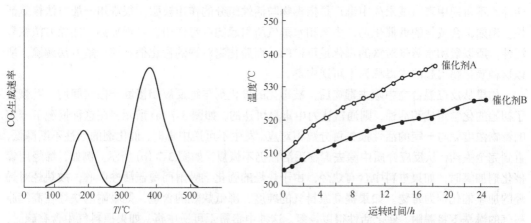

图 3-5　TPO 图谱（CO_2 生成速率与温度的关系）　图 3-6　重整催化剂 A、B 的温度-运转时间曲线

在规定的最高允许温度（确定为 530℃）下，以催化剂所经历的这段时间作为衡量催化剂稳定性的指标，除去建立工艺条件所需的时间，催化剂样品 A、B 可操作的时间分别为 12h 和 24h，也就是说催化剂 B 的稳定性为 A 的 2 倍左右。

同样，从反应所得的液体产品的得率也可证明催化剂 B 优于催化剂 A。

3.3.2　催化剂失活

工业催化剂不可能无限期地使用，如前所述，催化剂在使用过程中活性随时间的变化关系大体上可分成三个阶段，即成熟期、稳定期和失活期。

按照催化作用的定义，催化剂经过一个化学循环再生出来，它本身既不消耗也无变化。实际也确实如此，在经历了一次催化循环后，催化剂本身即使有变化也是微不足道、难以察觉的。然而长期运转后，一些微不足道的变化累积起来，就造成了催化剂活性或选择性的显著下降。所以催化剂的失活不仅指催化剂活性的全部丧失，更多是指催化剂的活性或选择性在使用过程中逐渐下降的现象。

导致催化剂活性衰退的原因是多种多样的。有的是活性组分的烧结（不可逆）；也有的是化学组成发生了变化（不可逆），生成新的化合物（不可逆），或者暂时生成化合物（可逆）；也有的是吸附（可逆）或者吸附了反应物及其他物质（不可逆）；还有是发生破碎或剥落、流失（不可逆）等。用物理方法容易恢复活性的称为可逆中毒，不能恢复的则为不可逆中毒。在使用中很少只发生一种过程，多数场合下是几种过程同时发生，导致催化剂活性的下降。一般情况下，导致催化剂失活的原因主要有中毒、积炭、烧结等。

3.3.2.1 中毒

催化剂所接触的流体中的少量杂质能吸附在催化剂的活性位上，使催化剂的活性和选择性下降，称为中毒，这种杂质叫作催化剂毒物。

（1）可逆中毒与不可逆中毒

催化剂中毒的机理是毒物强烈地化学吸附在催化剂的活性中心上，降低了活性中心的浓度或者减少了毒物与构成活性中心的物质发生化学作用，使后者转变为无活性的物质。按照毒物作用的特性，中毒可分为可逆中毒和不可逆中毒两类。

可逆中毒（或暂时中毒）是指毒物与活性组分的作用较弱，可用简单方法使催化剂恢复活性。不可逆中毒（或永久中毒）是指毒物与活性组分的作用较强，很难用一般方法恢复活性。例如，合成氨的铁催化剂，由氧和水蒸气所引起的中毒作用，可用加热、还原方法恢复活性，所以氧和水蒸气对铁的毒化是可逆的，而硫化物对铁的毒化很难用一般方法解除，所以这种硫化物引起的中毒称为不可逆中毒。

如果从反应混合物中除去毒物后，被毒化的催化剂与纯反应物接触一段时间后，就恢复了初始的化学组成和活性，则通常认为中毒是可逆的，如图 3-7（a）所示，在这种情况下一定的毒物浓度就与一定的活性损失百分数相对应。发生不可逆中毒时，催化剂的活性不断降低，直到完全失活，从反应介质中除去毒物后活性仍不恢复，如图 3-7（b）所示。例如，烯烃用镍催化剂加氢时，如果进料中含有炔烃，由于炔烃的强化学吸附而覆盖活性中心，故炔烃对烯烃的加氢催化剂为毒物。如果提高原料气的纯度、降低炔烃的含量，则吸附的炔烃在高纯原料气的淋洗下将脱附，催化活性得以恢复。这种中毒属于可逆中毒。如果原料气中含有硫时，硫与镍催化剂的活性中心强烈结合，原料气脱硫后已毒化的活性中心亦不能恢复，这种中毒属于不可逆中毒。

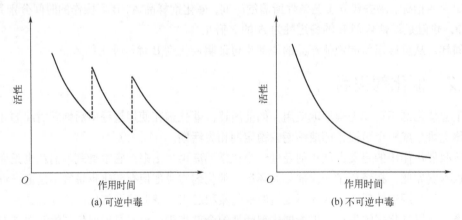

图 3-7　可逆中毒与不可逆中毒

（2）影响中毒的因素

温度影响中毒过程。同样的毒物在低温下可能不具备使催化剂中毒的能力，但高温下会导致催化剂中毒，同样，温度也可以影响中毒的可逆性。例如，硫化物对金属催化剂的毒害有三个温度范围：温度 $< 100℃$ 时，S 的自由电子对与过渡金属催化剂中的 d 电子形成配价键，毒化催化剂，例如有自由电子对的 H_2S 使 Pt 中毒，而没有自由电子的 H_2SO_4 在低温下对催化剂没有毒性；当温度 $> 100℃$ 时，各种结构的硫化物都能与这些金属发生化学作用，会对催化剂产生毒害；当温度 > 800℃时，S 与活性物质原子间的化学键不再稳定，中毒作用变得可逆。

毒物分子的结构和性质影响中毒过程。毒物分子量越大，对催化剂的毒害作用越强，这可以用空间效应来解释，毒物分子与催化剂的活性中心结合时，这个分子的其余部分同时覆盖了周围的一些活性中心，显然，分子量愈高，覆盖的面积愈大。例如，部分硫化物对 Pt、Ni 催化剂的毒害顺序为半胱氨酸 > 噻吩 > CS_2 > H_2S。毒物分子结构也对催化剂中毒有影响，例如，当硫醇和二硫醇分子中碳链为直链而且碳原子数相等时，二硫醇分子覆盖的表面积比硫醇分子覆盖的表面积要小得多，毒性大小也与此成比例。

(3) 选择中毒

催化剂中毒之后可能失去对某一反应的催化能力，但对其他反应可能仍有催化活性，这种现象称为催化剂的选择中毒。在串联反应中，如果毒物仅导致后续反应的活性位中毒，则可使反应停留在中间阶段，获得高产率的中间产物，如果中间产物是目的产物，则这样的选择中毒是有利的，所以有时也称为有利中毒。

例如，被 CS_2 毒害的铂黑，失去了对苯乙酮的加氢能力，但对环己烯的加氢反应仍有活性。炔烃不完全加氢为烯烃时，Pt 和 Ni 催化剂的选择性由于下列物质的活化作用而提高，这些物质是 Ag、Cu、Cd、Hg、Al、Sa、Pb、Th、As、Sb、Bi、S、Se、Te、Fe 及其盐类。能够引起催化剂中毒的毒物含量常存在一个浓度界限。毒物的这种浓度界限，因催化剂、化学反应以及反应条件的不同而不同。有人试验 CS_2 对铂黑的毒害程度时发现：对 0.2g 铂黑，加入 0.1mg CS_2 时对环己烯加氢能力消失；加入 0.4mg CS_2 时对甲基苯甲酮加氢能力消失；加入 0.5mg CS_2 时对肉桂酸侧链加氢能力消失；加入 0.8mg CS_2 时对硝基苯还原能力消失。乙烯氧化为环氧乙烷的 Ag 催化剂的作用也存在类似情况，当 Ag 中含 Cl^- 0.005% 时，乙烯氧化为环氧乙烷的速率未变，但氧化为 CO 和 H_2O 的速率降低，因而生成环氧乙烷的选择性增加；但当 Cl^- 在 Ag 中的含量增加至 0.1% 时，乙烯氧化为环氧乙烷和 CO 的速率都下降。

从以上例子可知，毒物并不是在所有情况下都有害。对于某些有毒物质，把浓度控制在适宜的范围内，还可以提高某一特定反应的选择性。

(4) 催化剂中毒的预防

工业催化剂应该具有强的广泛的抗毒性能，但是实际上制得的催化剂，对一些杂质仍很敏感。为了避免催化剂中毒，一种新型催化剂在投入工业生产以前，在给出的催化剂性能表中，通常都列出哪些是毒物，以及这些毒物在原料中允许的最高含量，一般要求严格地低至 10^{-6} 甚至 10^{-9} 数量级。当原料中有害杂质超过规定浓度时，必须对原料进行精制。精制方法有很多，根据杂质的性质和浓度，可以用酸碱液吸收、固体吸附剂吸附或者化学方法进行精制。如果催化剂在制备时混进毒物，应在制备过程中把毒物除去。此外，还可以使用保护反应器和设计能够减小中毒效应的反应器，来减少杂质产生的中毒效应。

3.3.2.2 积炭

在烃类物质参与的催化反应中，如裂化、重整、选择性氧化、脱氢、脱氢环化、聚合、乙炔气相水合等，积炭也是导致催化剂活性衰退的主要原因。积炭过程是原料中的烃分子经脱氢、缩合形成含氢量很低的焦类物质，所以积炭又常称为结焦。积炭导致催化剂表面上沉积一层炭质化合物，堵塞催化剂孔道，减小催化剂表面积，引起催化活性下降。例如，丁烷在铝-铬催化剂上脱氢时，结焦相当剧烈，已结焦的催化剂粘在反应器壁上，并占有反应器相当部分空间，催化剂使用 1~3 个月后必须停止生产并清洗反应器。

在工业生产中，总是力求避免或推迟结焦造成的催化剂活性衰退，可以根据上述结焦的机理来改善催化剂系统。例如，可用碱来毒化催化剂上那些引起结焦的酸中心；用热处理来消除那些过细的孔隙；在临氢条件下进行作业，抑制造成结焦的脱氢作用；在催化剂中添加某些有加氢功能的组分，在氢气存在下使初始生成的类焦物质随即加氢而气化，称为自身净化；在含水蒸气的条件下作业，可在催化剂中添加某种助催化剂促进水煤气反应，使生成的焦气化。有些催化剂，如用于催化裂化的分子筛，几秒钟后就会在其表面产生严重的结焦，工业上只能采用两段操作连续烧焦的方法来消除。

3.3.2.3 烧结

烧结是引起催化剂活性下降的另一个重要因素。催化剂使用温度过高时，会发生烧结，导致催化剂有效表面积的减小，使负载型金属催化剂中载体上的金属小晶粒长大，这都导致催化剂活性的降低。烧结的反向过程是通过降低金属颗粒的大小，而增加具有催化活性金属的数目，称为"再分散"。再分散也是已烧结的负载型金属催化剂的再生过程。

温度是影响烧结过程的一个最重要参数，烧结过程的性质随温度的变化而变化。例如，负载于 SiO_2 表面上的金属铂，在高温下发生团聚。当温度升至 500℃ 时，发现铂粒子长大，同时铂的比表面积和苯加氢反应的转化率相应降低；当温度升高到 600~800℃ 时，铂催化剂实际上完全丧失活性，如表 3-2 所示。此外，催化剂所处的气体类型，如氧化的（空气、O_2、Cl_2）、还原的（CO、H_2）或惰性的（He、Ar、N_2）气体，以及各种变量，如金属类型、载体性质、杂质含量等，都对烧结和再分散有影响。负载在 Al_2O_3、SiO_2 和 SiO_2-Al_2O_3 上的铂金属，在氧气或空气中，当温度≥600℃ 时发生严重的烧结。但负载于 $γ$-Al_2O_3 上的铂，当温度低于 600℃ 时，在氧气气氛中处理，则会增加分散度。从上面的情况来看，工业上使用的催化剂要注意使用的工艺条件，重要的是要了解其烧结温度，催化剂不允许在出现烧结的温度下操作。

表 3-2 温度对 Pt/SiO_2 催化剂比表面积和催化活性的影响

温度/℃	金属的表面积/（m^2/g 催化剂）	苯的转化率/%	温度/℃	金属的表面积/（m^2/g 催化剂）	苯的转化率/%
100	2.06	52.0	500	0.03	1.9
250	0.74	16.6	600	0.03	0
300	0.47	11.3	800	0.06	0
400	0.30	4.7			

3.3.2.4 活性组分流失

催化剂在长期使用过程中，在温度、压力以及各种氧化还原气氛作用下，某些活性组分发生挥发和脱落，造成活性组分的流失，导致催化剂的活性和选择性下降。由浸渍法制备的催化剂在使用中易发生活性组分的流失。例如，乙烯水合反应中，H_3PO_4/硅藻土催化剂使用较长时间后，H_3PO_4 流失，催化活性下降。其他类型催化剂因组分流失失活的情况也很常见。

例如，丙烯氢氧化催化剂，在高温下操作时，Bi 和 Mo 的流失，造成催化剂失活，乙烯氧化制环氧乙烷的负载银催化剂，在使用中则会出现银脱落的现象；合成氨催化剂中的 K_2O 的流失会导致其失活，新鲜的和失活的催化剂中 K_2O 含量分别为 0.45% 和 0.043%；CO 变换用 Fe_2O_3-CrO_3-K_2O 催化剂也发现有 K_2O 流失时，活性明显下降。

3.3.3　催化剂再生与回收利用

失活后的催化剂一般要经过一定方法将其再生后，恢复其部分或全部活性，然后重复使用。当催化剂经过数次再生后，活性不能达到要求，应予以更换，并将更换后的催化剂回收处理。

催化剂再生是在催化活性下降后，通过适当的处理使其活性得到恢复的操作。因此，再生对于延长催化剂寿命、降低生产成本是一种重要的手段。催化剂能否再生及其再生方法，要根据催化剂失活原因来决定。在工业上对于可逆中毒或催化剂孔道堵塞等情况，可以对催化剂进行再生处理。例如积炭，由于只是一种简单的物理覆盖，并不破坏催化剂的活性表面结构，只要把炭烧掉就可再生。如果催化剂受到毒物的永久毒化或结构毒化，就难以进行再生。

3.3.3.1　工业上常用的再生方法

（1）蒸汽处理

如轻油水蒸气转化制合成气的 Ni 基催化剂，处理积炭时，用加大水蒸气比或停止加油单独使用水蒸气吹洗催化剂床层，直至积炭全部清除。其反应式如下：

$$C+2H_2O \rightleftharpoons CO_2+2H_2$$

对于中温 CO 变换催化剂，当气体中含有 H_2S 时，活性相 Fe_3O_4 与 H_2S 反应生成 FeS，使催化剂受到一定的毒害作用，反应式如下：

$$Fe_3O_4+3H_2S+H_2 \rightleftharpoons 3FeS+4H_2O$$

由上式可见，加大水蒸气量有利于反应向生成 Fe_3O_4 的方向移动。因此，工业上常用加大原料气中水蒸气的比例的方法，使受硫毒害的催化剂得到再生。

（2）空气处理

当催化剂表面吸附炭或碳氢化合物堵塞微孔结构时，可通入空气进行燃烧或氧化，使催化剂表面的炭及类焦化合物与氧反应，将碳转化成 CO_2 放出。例如，原油加氢脱硫用的 Co-Mo催化剂，当吸附上述物质时活性显著下降，常用通入空气的方法将这些物质烧尽，这样催化剂就可继续使用。

（3）通入氢气或不含毒物的还原性气体

如合成氨使用的熔铁催化剂，当原料气中含氧或氧化物浓度过高受到毒害时，可停止通入该气体，而改用 H_2、N_2 混合气，从而使催化剂再生。有时用加氢的方法来除去催化剂中的焦油状物质。

（4）用酸或碱溶液处理

如骨架镍催化剂中毒后，常采用酸或碱以除去毒物。

催化剂再生后一些可以恢复到原来活性，但也受到再生次数制约。如烧焦再生，催化剂在高温的反复作用下，活性结构也会发生变化。因结构毒化而失活的催化剂，一般不容易恢复到毒化前的结构和活性。如合成氨熔铁催化剂，如被含氧化合物多次纯化和再生，则 α-Fe的微晶由于多次氧化还原，晶粒长大，结构遭到破坏，即使用纯净的 H_2、N_2 混合气，也不能使催化剂恢复到原来的活性。因此，催化剂再生次数也受到一定的限制。

3.3.3.2 再生操作

催化剂再生操作可以在固定床、移动床或流化床中进行。再生操作方式取决于许多因素，但首要取决于催化剂活性下降的速率。一般来说，催化剂活性下降比较缓慢，可允许数月或数年再生，可采用设备投资少、操作容易的固定床再生。但对于反应周期短、需进行频繁再生的催化剂，最好采用移动床或流化床连续再生。例如，催化裂化反应装置，使用的催化剂几秒钟后就会产生严重积炭，只能采用连续烧焦方法清除。即在一个流化床反应器中进行催化反应，随即气固分离，连续地将已积炭的催化剂送入另一个流化床再生器，在再生器中通入空气，用烧焦方法进行连续再生。最佳再生条件应以催化剂在再生中的烧结最少为准。显然，这种再生方法设备投资大、操作也复杂。但连续再生方法使催化剂始终保持新鲜表面，提供了催化剂充分发挥催化效能的条件。

3.3.3.3 催化剂回收利用

通常催化剂可再生三次或更多次，而在某些场合根本就不能再生。当催化剂再生后活性低于可接受的程度，就要安排对废催化剂加以处理。

Mo、Co、Ni、V 这些金属是催化剂的常用活性组分，但它们也大量用于制造合金、颜料及其他化学品，因此需要量每年都在增长。由于经济原因，回收诸如含 Pt、Pd、Re、Ru 等贵金属的废催化剂，已有几十年历史。近年来，回收贵金属废催化剂的需求逐渐增加，这主要是由于回收工艺的不断改进、废催化剂中金属成分或其纯净盐的价格上涨，以及对环境保护问题的日益关注。回收的产品具有很高的价值，因此，回收设备的成本也可得到有效覆盖。

为了有利于废催化剂的处理和回收，无论是催化剂研究单位、生产厂或用户都应认识到废催化剂回收的重要性和社会经济效益，并从下述方面认真考虑。

① 催化剂在实验室开发阶段，除选择性能好的催化剂以外，还必须全面考虑到资源和排污控制以及使用后怎样回收。

② 使用催化剂的工厂，在排放的催化剂中如夹杂其他不同类型的金属和某些杂质，会给回收工作带来困难。所以，在排放废催化剂时应注意清理环境，仔细预防外界物质混入，废催化剂应存放在专业地点并加以覆盖。

③ 目前，一些废催化剂的最佳回收技术已可回收催化剂中存在的所有金属。为了使废催化剂回收具有明显的经济效益，应该建立废催化剂的集中回收处理装置，改进废催化剂的分配结构和增加储量，以便于集中回收。

有时由于经济和技术上的原因，废催化剂必须储放在地下。有些催化剂回收方法还有待于技术开发或对现有技术的改进，因此也需要在某些地方建立废催化剂地下储放处。

过去回收处理废催化剂都是由一些小企业进行，回收的数量较小，类型又较多，回收技术不多，主要注重贵金属废催化剂的回收。随着石油化工的发展，脱氮、脱砷及烃类氧化等所用催化剂数量已大大增加，随之产生的废催化剂量也大幅度上升，因此有必要建立有一定规模的正规回收工厂，既能提高回收经济效益，又能随时处理或回收废催化剂。表 3-3 列举了部分回收利用贵金属催化剂的方法。

表 3-3　贵金属催化剂回收利用方法

废催化剂种类	处理方法	产品
Ag 催化剂	硝酸溶解法、混酸溶解法、酸碱法、硫化物法、置换法、还原法、离子交换法、电解法	Ag
Pt 催化剂	金属置换法、氯化铵沉淀法、全溶金属置换法、空气氧化浸 Pt 法、溶剂萃取法、全溶离子交换法、分步浸出-离子交换法	Pt
汽车排气催化剂	湿式溶解或抽提法、氰化物沥滤法、还原法、等离子熔融法、电解分解法、氯化法、湿式置换法、氧化浸出法、铜捕集法、高温熔融法、盐化焙烧-水浸法	Pt、Pd、Rh
Pd/C	王水浸出法、配合净化法、甲醛浸出法、湿式还原法、焚烧法	Pd
Pd/Al$_2$O$_3$	焙烧浸出法、熔炭法、盐酸浸出法、离子交换法	
Rh 催化剂	离子交换法	Rh

习题

1. 催化剂活性度量方法有几种？不同方法的依据是什么？
2. 什么是催化剂中毒？
3. 导致催化剂失活的原因有哪些？
4. 催化剂再生策略可以通过哪些工艺过程得以实现？
5. 如何评价催化剂的抗毒性能？
6. 金红石 TiO$_2$ 负载的 α-Fe$_2$O$_3$ 在丁烯脱氢反应中失活，试分析失活的原因。
7. 叙述影响催化剂寿命的因素。
8. 说明催化剂使用过程中需要注意的各个方面。
9. 工业催化剂的稳定性主要包括哪几个方面？
10. 简述何为流化床催化反应器，画出其基本构造。
11. 简述固定床反应器和流化床反应器有何区别以及选用的标准。
12. 简要介绍流化床反应器的优缺点。
13. 催化剂"催速"寿命试验的方法有哪几种？请简要介绍。
14. 阐述可逆中毒与不可逆中毒的区别。
15. 积炭和烧结有何差异？
16. 如何预防催化剂中毒？
17. 工业上常见的可采用固定床反应器的反应有哪些？

第 4 章　催化剂工业放大与优化操作

4.1　引言

催化剂设计的目的是为其工业生产提供指导。然而，工业放大过程中，催化剂的组成、结构与性能之间的关系非常复杂，影响因素很多，条件不易控制。就现有的认识水平而言，固体催化剂放大还不能像反应器放大那样，按照设计的工艺流程和设备图纸进行成倍数的精确放大或精密加工而生产出预定规格性能的产品。这是由固体催化剂自身的特点所决定的。认识到这一点，对于组织工业放大是有益的。事实上，根据积累的经验和掌握的规律，人们已经能够制造出性能可在较宽范围内变化，适用于实际生产的各种各样的工业催化剂。

工业固体催化剂除具备高活性、优良选择性和长期稳定性外，还必须具备较高机械强度和良好的传热、传质、流体力学等性质。这些性能不但取决于催化剂的材料和组成，而且很大程度上取决于催化剂的制备方法和处理条件。由此可见，催化剂工业放大对催化剂反应性能的影响至关重要。

许多工业催化领域的研究者或工作者经常说，工业催化剂的生产不是科学，更像是一门艺术。几乎每一种催化剂都有其独特的生产方法或工艺，甚至同一种催化剂因规模或厂址的差异也存在不同的生产工艺。与实验室小试催化剂的制备不同，工业催化剂的放大生产还需要考虑制备成本、操作便利性和过程环保等问题。一般先要按设计成分选择催化剂所需要的基本原料，原料选择往往结合催化剂工厂所在地的资源状况。有了原料后，再选择制备方法。显然，制备方法因原料差异而不同。经验表明，同一个选定的基本原料，也会有不同的生产方法。少量催化剂制备往往采用间歇操作，而工业放大时，则尽量选择连续化的单元操作或生产设备。另外，放大过程中产生的废水、废气和其他副产物的排放处理也要符合当地的环保法规要求。这些因素造成了催化剂生产的复杂性。幸好大部分催化剂的生产过程可以分为一些连续的基本阶段或单元操作，当由生产一种催化剂转到生产另一种时，这些单元操作虽不是完全重复，但有相当高的类似性。对于一种催化剂的制备，可按实际需要，将这些单元操作中的一部分依照一定的连接方式组合起来，形成一条具体的生产线。各种单元操作在实际应用中的排列次序可能是多种多样的。

催化过程的开发包含催化剂研究及相应反应器与工艺开发，是关于催化剂置于反应过程的综合技术。除了催化剂的放大制备，反应器更需要经历实验室高通量微型测试、实验室小试、中试、工业试验和商业运行等不同规模的系列放大步骤。当催化剂置于反应过程时，操作者和管理者的操作技术和管理经验对催化剂的反应性能也有极其重要的影响。一次不当操作或管理的误判都可能无法生产出预期的产品，从而导致催化剂开发延迟或失败。这些细微的经验积累存在于开发过程的各个环节，比如催化剂的装卸、还原与活化、常规运行、失活处理、意外事故等。当然，放大过程中暴露出的各种问题也促进了催化剂的不断优化和迭代升级，进而不断推动相关产业的技术优化和效能升级。

4.2　催化剂工业放大实验

4.2.1　中型制备实验

工业常用的固体催化剂一般可分为无载体催化剂和负载型催化剂两大类。无载体催化剂完全由活性物质组成。例如，石油裂解用的硅酸铝催化剂，一氧化碳转化和植物油加氢的亚铬酸铜催化剂，甲醇氧化制甲醛的钼酸铁催化剂，金属添加氧化铝和氧化钾的氨合成催化剂，以及有机化合物加氢常用的雷尼镍催化剂，等等。载体的生产可以采用和无载体催化剂相同的生产方法，所以把二者合在一起讨论。如氧化铝、硅胶、硅酸铝、硅酸铁、分子筛等都是载体。负载型催化剂是由少量活性物质担负于载体上形成。例如，馏分油加氢用的 $Ni\text{-}W/\gamma\text{-}Al_2O_3$ 催化剂，汽油重整用的 $Pt\text{-}Re/\gamma\text{-}Al_2O_3$ 催化剂，山梨醇生产用的 Ru/C 催化剂，以及汽车尾气净化用的 $Pd\text{-}Pt\text{-}Rh/$蜂巢催化剂等。无载体催化剂或催化剂载体的生产方法有沉淀法、胶凝法、水热/溶剂热合成法、热分解法、熔解法、沥滤法；负载型催化剂的生产方法有浸渍法、吸附法、离子交换法等。这些制备方法所包含的单元操作有溶解、沉淀、凝胶、浸渍、离子交换、洗涤、过滤、干燥、活化、混合、熔融、成型、焙烧和还原等。制备催化剂的每一种方法，都是由一系列的单元操作串联组合而成的。下面分别介绍这些单元操作的原理和基本方法。

4.2.1.1　溶解

设计或实验室制备催化剂时，通常以分析纯试剂为原料，无需过多考虑原料的溶解操作。但这些试剂级原料价格过高，导致催化剂的制备成本较高，因此，实际生产中往往采用廉价的矿物原料。

以工业催化剂最常用的氧化铝载体为例，铝土矿是生产氧化铝的原料，将矿物中的氧化铝溶出形成铝酸钠溶液，并与其他杂质分离；过饱和的铝酸钠溶液再结晶析出氢氧化铝，经过洗涤、干燥、煅烧或成型等工序，制得氧化铝载体。

铝土矿的溶解机制是氧化铝在氢氧化钠溶液中形成铝酸钠溶液（$Na_2O\text{-}Al_2O_3\text{-}H_2O$ 系）。氧化铝在氢氧化钠溶液中的溶解度可以用图 4-1 所示的直角坐标系 30℃下的 $Na_2O\text{-}Al_2O_3\text{-}H_2O$ 系平衡状态等温截面图表示。图中 $0BCD$ 曲线是依次连接各个平衡溶液的组成点得出的，即氧化铝在 30℃下的氢氧化钠溶液中的溶解度等温线。它可以认为是由 $0B$、BC 和 CD 三个线段组成的，各线段上的溶液分别和某一定的固相保持平衡，自由度为 1。B 点和 C 点是两个无变量点，表示其溶液同时和某两个固相保持平衡，自由度为 0。

研究表明，与 $0B$ 线上的溶液成平衡的固相是三水铝石，所以 $0B$ 线是三水铝石在 NaOH 溶液中的溶解度曲线，它表明随着 NaOH 溶液浓度的增加，三水铝石在其中的溶解度增大。

BC 线段是水合铝酸钠 $Na_2O \cdot Al_2O_3 \cdot 2.5H_2O$ 在 NaOH 溶液中的溶解度曲线，B 点上的溶液同时与三水铝石和水合铝酸钠保持平衡。水合铝酸钠在 NaOH 溶液中的溶解度随溶液中

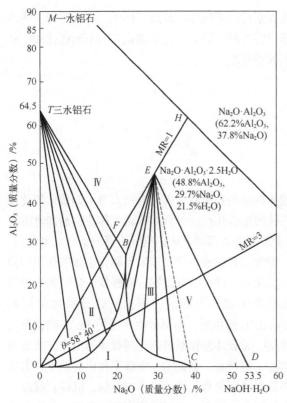

图 4-1 30℃下的 Na₂O-Al₂O₃-H₂O 系平衡状态等温截面图

MR—摩尔比

NaOH 浓度的增加而降低。

CD 线是 NaOH·H₂O 在铝酸钠溶液中的溶解度曲线。*C* 点的平衡固相是水合铝酸钠和一水氢氧化钠；*D* 点是 NaOH·H₂O（53.5%Na₂O，46.5%H₂O）的组成点。

E 点是 Na₂O·Al₂O₃·2.5H₂O 的组成点，其成分是 48.8%Al₂O₃、29.7%Na₂O、21.5%H₂O。在 *DE* 线上及右上方皆为固相区，不存在液相。

图 4-1 中 0*E* 线上任一点的 Na₂O 与 Al₂O₃ 的摩尔比都等于 1。实际的铝酸钠溶液 Na₂O 与 Al₂O₃ 的摩尔比是没有小于或等于 1 的。所以，实际的铝酸钠溶液的组成点都应位于 0*E* 连线的右下方，即只可能存在于 0*ED* 区域内。

该体系平衡状态等温截面图，由各物相组成点及各固相在溶液中的溶解度曲线分为几个区域，各区域的组成及特征如下：

① 0*BCD* 区。该区域的溶液对于 Al(OH)₃ 和水合铝酸钠来说，处于不饱和状态，具有溶解这两种物质的能力，当溶解 Al(OH)₃ 时，溶液的组成将沿着原溶液的组成点与 *T* 点（Al₂O₃·3H₂O 含 Al₂O₃ 65.4%、H₂O 34.6%）的连线变化，直到连线与 0*B* 线的交点为止，即溶液达到溶解平衡状态。原溶液组成点离 0*B* 线越远，其不饱和程度越大，达到饱和时，所能够溶解的 Al(OH)₃ 数量越多。当其溶解固体铝酸钠时，溶液的组成则沿着原溶液组成点与铝酸钠的组成点之间的连线变化（如果是无水铝酸钠则是 *H* 点，*H* 点为无水铝酸钠的组成点，Na₂O·Al₂O₃ 含 Al₂O₃ 62.2%、Na₂O 37.8%）直到 *BC* 线的交点为止。

② 0*BT*0 区。该区为 Al(OH)₃ 过饱和的铝酸钠溶液区，组成处于该区的溶液具有可以分解析出三水铝石结晶的特性。在分解过程中，溶液的组成沿原溶液的组成点与 *T* 点（三水铝石组成点）的连线变化，直到与 0*B* 线的交点为止，即达到 Al(OH)₃ 在溶液中的平衡溶解度，不再析出三水铝石结晶。原溶液组成点离 0*B* 线越远，其过饱和程度越大，能够析出的三水铝石量越多。

③ *BCEB* 区。该区为水合铝酸钠过饱和的铝酸钠溶液区，处于该区的溶液具有能够析出水合铝酸钠结晶的特性，在析出过程中，溶液的组成则沿着原溶液组成点与 *E* 点（水合铝酸钠的组成点）连线变化，直到与 *BC* 线的交点为止，不再析出水合铝酸钠。原溶液的组成点离 *BC* 线越远，其过饱和程度越大，能够析出的水合铝酸钠的量越多。

④ *BETB* 区。该区为同时过饱和的 Al(OH)₃ 和水合铝酸钠溶液区。处于该区的溶液具有同时析出三水铝石和水合铝酸钠结晶的特性。在析出过程中，溶液的组成则沿着原溶液的组成点与 *B* 点（溶液与三水铝石、水合铝酸钠同时平衡点）连线变化，直到 *B* 点组成点为止，不再析出三水铝石和水合铝酸钠。析出三水铝石与水合铝酸钠的数量，可以根据上述连线与

两物相组成点 E、T 连线 ET 的交点，再按杠杆原理计算。

⑤ $CDEC$ 区。该区为同时过饱和水合铝酸钠和一水氢氧化钠的溶液区，处于该区的溶液具有同时析出水合铝酸钠和一水氢氧化钠结晶的特性，在析出晶过程中，溶液的组成则沿着原溶液的组成点与 C 点（溶液与水合铝酸钠和一水氢氧化钠同时平衡点）的连线变化，直到 C 点为止，不再析出这两种固相，析出两种固相的数量，也可根据杠杆原理计算。

由于 Na_2O-Al_2O_3-H_2O 系的上述性质，K. J. 拜耳在 1889～1892 年发现 Na_2O 与 Al_2O_3 摩尔比为 1.8 的铝酸钠溶液在常温下，只要添加氢氧化铝作为晶种，不断搅拌，溶液中的 Al_2O_3 便以氢氧化铝形式缓缓析出，直到其中 Na_2O 与 Al_2O_3 的摩尔比提高到 6 为止，这就是铝酸钠溶液的晶种分解过程。另外，他又发现已经析出了大部分氢氧化铝的溶液，在加热时，又可以溶出铝土矿中的氧化铝水合物，这就是利用种分母液溶出铝土矿的过程。交替使用这两个过程就能够一批批地处理铝土矿，从中得出纯的氢氧化铝产品，这个过程被称为拜耳法氧化铝生产工艺。

拜耳法的实质是如下反应在不同条件下交替进行：

$$Al_2O_3 \cdot H_2O + NaOH(aq) \underset{\text{种分}}{\overset{\text{溶出}}{\rightleftharpoons}} NaAl(OH)_4(aq) \tag{4-1}$$

$$Al_2O_3 \cdot 3H_2O + 2NaOH(aq) \underset{\text{种分}}{\overset{\text{溶出}}{\rightleftharpoons}} 2NaAl(OH)_4(aq) \tag{4-2}$$

拜耳法的实质可以从 Na_2O-Al_2O_3-H_2O 系的拜耳法循环图（图 4-2）得到了解。用来溶出铝土矿中氧化铝水合物的铝酸钠溶液（即循环母液）的成分相当于图中 A 点。它在高温（在此为 200℃）下是未饱和的，具有溶解氧化铝水合物的能力。在溶出过程中，如果不考虑矿石中杂质造成的 Na_2O 损失，溶液的成分应该沿着 A 点与 $Al_2O_3 \cdot H_2O$（在溶出一水铝石矿时）或 $Al_2O_3 \cdot 3H_2O$（在溶出三水铝石矿时）的图形点的连线变化，直到饱和为止。溶出液的最终成分在理论上可以达到这条线与溶解度等温线的交点。在实际的生产过程中，由于溶解时间的限制，溶出过程在此之前的 B 点便结束，B 点就是溶出后溶液的成分。为了从其中析出氢氧化铝，必须降低它的稳定性，为此加入赤泥洗液将其稀释。由于溶液中 Na_2O 和 Al_2O_3 的浓度同时降低，将其成分由 B 点沿等分子比线改变为 C 点；在分离泥渣后，降低温度（如降低为 60℃），使溶液的过饱和程度进

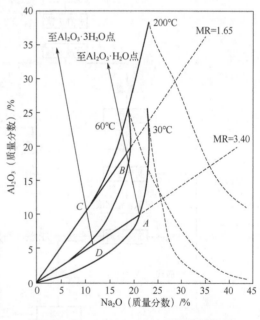

图 4-2　Na_2O-Al_2O_3-H_2O 系的拜耳循环图

一步提高，往其中加入氢氧化铝晶种便发生分解反应，析出氢氧化铝。在分解过程中溶液成分沿着 C 点与 $Al_2O_3 \cdot 3H_2O$ 的图形点的连线变化。如果溶液在分解过程中最后冷却到 30℃，种分母液的成分在理论上可以达到连线与 30℃ 等温线的交点。在实际的生产过程中，由于时间的限制，分解过程是在溶液成分变为 D 点，即其中仍然过饱和着 Al_2O_3 的情况下结束的。如果 D 点的分子比与 A 点相同，那么通过蒸发，溶液成分又可以回到 A 点。由此可见，A 点成分的溶液经过这样一次作业循环，便可以由矿石提取出一批氢氧化铝，而其成分仍不发生

改变。图4-2中 AB、BC、CD 和 DA 线表示溶液成分在各个作业过程中的变化，分别称为溶出线、稀释线、分解线和蒸发线，它们正好组成一个封闭四边形，即构成一个循环过程。实际的生产过程与上述理想过程有所差别，主要是存在 Al_2O_3 和 Na_2O 的化学损失和机械损失，溶出时有蒸汽冷凝水使溶液稀释，而添加的晶种又往往带入母液使溶液的分子比有所提高，因而各个线段都会偏离图4-2中所示位置。在每一次作业循环之后，必须补充所损失的碱，母液才能恢复到循环开始时的 A 点成分。

　　图4-3是拜耳法生产氧化铝的基本工艺流程。每个工厂由于条件不同，所采用的工艺流程会稍有不同，比如加入石灰可以与铝土矿中的 TiO_2 形成钙钛矿并分离，提高 Al_2O_3 的溶出速度，促进针铁矿转变为赤铁矿和降低碱耗，但所有工艺原则上没有本质区别。

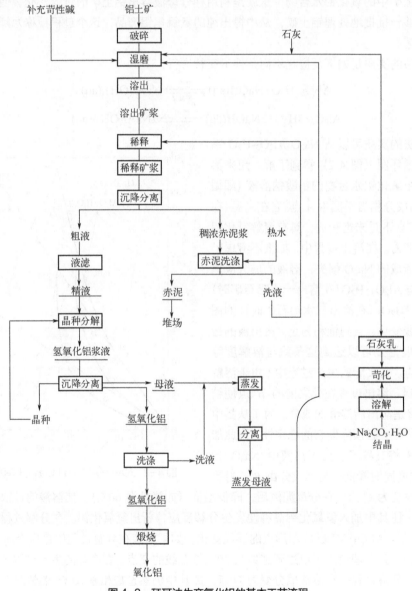

图4-3　拜耳法生产氧化铝的基本工艺流程

4.2.1.2　沉淀

沉淀就是在含金属盐类的溶液中，加入沉淀剂，通过化学反应，生成难溶的金属盐或金属水合氧化物（氧化物），从溶液中沉淀出来，经洗涤、过滤、干燥、煅烧后，即可得到催化剂或载体原料。严格说，几乎所有固体催化剂，至少都有一部分是沉淀得到的，如浸渍中用的载体，无论是天然的还是人工合成的，其形成过程的某一步骤就是沉淀过程。混合催化剂中的一种或多种组分，有时也是用沉淀得到的。

（1）沉淀方法

沉淀的方法主要有单组分沉淀法、多组分共沉淀法、均匀沉淀法、超均匀沉淀法、浸渍沉淀法和导晶沉淀法等。

① 单组分沉淀法。单组分沉淀法是通过沉淀剂与一种待沉淀组分溶液作用以制备单一组分沉淀物的方法。例如，活性氧化铝的制备。由于沉淀物只含一个组分，操作不太困难，是催化剂制备中最常用的方法之一，既可用来制备非金属单组分催化剂或载体，如与机械混合或其他操作单元相配合，又可用来制备多组分催化剂。

② 共沉淀法（多组分共沉淀法）。共沉淀法是将催化剂所需的两个或两个以上组分同时沉淀的一种方法。例如在制备全合成分子筛裂化催化剂时，可用该法使硅胶和铝胶同时沉淀下来。这种方法的特点是一次可以同时获得几个组分，而且各个组分的分布都比较均匀。如果组分之间能够形成固溶体，那么分散度更为理想。本方法常用来制备高含量的多组分催化剂或催化剂载体。

共沉淀法的操作原理与单组分沉淀法基本相同，但由于共沉淀物的化学组成比较复杂，要求的操作条件也就比较特殊。为了避免各个组分的分步沉淀，各金属盐的浓度、沉淀剂的浓度、介质的 pH 值以及其他条件必须同时满足各个组分一起沉淀的要求。

以上介绍的两种沉淀法，在其操作过程中难免会出现沉淀剂与待沉淀组分混合不均，造成体系各处过饱和度不一、沉淀颗粒大小不等、杂质带入较多的现象。均匀沉淀法则能克服此类缺点。

③ 均匀沉淀法。已在前文详细介绍了均匀沉淀法的相关定义，可参考第 2.5.1.2 部分。均匀沉淀不限于利用中和反应，还可以利用酯类或其他有机物的水解、配合物的分解、氧化还原反应等方式来进行。

④ 超均匀沉淀法。超均匀沉淀法也是针对沉淀法、共沉淀法中粒度大小和组分分布不够均匀这些缺点提出的。本方法是基于某种溶液（可称为缓冲剂）的缓冲作用而设计的，即借助缓冲剂将两种反应物暂时隔开，然后快速混合，在瞬间使整个体系各处同时形成均匀的过饱和溶液，使沉淀颗粒大小一致，组分分布均匀。

⑤ 浸渍沉淀法。浸渍沉淀法是在浸渍法的基础上辅以均匀沉淀法发展起来的一种方法，即在浸渍液中预先配入沉淀剂母体，待浸渍单元操作完成之后，加热升温使待沉淀组分沉积在载体表面上。此法可以用来制备比浸渍法分布更加均匀的金属或金属氧化物负载型催化剂。

负载型催化剂的镍比表面积随负载量增大而出现一个极大值，通常处在 30%～50%（质量分数）。过高的镍含量因烧结作用反而降低镍的比表面积；镍浓度过低固然晶粒细小，但也不能提供大的比表面积。所以，分散度与负载量的最佳组合才是调制催化剂的有效措施。高负载量下制得颗粒细小的金属晶体和狭窄的晶体尺寸分布是催化剂设计中的一个重要目标。传统的浸渍法和沉淀法会产生大小不均的晶粒（除非负载量<5%），实现这个目标只能是浸渍

沉淀法。

浸渍沉淀法制备负载型催化剂的过程为：

SiO_2、$Ni(NO_3)_2$、$(NH_2)_2CO$→浸渍沉淀→过滤洗涤→干燥→破碎→煅烧→还原→钝化→Ni-SiO_2。

反应器是2L的三颈烧瓶，配有搅拌器和温度计。开动搅拌器，先在反应器中配制$Ni(NO_3)_2$水溶液和固体SiO_2的悬浮液，加热升温至90℃（开始沉淀温度），加入尿素开始反应，产生绿色沉淀物。起始pH值通常为4.0，过给定时间后冷却降温，停止反应。沉淀物过滤后以热水洗涤。滤饼移入烘箱，于120℃温度下干燥过夜，然后破碎成型为0.25mm的小颗粒。取出部分样品以不同的温度和时间进行煅烧，最后通入氢气还原，并以空气、氢气混合气纯化。采用此法能使氢氧化镍慢慢地均匀地沉积在悬浮液中的SiO_2载体表面上，进而与SiO_2结合生成氢化硅酸镍[$Ni_3(OH)_4Si_2O_5$]，后者足以阻止表面聚结，从而制得均匀分散的非常细小的镍晶体（半径$1×10^{-3}$～$2×10^{-3}\mu m$）。

⑥ 导晶沉淀法。导晶沉淀法是借晶化导向剂（晶种）引导非晶型沉淀转化为晶型沉淀的快速而有效的方法。例如，以廉价易得的水玻璃为原料的高硅钠型分子筛，包括丝光沸石、Y型合成分子筛、X型合成分子筛的制备。

(2) 沉淀剂的选择

在充分保证催化剂性能的前提下，沉淀剂应能满足技术上和经济上的要求。下列几个原则可供选择沉淀剂时参考。

① 尽可能使用易分解并含易挥发成分的沉淀剂。常用的沉淀剂有氨气、氨水和铵盐（如碳酸铵、硫酸铵、醋酸铵、草酸铵），还有二氧化碳、碳酸盐（如碳酸钠、碳酸氢铵）、碱类（如氢氧化钠）、尿素等。这些沉淀剂的各个成分，在沉淀反应完成之后，经过洗涤、干燥或煅烧，有的可以被洗涤出去（如Na^+、SO_4^{2-}），有的能转化为挥发性的气体而逸出（如CO_2、NH_3、水蒸气），一般不会遗留在催化剂中，为制备纯度高的催化剂创造了有利的条件。

② 形成的沉淀物必须便于过滤和洗涤。

③ 沉淀剂的溶解度要大一些。溶解度大的沉淀剂，可能被沉淀物吸附的量比较少，洗涤脱除也较快。

④ 沉淀物的溶解度应很小。这是制备沉淀物最基本的要求，沉淀物溶解度愈小，沉淀反应愈完全，原料消耗愈少。这对于铜、镍、银等比较贵重的金属特别重要。

⑤ 沉淀剂必须无毒，不应造成环境污染。

(3) 沉淀过程

溶液中生成沉淀的过程是固体（即沉淀物）溶解的逆过程。当溶解速度与生成沉淀的速度达到平衡时，溶液达到饱和状态。溶液中生成沉淀的首要条件之一是其浓度超过饱和度。溶液浓度超过饱和浓度的程度称为溶液的过饱和度。

如以c^*表示饱和浓度，c表示过饱和浓度，则

$$\alpha = \frac{c}{c^*} \tag{4-3}$$

式中，α为溶液的饱和度。

$$\beta = \alpha - 1 = \frac{c - c^*}{c^*} \tag{4-4}$$

式中，β为溶液的过饱和度。

溶液的过饱和度达到什么数值才能有沉淀生成，目前定性的规律较多，而定量的规律较少。

将沉淀剂与待沉淀组分溶液相互混合，当形成沉淀的离子浓度的乘积超过该条件下的溶度积时，离子相互碰撞，首先聚集成为微小的晶核，然后根据溶液的过饱和程度，或者晶核继续长大，或者晶核互相聚集，从溶液中析出粒度大小不同的沉淀物。这里包括两个过程，一是离子聚集成为晶核的过程，二是离子按一定的晶格排列在晶核上形成晶体的过程。前一过程的速度称为聚集速度，后一过程的速度称为定向速度。这两个速度的相对大小直接影响生成的沉淀物的类型。如果聚集速度大大超过定向速度，则离子很快聚集为大量的晶核，溶液的过饱和度迅速下降，溶液中没有更多的离子再聚集和定向排列到晶核上，于是晶核迅速聚集成为很细小的无定形颗粒，这样就会得到非晶型沉淀，甚至是胶体。反之，如果定向速度大大超过聚集速度，溶液中最初形成的晶核不是很多，有较多离子以晶核为中心，依次定向排列长大而成为颗粒较大的晶型沉淀。可见，获得什么形状的沉淀，决定于沉淀形成过程中两个速度之比。

聚集速度主要由沉淀时的条件决定，其中最重要的是溶液的过饱和度。聚集速度与过饱和度的关系可用下述经验公式表示：

$$v = K \times \frac{\theta - S}{S} \tag{4-5}$$

式中　v——聚集速度；

　　　θ——加入沉淀剂瞬间生成沉淀物质的浓度；

　　　S——沉淀物的溶解度；

　　　$\theta - S$——溶液的过饱和度；

　$(\theta - S)/S$——相对过饱和度；

　　　K——比例常数。

从上述可以看出，相对过饱和度愈大，则聚集速度愈大。若要聚集速度小，必须使过饱和度小，即是要求沉淀的溶解度（S）大，瞬间生成沉淀物质的浓度（θ）不太大，这样就可以获得晶型沉淀。反之，若沉淀的溶解度很小，瞬间生成沉淀物质的浓度又很大，则形成无定形沉淀，甚至成为胶体。

定向速度主要取决于沉淀物质的本性。一般说来，极性强的盐类，如 $NiCO_3$、$Mg(NH_4)PO_4$、$CaCO_3$ 等，具有较大的定向速度。容易形成晶型沉淀。在适当的沉淀条件下，溶解度较大的，就形成粗晶，溶解度较小的，常形成细晶。一些金属的氢氧化物和硫化物沉淀大都不易形成晶型沉淀，特别是高价金属离子的氢氧化物，如氢氧化铁、氢氧化铝、硅酸等。它们结合的 OH^- 愈多，定向排列愈困难，极易形成大量晶核，以致水合离子来不及脱水就聚集起来，形成质地疏松、体积较大的非晶型或胶状沉淀。二价金属离子（如 Mg^{2+}、Zn^{2+}、Cd^{2+} 等）的氢氧化物含 OH^- 较少，如果条件适当，还可以形成晶型沉淀。同一金属离子硫化物的溶解度一般都比氢氧化物小，因此硫化物的聚集速度很大，定向速度很小，即使是二价金属离子的硫化物，也大多数是非晶型或胶状沉淀。

上面讨论了沉淀形成的过程以及离子本性、外界条件与沉淀物性状的关系。在实际工作中，应根据催化剂性能对结构的不同要求，注意控制沉淀的类型和晶粒大小。对可能形成晶型的沉淀，应尽量创造条件，使之形成颗粒大小适当、粗细均匀、具有一定比表面和孔径、含杂质量较少、容易过滤和洗涤的晶型沉淀。即使对不易获得晶型沉淀，也要注意控制条件，使之形成比较紧密、杂质较少、容易过滤和洗涤的沉淀，尽量避免胶体溶液形成。

根据上述基本原理，为了得到预定组成和结构的沉淀物，对于不同类型的沉淀，应该选择适当的沉淀条件。

晶型沉淀的形成条件如下：

① 沉淀应在适当稀的溶液中进行。这样，沉淀开始时，溶液的过饱和度不至于太大，可以使晶核生成的速度降低，有利于晶体长大。

② 开始沉淀时，沉淀剂应在不断搅拌下均匀而缓慢地加入，以免发生局部过浓现象，同时也能维持一定的过饱和度。

③ 沉淀应在热溶液中进行，这样可使沉淀的溶解度略有增大，过饱和度相对降低，有利于晶体成长。同时，温度愈高，吸附的杂质愈少。其间，为了减少因溶解度增大造成的损失，沉淀完毕，应待熟化、冷却后过滤和洗涤。

④ 沉淀应放置熟化。沉淀在其形成之后发生的一切不可逆变化称为沉淀的熟化。

非晶型沉淀的形成条件如下：

① 在含有适当电解质、较浓的热溶液中进行沉淀。由于电解质的存在，能使胶体颗粒胶凝，又由于溶液较浓、温度较高，离子的水合程度较小，这样就可以获得比较紧密凝聚的沉淀，而不至于成为胶体溶液。

② 在不断搅拌下，迅速加入沉淀剂，使之尽快分散到全部溶液中，于是沉淀迅速析出。

③ 待沉淀析出后，加入较大量的热水稀释，降低杂质在溶液中的浓度，使一部分被吸附的杂质转入溶液。

④ 加入热水后，一般不宜放置，应立即过滤，以防沉淀进一步凝聚，避免表面吸附的杂质裹在内部不易洗净。某些场合下也可以加热水放置熟化，以制备特殊结构的沉淀。例如，在活性氧化铝的生产过程中，常常采用这种方法，即先制出无定形的沉淀，根据需要，采用不同的熟化条件，生成不同类型的水合氧化铝（$\alpha\text{-}Al_2O_3 \cdot H_2O$ 或 $\alpha\text{-}Al_2O_3 \cdot 3H_2O$ 等），经煅烧转化为 $\gamma\text{-}Al_2O_3$ 或 $\eta\text{-}Al_2O_3$。

（4）沉淀物的洗涤

沉淀过程固然是沉淀法的关键步骤，然而沉淀后续的各项操作，例如过滤、洗涤、成型、干燥、煅烧等，同样会影响催化剂的质量。这里先介绍洗涤过程，沉淀的洗涤是为了除去沉淀表面吸附的杂质和混杂在沉淀中的母液。为此，在介绍洗涤之前，有必要首先了解沉淀物带入杂质的由来与成因。

1）杂质的由来与成因

沉淀是难溶物质，如果仅从溶解度来考虑，则在某溶液中加入一定的沉淀剂后，应该只沉淀出某种难溶物质，但事实上却有一部分可溶性杂质带入沉淀中。沉淀带入杂质的原因是表面吸附、形成混晶（固溶体）、机械吸留和包藏等，其中表面吸附是主要的。

① 表面吸附。这是具有大表面积的非晶型沉淀沾污的主要原因。由于沉淀表面电荷不饱和，产生一种自由力场，尤其是在棱边和顶角，自由力场更为显著。于是带相反电荷的离子先后被吸附，形成表面双电层。沉淀吸附溶液中的离子是有选择性的，主要归纳出下列几条规则：第一，浓度相同时，化合价高的离子优先被吸附；第二，化合价相等时，浓度高的离子优先被吸附；第三，电荷、浓度一样时，能与沉淀中某一离子生成溶解度较小或电离度较小（共价性较大）的离子优先被吸附；第四，与沉淀离子相同的离子优先被吸附。例如，往 Na_2SO_4 溶液中加入过量的 $BaCl_2$，生成 $BaSO_4$，沉淀后，溶液中有 Ba^{2+}、Na^+、Cl^- 存在，沉

淀表面上的 SO_4^{2-} 靠电场引力强烈地吸引溶液中的 Ba^{2+}，形成第一吸附层，使晶体表面带正电荷。然后它又吸附溶液中带负电荷的 Cl^-，构成电中性的双电层。如果溶液中尚有 NO_3^-，则因 $Ba(NO_3)_2$ 的溶解度比 $BaCl_2$ 小，第二层优先吸附的将是 NO_3^-，而非 Cl^-。

除此以外，杂质的吸附还与溶液的温度有关。因为吸附与脱附是可逆过程，吸附是放热反应，脱附是吸热反应，提高溶液的温度可以降低杂质的吸附量；反之，降低温度则可带入更多的杂质。

② 形成混晶。溶液中存在的杂质如果与沉淀物的电子层结构类型相似，离子半径相近，或电荷/半径比值相同，在沉淀晶体长大过程中，首先被吸附，然后参与到晶格排列中形成混晶（同型混晶或异型混晶）。例如，$Mg(NH_4)PO_4 \cdot 6H_2O$ 与 $Mg(NH_4)AsO_4 \cdot 6H_2O$ 可组成同型混晶，$NaCl$（立方体晶格）与 Ag_2CrO_4（四面体晶格）能组成异型混晶。混晶的生成与溶液中杂质的性质、浓度和沉淀剂加入的速度有关。沉淀剂加入太快，结晶生长迅速，容易形成混晶。异型混晶晶格通常不完整，当沉淀与溶液一起放置熟化后，可以除去。

③ 机械吸留和包藏。机械吸留就是被吸附的杂质机械地嵌入沉淀之中，包藏常指母液机械地包藏在沉淀中。这种现象的发生，也是由于沉淀剂加入太快，在熟化后，也可能除去。

带入杂质的原因，除了上述几种之外，还有后沉淀现象，即沉淀形成之后，与母液一起放置一段时间（通常几小时），可溶成微溶的杂质，可能沉积在原沉淀物上。例如，稀 HCl 溶液中的 ZnS 本来是可溶的，但若与 HgS、CuS、Bi_2S_3 等沉淀一起放置，则 ZnS 将会沉积在原有的沉淀物上。因此，为了防止后沉淀，对需要熟化的沉淀，不宜放置过久。

由此可见，为了尽可能减少或避免杂质的引入，应当采取如下几点措施：

第一，针对不同类型的沉淀，选用适当的沉淀条件；

第二，在沉淀分离后，用适当的洗涤剂洗涤；

第三，必要时进行再沉淀（二次沉淀），即将沉淀过滤、洗涤、溶解后，再进行一次沉淀，再沉淀时由于杂质浓度大为降低，吸附现象可以避免。

2）洗涤

以液态试剂（包括纯水在内）去除固态物料中的杂质称为洗涤。如上所述，沉淀洗涤可除去混杂在沉淀中的母液，以及洗去沉淀表面吸附的部分杂质。洗涤既要达到这种预定的目的，又要尽量减少沉淀物的溶解损失，并避免形成胶体溶液。因此，需要选择合适的洗涤液。选择洗涤液的一般原则如下：

① 溶解度很小而又不易形成胶体的沉淀，可用蒸馏水或其他纯水洗涤。

② 溶解度较大的晶型沉淀，宜用沉淀剂稀溶液来洗，但是只有易分解并含易挥发成分的沉淀剂才能使用，例如用 $(NH_4)_2C_2O_4$ 稀溶液洗涤 CaC_2O_4 沉淀。

③ 溶解度较小的非晶型沉淀，应该选择易分解易挥发的电解质稀溶液洗涤，例如水合氧化铝沉淀宜用硝酸铵稀溶液来洗。

④ 温热的洗涤液容易将沉淀洗净（因为杂质的吸附量随温度的升高而减少），通过过滤器也较快，还能防止胶体溶液的形成。但是，在热洗涤液中沉淀损失也较大。所以，溶解度很小的非晶型沉淀，宜用热的洗涤液洗涤，而溶解度很大的晶型沉淀，以冷的洗涤液洗涤为好。

洗涤的开始阶段，一般采用倾泻法洗涤。操作时先将沉淀槽中的母液放尽，加入适量的洗涤液，充分搅拌，静置澄清，将澄清液尽量泻尽，再加入洗涤液洗涤。重复洗涤数次，将沉淀物移入过滤器过滤，必要时可在过滤器中继续洗涤（冲洗），直到沉淀洗净为止。

沉淀是否已经洗净,应进行检查,一般是定性检查最后流出液中是否还显示某种离子反应。

洗涤必须连续进行,不能中途停顿,更不能干涸放置太久,尤其是一些非晶型沉淀,放置凝聚后,就很难洗净。

用倾泻法洗涤沉淀时,沉淀与洗涤液能很好地混合接触,杂质容易洗净。洗涤液不宜用得太多,否则将会加大溶解损失;但若用得太少,沉淀又不易洗净。这里存在着如何提高洗涤效率的问题。实践经验告诉我们,洗涤应按下述洗涤法则进行:用尽量少的洗涤液,分多次洗涤,每次加入洗涤液前应将前次洗涤液尽量泻干,可概括为"少量、多次、泻干"六个字。

4.2.1.3 凝胶

(1) 硅凝胶的形成

二氧化硅水凝胶是一种不具有流动性的半固态的冻胶状物质,它可以看作是正硅酸的缩聚体,干燥脱水后成为多孔性二氧化硅干凝胶,称为硅胶。硅胶具有一定的孔径尺寸和比表面积,广泛用作吸附剂和催化剂载体。

多孔硅胶有许多制备方法,其中主要的是以无机酸中和碱金属硅酸盐的所谓胶凝法。例如:

$$Na_2O \cdot mSiO_2 + H_2SO_4 \longrightarrow mSiO_2 \cdot H_2O\downarrow + Na_2SO_4 \tag{4-6}$$

在水玻璃溶液($Na_2O \cdot mSiO_2$)中,简单的偏硅酸根离子SiO_3^{2-}并不存在,偏硅酸根的实际结构为$Na_2(H_2SiO_4)$和$Na(H_3SiO_4)$。

因此,当水玻璃和硫酸作用时,首先生成硅酸,但硅酸很不稳定,很容易发生缩聚反应生成二聚硅酸,如式(4-7)所示:

$$\underset{OH}{\overset{OH}{HO-Si-OH}} + \underset{OH}{\overset{OH}{HO-Si-OH}} \longrightarrow (OH)_3Si-O-Si(OH)_3 + H_2O \tag{4-7}$$

二聚硅酸

所生成的二聚硅酸还可以进一步生成三聚、四聚等多聚硅酸,缩聚反应不仅可发生在链的末端,而且也可以发生在链的中部。这些多聚硅酸并不立即沉淀下来,而是形成微细颗粒,叫"胶球粒子"(又叫一次粒子),悬浮在溶液中,这样就得到了所谓的硅溶胶。硅溶胶胶球粒子如图4-4所示。

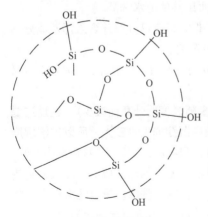

图4-4 硅溶胶胶球粒子

胶球粒子的内部由硅氧四面体组成,几乎没有什么空隙。胶球粒子的表面被OH^-覆盖,并且带有电荷,周围吸附着一层溶剂——水,称为溶剂化膜。

胶球粒子在稀溶液中可以进一步长大,变成更大的胶球粒子。而在浓溶液(如SiO_2含量大于1%时)中,就可通过粒子之间失水所生成的$Si-O-Si$键相互连接起来,形成空旷而又连续的结构,就像疏松的葡萄串一样贯穿于整个溶剂之中,且具有一定的刚性。这样硅溶胶就变成了硅凝胶。从化学反应角度来看,溶胶和凝胶都是通过$Si-O-Si$键连接起来的。但溶胶是由硅酸缩聚而成的圆滑胶球粒子内部的结合,而凝胶则是胶球粒子相互之间的结合,也就是说在接触点上相互缩聚形成

Si—O—Si 键，使胶球粒子固定在一定的位置上，从而形成网状结构。

综上所述，硅凝胶的形成过程可简单归纳如下：

水玻璃溶液 $\xrightarrow{\text{酸中和}}$ 硅酸 $\xrightarrow{\text{缩聚}}$ 硅溶胶的一次胶球粒子 $\xrightarrow{\text{一次粒子长大}}$ 一次胶球大粒子 $\longrightarrow$ 硅凝胶

硅凝胶的形成过程对硅胶的比表面积、孔结构等物理性能起着关键的作用。一般认为：比表面积的大小主要由一次粒子的大小决定。一次粒子大，比表面积就小；一次粒子小，比表面积就大。而孔容和孔径分布则不仅与一次粒子的大小及其分布有关，而且还与一次粒子的堆积方式有很大关系。一次粒子大，孔容就大；一次粒子小，孔容就小。一次粒子大小很均匀，也就是说分布很集中，或者说每个粒子的聚合度都差不多，那么从几何角度看就能形成紧密的堆积，产品的孔径分布就比较集中。若缩聚反应速度很快，一次粒子相互缩聚时来不及做紧密的堆积，结果形成一种非常疏散的结构，这时孔容就比较大，产品强度就差了。

那么一次粒子的大小又由什么来决定呢？这个问题就比较复杂了。溶液的浓度、介质的 pH 值以及反应温度都对它有影响（三者都与缩聚反应速度有关）。若溶液的浓度比较大，硅酸缩聚反应速度又比较快时，往往反应一开始就生成大量细小的一次胶球粒子。这些胶球粒子，由于浓度大、距离近，在还没有足够长大时，就相互碰撞连接起来形成了凝胶，这样所得到的一次粒子就比较小。相反，若溶液的浓度比较稀，缩聚反应的数目比较少，而且由于浓度低、距离远，不易互相碰撞，这样就可慢慢长大，然后再相互连接起来，这样所得到的一次胶球粒子就比较大。但溶液不能太稀，太稀时，一次粒子相距太远，不易相互连接，不会形成凝胶。因此，存在一个临界值。若硫酸和水玻璃溶液混合不均匀，各部分的浓度、pH 值不相等，那么缩聚反应的速度也不一样，一次粒子的大小很不均匀，产品的孔分布当然就不集中了。总而言之，影响形成胶球粒子大小的原因比较复杂，其中最关键的问题是缩聚反应的速度，因为介质的 pH 值、溶液浓度、成胶温度都和缩聚反应的速度有关。下面我们分别讨论这些因素。

① pH 值的影响。pH 值是影响硅酸缩聚反应速度的最重要因素。pH 值对硅酸缩聚反应的影响可从图 4-5 看出，图中横坐标为 pH 值，纵坐标为胶凝时间的对数。在生产中，一般都用胶凝时间（min）来表示缩聚反应的速度，胶凝时间越短，表示缩聚反应的速度越快。胶凝时间的定义为：从停止加酸算起，溶胶由外观透明的流体状态变为外观半透明、较黏稠的半流体状态所需的时间。

从图 4-5 可以看出，当向水玻璃溶液中加酸时，胶凝时间随 pH 值降低而急剧缩短，加酸到 pH=9～10 范围内时，胶凝时间最快；但再加酸时，则胶凝时间又增长；到 pH=2～3 附近时，凝胶时间最长；溶液的 pH 值<2 时，胶凝速度又重新加快。全部胶凝时间 t 的对数值对溶液 pH 值的关系曲线的形状略似大写英文字母"N"。为什么硅酸缩聚呈"N"形曲线？我国化学家戴安邦提出了下列解释。

前已提出，在水玻璃溶液中，简单的偏硅酸根离子（SiO_4^{4-}）并不存在，偏硅酸根的实

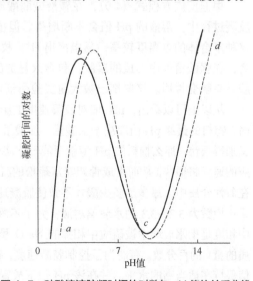

图 4-5　硅酸溶液胶凝时间的对数与 pH 值的关系曲线

际结构为 $Na_2(H_2SiO_4)$ 和 $Na(H_3SiO_4)$。因此，溶液内的负离子只有 $H_3SiO_4^-$ 和 $H_2SiO_4^{2-}$。它们两者在溶液内随着溶液中外加酸浓度的升高而逐步与 H^+ 结合，其方式如下：

$$\underset{(\text{I})}{H_2SiO_4^{2-}} \xrightarrow{+H^+} \underset{(\text{II})}{H_3SiO_4^-} \xrightarrow{+H^+} \underset{(\text{III})}{H_4SiO_4} \xrightarrow{+H^+} \underset{(\text{IV})}{H_5SiO_4^+} \tag{4-8}$$

$$\xrightarrow{\qquad\qquad\qquad\qquad\qquad\qquad\qquad} pH$$
$$\quad\text{强碱性}\qquad\text{碱性}\qquad\text{弱酸性}\qquad\text{强酸性}$$

这些不同结合方式的正、负离子和中性分子，在不同 pH 值条件下，将采取两种完全不同的机理进行缩聚反应。

在强碱性溶液中，水玻璃都以（Ⅰ）和（Ⅱ）的形式存在，由于它们均带有负电荷，同种电荷相互排斥，故不产生明显的作用，胶凝时间无限长，相当于图 4-5 中的 d 点。

加入一定量的酸后，就会生成一部分原硅酸，此时溶液呈碱性或弱酸性，主要以（Ⅱ）与（Ⅲ）的形式存在，因此容易按下式发生缩聚反应：

$$H_3SiO_4^-(\text{II}) + H_4SiO_4(\text{III}) \longrightarrow H_6Si_2O_7 + OH^- \tag{4-9}$$

所生成的二聚体 $H_6Si_2O_7$ 还可以进一步与（Ⅱ）反应，生成三聚体、四聚体等由共价键相结合的网状结构的硅酸凝胶。在图 4-5 中以 dc 线段表示。

当继续加酸时，原硅酸（Ⅲ）越来越多，而负离子（Ⅱ）越来越少，这样缩聚反应速度减慢，凝胶时间增长，出现了图中 cb 线段的情况，胶凝作用不发生或进行得极慢，相当于图 4-5 中的极高点 b。当然，在 b 点时，绝对没有一点（Ⅱ）和（Ⅳ）存在是不可能的，只是两者浓度极小而且相等，此时称为等电点。

到达 b 点后，若再继续加酸，使原硅酸进一步与 H^+ 结合而生成（Ⅴ），此时，溶液呈强酸性，且主要以（Ⅲ）和（Ⅳ）的形式存在，两者按下式进行缩聚反应：

$$H_4SiO_4(\text{III}) + H_5SiO_4^+(\text{IV}) + 2H_2O \longrightarrow H_{13}Si_2O_{10}^+ \tag{4-10}$$

类似地，所生成的二聚体 $H_{13}Si_2O_{10}^+$ 能够继续与（Ⅲ）反应，得到三聚体、四聚体等硅酸凝胶。胶凝速度将随（Ⅳ）越来越多地生成而逐步加快，解释了图 4-5 中的 ba 线段。这样就定性地解释了在全部 pH 值范围内硅酸缩聚成凝胶的现象。有人认为，氢离子在硅酸缩聚反应中实质上是起着催化剂的作用，因此在酸、碱性两种不同介质中，发生两种不同的机理。

根据反应方程式（4-9），在碱液或弱酸溶液中发生缩聚反应有 OH^- 放出，因此，硅酸在胶凝过程中，溶液的 pH 值会不断增高。但按式（4-10），在强酸溶液中形成聚合体时，由于这种聚合体的电离度较高，易电离出 H^+，故在胶凝过程中，溶液的 pH 值会有稍微下降。再者，在强酸溶液中形成的凝胶，包含大量的配位键，这种键容易被破坏，也容易形成，故凝胶具有触变性质。这些都已被大量实验所证明。

从以上可以看出，pH 值对胶凝速度的影响是很显著的。在硅胶的制备过程中，加酸完毕时，物料的最终 pH 值取决于加酸量。加酸量多，pH 值就低，否则就高。若一次加酸量多而且又加得很快，那么物料的 pH 值就可能一下降低到图 4-5 中所示的最低点 c。这时，硅酸缩聚反应的速度将很快，从而生成骨架非常疏松的凝胶，这将引起最终产品的孔容大、强度差等现象。在碱性介质中，最多加多少酸才不致使胶凝速度太快（即避免处在图 4-5 中的 c 点）呢？国外采用模数为 3.2～3.3 的水玻璃溶液，为了不落在 c 点，一般中和度只能达到 60%～65%。所谓中和度是指水玻璃中被硫酸中和掉的 Na_2O 量（物质的量）占水玻璃中原来总的 Na_2O 量（物质的量）的百分数。有时为了控制胶凝速度，往往把酸分两次加入，使第一次加入后物料的 pH 值保持在适当高的水平，并在该 pH 值下放置一段时间，保持适宜的胶凝速度，然后第二次加酸。这时由于一部分水玻璃已经与酸作用，即使 pH 值降低比较多，胶凝速度也不至于过快了。这样利用分次加酸，就可控制胶凝速度，从而得到理想的硅胶结构。

② 水玻璃溶液浓度及成胶温度的影响。水玻璃溶液浓度越大，缩聚反应速度越快，这可从图 4-6 看出来。成胶温度越高，缩聚反应速度也越快，这和一般化学反应的速度与温度的关系服从阿伦尼乌斯方程是相同的。

水玻璃溶液浓度越大，成胶温度越高，则所得产品的孔容也越大，这可从图 4-7 看出来，孔容过大，将使产品强度变差。

从上述讨论可看出，pH 值、浓度、温度等因素都可影响缩聚反应的速度，从而影响一次胶球粒子的大小及其堆积方式，最终影响产品的物理性能。因此，对胶凝过程来说，应当从各方面综合考虑，调节好 pH 值、浓度、温度等工艺参数。

(2) 硅凝胶的老化

在加酸完毕后，生成的硅凝胶还需经过一个"老化"过程，所谓老化过程就是反应体系在一定的温度及 pH 值下保持一定的时间，使凝胶骨架得到进一步调整和巩固。在老化过程中，小的胶球粒子逐渐变小，直至最后消失，而大的胶球粒子则逐渐变大；在老化过程中，硅凝胶发生脱水收缩作用，即胶粒与胶粒之间将更加接近，相互连接得更加牢固，致使发生网架的收缩，从而将包含在其中的水分排挤出来。所有以上过程都是自发进行的。在老化过程中，胶粒之间的缩聚作用仍在继续进行，不过这时由于胶粒表面—OH 数量不是很多，老化越深，数量越少，因此，缩聚反应的速度与中和成胶时相比要慢得多。一般讲，老化时温度升高，pH 值升高，时间延长，都能引起最终产品比表面积减小、孔径和孔容增大，这从表 4-1 及图 4-8 可以看出。

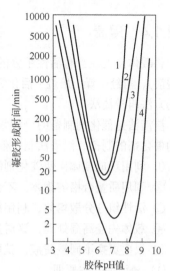

图 4-6　凝胶形成的时间与 pH 值之间的关系

SiO_2 的质量分数：曲线1为1%；曲线2为1.5%；曲线3为3%；曲线4为4.5%

（用硫酸中和模数为 3.3 的水玻璃溶液，温度为 298K）

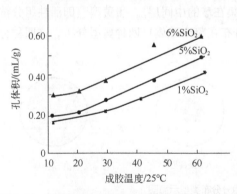

图 4-7　成胶温度和水玻璃溶液浓度对孔体积的影响

表 4-1　老化温度及 pH 值对孔体积的影响

老化温度/K	老化 pH 值	老化时间/h	孔体积/（mL/g）
303	6.8	2	0.28
303	7.5	2	0.33
333	6.8	2	0.61
333	8.0	2	0.77

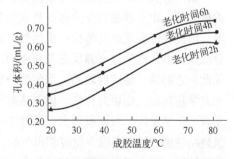

图 4-8　不同老化温度及时间对孔体积的影响

4.2.1.4　浸渍

将载体浸没在含有活性组分的溶液中，浸渍平衡后，把剩余的液体除去（多数情况可完全浸渍），再经干燥、焙烧、活化等步骤，使活性组分均匀地分布在载体表面。这种制备催化剂的方法叫浸渍法

浸渍法是催化剂制备的一种常用方法，尤其适用于稀有贵金属催化剂或活性组分含量很少的催化剂的制备。浸渍法制备催化剂具有以下特点：

① 利用现成载体，使催化剂制备过程简单化；

② 利用质量合格的载体，不会像沉淀法那样，一旦载体性质不合格使整批催化剂报废；

③ 活性组分分散均匀、利用率高，可降低催化剂制造成本；

④ 载体先经高温处理，这对提高催化剂活性和稳定性特别有利；

⑤ 只要更换不同浸渍液，就可制成各种类型的催化剂，灵活性大。

（1）浸渍的基本原理

浸渍法制备催化剂的基本原理就是化学上常说的吸附作用。由于载体是一种多孔物质，当它被浸泡到含有活性组分的浸渍液中去时，活性物质就会随着溶液一起被吸附在载体众多的内表面上，有时还发生表面化学反应；当水分被蒸发后，活性物质就留在载体表面上，再经干燥和焙烧，活性组分的盐类发生分解，转变成金属或金属氧化物，这样就制得了负载型的催化剂。

在浸渍过程中，由于存在溶质的迁移及强烈的吸附和竞争吸附现象，因而可以形成活性组分在载体上出现各种不同分布的情况。以球形催化剂为例，常见的有蛋壳型（即活性组分浓集在球的外表层附近）、蛋白型（即活性组分浓集在球的中间层）、蛋黄型（即活性组分浓集在球的中心附近）和均匀型（即活性组分均匀分布在整个球体）四种典型分布。这四种分布类型的示意图见图4-9。

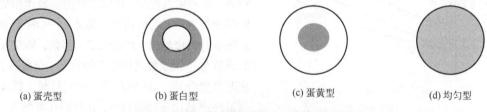

(a) 蛋壳型　　　　　　　(b) 蛋白型　　　　　　　(c) 蛋黄型　　　　　　　(d) 均匀型

图4-9　浸渍法催化剂活性组分分布类型示意图

这四种类型的活性组分分布情况，会影响催化剂的活性、选择性和稳定性。蛋壳型分布的催化剂，由于活性组分分布在外表面及外表面内部的浅处，反应物分子易于到达并互相接触，因此往往表现出高催化反应活性，这对外扩散控制的催化反应特别有利。但由于活性组分浓集，催化剂经过高温反应及再生后，易使金属"凝聚"成大块，从而降低或丧失活性，因此，它的活性稳定性较差。均匀型分布是一种较理想的分布类型，尤其是当催化反应是由动力学控制时，则更为有利。因为这时催化剂的内表面也可以被利用，众所周知，催化反应是表面化学反应，表面积越大，活性中心越多，活性越高，而且均匀分布，提高了催化剂的抗烧结性能，即在高温下反应和再生时，活性组分不易"凝聚"，因此，这类催化剂的活性稳定性较好。至于蛋白型和蛋黄型分布，也有其优势，当载体孔隙足够大，载体又有吸附毒物的作用时，这种类型的催化剂其外层的载体可以起毒物"过滤器"的作用，防止催化剂中毒，

从而延长催化剂的寿命。此外，这种类型的催化剂还可减少使用过程中由腐蚀和磨损而造成活性组分流失的现象。

（2）浸渍过程的影响因素

用浸渍法所制备的催化剂质量的关键问题，是如何保证活性组分在载体表面的均匀分布。影响活性组分在载体上均匀分布的因素很多，下面进行初步讨论。

1）载体性质的影响

氧化铝载体的比表面积、孔体积和孔分布以及晶型结构，对浸渍是有影响的。一般来说，孔容越大，孔半径越大，越有利于浸渍液从表面扩散到里层，因而达到吸附平衡所需的时间可以缩短。至于比表面积的大小，它可以决定活性组分最高含量的限度。据研究，1%的 MoO_3 在氧化铝载体上完全铺开成单分子层吸附时，需要的最小比表面积是 $12m^2/g$。因此，载体的比表面积越大，可容纳的活性组分越多。Al_2O_3 结构较松、堆比较小时，易于浸渍；而 Al_2O_3 结构较密、堆比较大时，较难浸渍。

2）浸渍液性质的影响

浸渍液往往是由许多金属盐类的水溶液加各种竞争吸附剂所组成的，组分越多，它们之间的相互干扰越大，容易造成浸渍液不够稳定，出现沉淀或结晶等现象。这样势必导致活性组分在载体上不均匀分布的情况出现。因此，浸渍时对浸渍液的一个基本要求是至少在浸渍期间不应出现沉淀或结晶，最好应长期稳定，以便重复使用。此外，要求浸渍液的黏度小，流动性好，这样才有利于浸渍均匀和缩短达到吸附平衡所需的时间。

3）竞争吸附剂的影响

多孔载体在吸附溶质的同时也吸附了溶剂，这样就产生了溶质与溶剂之间的竞争吸附现象。竞争吸附对于浸渍法制备催化剂，特别是对活性组分用很少量稀有贵金属的催化剂来说，是一种可以利用的自然现象。我们可以通过加入其他一些不是活性组分的、对催化剂活性无破坏作用的物质到浸渍液中去，使之和活性组分产生竞争吸附，从而迫使活性组分更加均匀地分布在载体上。习惯上我们把上述物质称作竞争吸附剂。

使用竞争吸附剂后，虽然可以改善活性组分的分布情况，但用得不好，有可能出现前面所讲到的四种类型分布中的任何一种现象。这里需要注意以下几个方面：

① 竞争吸附剂的扩散性能。如果竞争吸附剂的扩散性能大于活性组分的扩散性能时，竞争吸附剂比活性组分先到达载体表面，并优先吸附在载体外表面及其内表面的浅层，这样就迫使后来扩散到载体的活性组分移到未被吸附的空白表面上，形成了蛋白型或蛋黄型的分布；反之，如果活性组分的扩散性能大于竞争吸附剂的扩散性能时，活性组分将先行扩散到载体表面并牢固地吸附在其上，这就失去了竞争吸附剂的作用，从而导致活性组分浓集在载体外表面及其浅层附近，形成了蛋壳型分布的现象。因此，必须使竞争吸附剂和活性组分的扩散性能相近，才能起到竞争吸附的作用。

② 竞争吸附剂的分子大小及取向。如果竞争吸附剂的分子直径比载体的孔径还要大，那么它就不可能进入载体内孔，所以就失去了作用。此外，即使竞争吸附剂分子直径小于载体孔径，但它被吸附时，不正好吸附在孔壁上，而是"斜躺"在孔道中，阻挡了活性组分分子的扩散，也会造成活性组分分布不均或吸附量不足，以致无法达到预期组成效果。因此，载体内孔的几何形状及孔分布必须和活性组分及竞争吸附剂的分子大小相适应。

③ 竞争吸附剂的吸附平衡常数。我们知道吸附和脱附存在一个动态平衡。用浸渍法制催化剂时，活性组分和竞争吸附剂的平衡常数是很重要的。如果在这两者中，如果活性组分的

解吸速度大于竞争吸附剂，则最终活性组分会全部解吸出来，如果竞争吸附剂的量足够时，其位置将完全由竞争吸附剂所占据，结果活性组分浸不上去。反之，当竞争吸附剂的解吸速度大于活性组分时，也会削弱竞争吸附剂的作用，从而不能制得活性组分均匀分布的催化剂。

④ 竞争吸附剂的化学作用。竞争吸附剂固然有了能因竞争作用而使活性组分更均匀地分布在载体上的效果，但也有可能由于它的化学作用（与活性组分或载体发生化学反应）而增进或破坏催化剂的活性，这一点应特别引起注意。否则，催化剂的活性组分分布再均匀而其活性很差，也丝毫没有使用价值，因为催化剂好坏的最终判断标准是活性高低和稳定性好坏，而不是活性组分分布得均匀与否。因此，在选择竞争吸附剂时，务必不能使其给催化剂带来不利的影响或引入有害毒物。

4）浸渍时间、温度和 pH 值的影响

当多孔载体与浸渍液相接触时，液体靠毛细管力作用，向载体颗粒中心渗透，直至充满微孔。由于微孔很细，溶液又具有一定的黏度，渗透阻力也很大，所以浸渍液从孔口扩散到载体颗粒内孔深处是需要一定时间的。延长浸渍时间，有利于达到吸附平衡，可使活性组分分布得均匀一些；浸渍时间过短，吸附平衡尚未建立，会使活性组分分布不匀，甚至活性组分吸附量不足，无法达到质量指标要求。

吸附是放热反应。在工业浸渍时，可以观察到由于吸附放热而使浸渍液温度明显上升的情况。所以，浸渍液的温度过高是不利于活性组分吸附的。因此，可采用载体预处理的办法来事先消耗部分吸附热，如载体用水泡或抽真空脱气净化载体表面。

浸渍液的 pH 值对保证浸渍液不会产生结晶或沉淀起着重要的作用，而且对载体的物化性质也会有影响。如果浸渍液是强酸性的，那么，在浸渍时应注意缩短载体和浸渍液的相互接触时间，以防止或减少载体物化性质的变化。

5）浸渍方式的影响

浸渍的方式主要有过量浸渍、等体积浸渍、多次浸渍、流化喷洒浸渍及蒸气相浸渍等。

① 过量浸渍。所谓"过量浸渍"是将载体泡入过量的浸渍溶液中（浸渍溶液体积超过载体可吸收体积），待吸收平衡后（如果载体对溶质有吸附的话），滤去过剩溶液，干燥、活化后便得催化剂成品。通常通过调节浸渍溶液的浓度和体积控制负载量。负载量的计算有两种方法。第一是从载体出发，令载体对某一活性物质的比吸附量为 m_a（1g 载体的吸附量），由于孔径大小不一，活性物质只能进入大于某一孔径的孔隙中，以 V 表示这部分孔隙的体积，设 m 为活性物质在溶液中的浓度，则吸附平衡后载体对该活性物质的附载量 m_i 为

$$m_i = Vm + m_a \tag{4-11}$$

如果比吸附量很小，则

$$m_i = Vm \tag{4-12}$$

第二是从浸渍溶液考虑，负载量等于浸渍前溶液的体积与浓度的乘积，减去浸渍后溶液的体积与浓度的乘积。然而，这两种计算方法不甚准确，仅供参考。

② 等体积浸渍。所谓"等体积浸渍"是将载体与它可吸收体积的浸渍溶液相混合，由于浸渍溶液的体积与载体的微孔体积相当，只要充分混合，浸渍溶液恰好浸透载体颗粒而无过剩，没有废液的过滤与回收。但是必须注意，浸渍溶液体积是浸渍化合物性质和浸渍溶液黏度的函数。确定浸渍溶液体积，应预先进行试验测定。等体积浸渍可以连续或间断进行，设备投资少，生产能力大，能精确调节负载量，所以工业上广泛采用。

③ 多次浸渍。"多次浸渍"是将浸渍、干燥、煅烧反复进行数次的一种方法。例如，加

氢脱硫 Co_2O_3-MoO_3/Al_2O_3 催化剂的制备，可将氧化铝先用钴盐溶液浸渍，干燥、煅烧后，再用钼盐溶液按上述步骤处理。必须注意每次浸渍时负载量的提高情况。随着浸渍次数的增加，每次负载增量将减少。多次浸渍工艺复杂，劳动效率低，生产成本高，除非特殊情况，应尽量少采用。

④ 流化喷洒浸渍。对于流化床反应器使用的催化剂，还可以采用流化喷洒浸渍的方式，浸渍溶液直接喷洒到反应器中处于流化状态的载体上，完成浸渍以后，升温干燥和煅烧。

⑤ 蒸气相浸渍。除了溶液之外，亦可借助浸渍化合物的挥发性，以蒸气相的形式将它负载到载体上。这种方法首先应用在正丁烷异构化过程中，催化剂为 $AlCl_3$/铁钒土。在反应器内先装入铁钒土载体，然后以热的正丁烷气流将活性组分 $AlCl_3$ 气化并带入反应器，当负载量足够时，便转入异构化反应。用此法制备的催化剂，在使用过程中活性组分也容易流失。为了维持催化剂性能稳定，必须连续补加浸渍组分。

6）浸渍后处理的影响

载体浸渍后就成了催化剂，浸渍时多用稀溶液，因此，载体上除活性组分外还含有许多不属于催化剂组成的溶剂（或水），必须把它们除去。所以，通常浸渍后总是接上干燥和活化步骤，这就是浸渍后处理工序。

干燥的作用是除去多余的溶剂，使活性组分保留在载体上。但在干燥过程中，随着大量溶剂的蒸发，不可避免地携带着溶质分子（活性组分）从载体内孔深处慢慢地移动到表面或表层以内的浅处，使原来均匀分布的溶质重新变成不均匀分布，这就是溶质迁移现象。此外，载体孔结构的不均一性也会导致溶质发生迁移现象。这是由于干燥时，大孔所含的液体多，产生的蒸气压大，发生毛细现象，大孔内的液体会进到小孔里去，液体流动时就会造成溶质迁移。所以，干燥前最好有个晾干的工序，让溶剂慢慢蒸发，尽量减少载体上残留的溶剂量，干燥时升温要慢或在低温阶段停留时间长一些，防止溶剂急剧蒸发，以减少或避免溶质迁移现象的发生，保证活性组分分布均匀。

由于浸渍时使用了竞争吸附剂，而这些物质的挥发或分解的温度往往比溶剂的沸点高得多，因此干燥后还需继续升温，把竞争吸附剂从催化剂上赶净。

赶净竞争吸附剂后，催化剂上留下来的活性组分一般还是处于盐类状态，它在水中浸泡多时后，仍然可以发生溶解现象，从而使活性组分流失。为防止催化剂在储存、保管及使用过程中不致产生活性组分流失或重新分布的现象，必须加以活化，使活性组分从盐类状态转变成氧化物状态，牢固地附着在载体上。由于金属盐类的分解温度较高，因此活化温度一般在 350～500℃。此外，活化还有调节双功能组分平衡的作用或在某种气氛下（比如通氮气、空气、水蒸气等）改善催化剂物化性质的作用，因而能提高催化剂的活性、选择性和稳定性。所以，活化是很有必要的。

4.2.1.5 离子交换

离子交换剂是载有可交换离子（即反离子）的不溶性固态物质。当离子交换剂与电解质溶液接触时，这些离子能与同符号等当量的其他离子相互交换，前者进入溶液中，后者被吸取到交换剂上。载有可交换阳离子的交换剂称为阳离子交换剂；载有可交换阴离子的交换剂称为阴离子交换剂；能进行阳离子交换和阴离子交换的交换剂称为两性离子交换剂。

典型的阳离子交换如：

$$2NaX(s)+CaCl_2(aq) \rightleftharpoons CaX_2(s)+2NaCl(aq) \qquad (4-13)$$

典型的阴离子交换如：

$$2XCl(s)+Na_2SO_4(aq) \longleftrightarrow X_2SO_4(s)+2NaCl(aq) \qquad (4-14)$$

式中，X 代表离子交换剂的结构单元；s 表示固相；aq 表示液相或水溶液。

许多天然的或合成的产物具有离子交换性质，例如离子交换树脂、合成无机离子交换剂、天然矿物离子交换剂等。其中最重要的是合成无机离子交换剂和天然矿物离子交换剂。

合成无机离子交换剂最典型的代表是各类合成沸石分子筛。利用合成沸石的离子交换性质可以调节晶体内的电场、晶体的表面酸性，从而改善它的吸附和催化特性。例如，将 NaA 型沸石（4Å，$1Å=10^{-10}m$）交换为 CaA 沸石（5Å）时能吸附丙烷（4.9Å）；NaY 型沸石经离子交换制得的脱阳离子型沸石，不但可以改善催化活性，而且可以提高热稳定性和水热稳定性。

含第ⅣA 族氧化物与第 VA 族、第ⅥA 族氧化物的合成无机阳离子交换剂也是较为满意的产物。对不同 ZrO_2：P_2O_5 比的磷酸锆已有大量的研究。以砷酸、钼酸、钨酸代替磷酸，以钛、锡、钍代替锆可以制备类似的产物。这些新型无机离子交换剂交换容量大，交换速率高，热稳定性和抗辐射性能优于有机离子交换树脂。然而在高 pH 值下因水解会损失部分固定离子的基团。

许多水合氧化物凝胶，包括 SiO_2、SiO_2-Al_2O_3、Al_2O_3、Fe_2O_3、Cr_2O_3、TiO_2、ZrO_2、SnO_2 凝胶在内，可用作阳离子交换剂；Al_2O_3、Fe_2O_3、ZrO_2、SnO_2 等两性水合氧化物凝胶还具有阴离子交换性质。

天然矿物离子交换剂多数是具有阳离子交换性能的结晶硅铝酸盐沸石，其中包括方沸石 $NaAlSi_2O_6 \cdot H_2O$、菱沸石 $Ca[Al_2Si_4O_{12}] \cdot 6H_2O$、交沸石 $Ba[Al_2Si_5O_{16}] \cdot 6H_2O$、片沸石 $Ca[Al_2Si_7O_{18}] \cdot 6H_2O$ 和钠沸石 $Na_2Al_2Si_3O_{10} \cdot 2H_2O$。

若干天然硅铝酸盐也可以作为阴离子交换剂使用，例如较有实际意义的矿物阴离子交换剂有磷灰石 $Ca_5(PO_4)_3$ 和羟基磷灰石 $Ca_5(PO_4)_3 \cdot OH$。

此类矿物沸石性软不耐磨，骨架不很开敞（孔径 3～9Å），易受酸、碱浸蚀，实际应用局限于颇窄的 pH 值范围（pH=7 左右）。

离子交换反应发生在交换剂表面固定而有限的交换基团上，是化学计量的、可逆的（个别交换反应不可逆）、温和的过程。离子交换法是借用离子交换剂作载体，以反离子的形式引入活性组分，制备高分散、大表面、均匀分布的负载型金属或金属离子催化剂，尤其适用于低含量、高利用率贵金属催化剂的制备，也是均相配合物催化剂固相化和沸石分子筛改性过程的常用方法。

离子交换法主要有水溶液交换法、熔盐交换法、非水溶液交换法及蒸气交换法等几种。

（1）水溶液交换法

在水溶液中交换是常用的一种离子交换法。这种交换法要求欲交换上去的金属离子在水溶液中以阳离子（简单的或配合的）状态存在，水溶液的 pH 值范围应不破坏分子筛的晶体结构。常用的交换条件是：温度为室温至 100℃，时间为 10min 至数小时，溶液的浓度一般控制为 0.1～0.2mol/L。

在离子交换的过程中，交换溶液的温度、浓度、用量、pH 值及阴离子类型等因素都会影响交换的质量。

① 温度的影响。交换的温度一般为室温至100℃。通常，提高温度可以加快交换速度和提高交换度。例如Ba^{2+}或La^{3+}在室温下仅能部分地交换X型和Y型分子筛中的Na^+，当温度提高到50℃时，分子筛中的Na^+可以全部被Ba^{2+}交换。La^{3+}的交换度（即交换下来的钠离子量占分子筛中原有钠离子量的百分数）也可以提高，但在此温度下仍不能交换分子筛中的全部Na^+。温度提高到100℃时，X型分子筛在1mol/L的氯化镧溶液中交换13d，La^{3+}的交换度可达99%，而Y型分子筛在同样的条件下只能达到72%左右。

② 浓度的影响。交换溶液的浓度一般采用0.1～0.2mol/L。浓度过高，会影响阳离子在溶液中的解离度、淌度等，不利于交换反应的进行。对于强酸性盐类，溶液的浓度过高，还会引起分子筛晶体结构的破坏。如用$FeSO_4$溶液交换NaY型分子筛时，用稀溶液（0.025～0.05mol/L）多次交换，可提高Fe^{2+}的交换度。但若用浓溶液交换，则分子筛晶体就会遭到破坏。所以，对于强酸性盐类，要求交换液的浓度比一般的盐类溶液更低一些。但溶液太稀时，则溶液体积过大，影响生产能力。

③ 用量的影响。在确定溶液的摩尔浓度后，溶液的用量也会影响交换度。溶液用量通常通过交换摩尔比来表示，这是指溶液中阳离子的物质的量与分子筛中Na^+的物质的量之比。如图4-10所示，交换度随着交换摩尔比的增大而提高，但在交换摩尔比接近1.0时，提高的速度会变得非常缓慢。

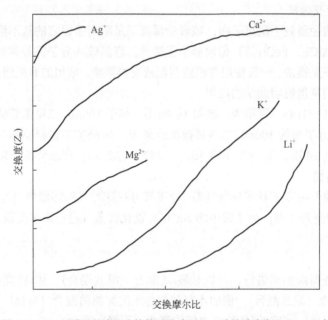

图4-10 A型沸石的离子交换等温线（25℃，溶液浓度为0.2mol/L）

④ pH值的影响。除高硅铝比的耐酸分子筛外，一般分子筛会被强酸、强碱所破坏，故离子交换一般在pH值为4～12的溶液中进行。溶液的pH值变化对交换度也有影响。例如，用Ca^{2+}交换NaA型分子筛时，若在中性溶液中进行，交换度为70%～80%；但是在碱性溶液中交换时，则可明显提高交换度。当溶液的pH值由8提高到11～12时，交换度可提高到90%以上。这是由于$Ca(OH)_2$是中强碱，在碱性溶液中，除Ca^{2+}外，还有$Ca(OH)^+$与Na^+交换，应用这一种技术可得钙含量高、具有特殊性能的分子筛。

⑤ 阴离子类型的影响。Mg^{2+}交换NaY型分子筛中的Na^+时，用1%的$Mg(NO_3)_2$溶液，

在 70℃的温度下交换 6 次，可使分子筛中的 Na_2O 降至 2.5%；而用 1.2%的 $MgSO_4$ 溶液，在同样的条件下交换 6 次，分子筛中的 Na_2O 含量还剩 4.6%。这说明，交换的盐类中阴离子对交换度有一定影响。

（2）熔盐交换法

利用熔盐溶液技术研究离子交换，可以消除溶剂效应的干扰。高度离子化的熔盐，如碱金属的卤化物、硫酸盐或硝酸盐都可用来提供阳离子交换的熔盐溶液，但要求形成熔盐溶液的温度必须低于分子筛结构的破坏温度。在熔盐溶液中除有阳离子交换反应进行外，还有一部分盐类包藏在分子筛笼里（即晶体内部，硅氧或铝氧四面体通过氧桥相互连接，可形成多元环，而各种不同的多元环通过氧桥连接起来，又可形成具有三维空间的多面体。因为这些多面体呈中空的笼状，故又称为笼）。盐类包藏的程度与阴离子大小和交换温度有关，因此，可能形成特殊性能的分子筛。

例如，Nd（钕）盐和低熔点的 $NaNO_3$、KNO_3 可形成熔盐溶液。用高浓度的 Nd 盐溶液和 A 型或 X 型分子筛交换后，可得到高分散度和高 Nd 含量的分子筛。

高硅 Y 型分子筛与 $Cr(NO_3)_3 \cdot 9H_2O$ 熔盐交换 2～24h，交换度可达 37%～60%，产品对水、苯的吸附量增加，性能更好。而用铬盐的水溶液交换容易破坏分子筛的晶体结构。如 NaA 和 NaX 型分子筛在 0.01mol/L 乙酸铬的水溶液中进行离子交换时，分子筛的晶体就容易遭到破坏。

（3）非水溶液交换法

当所要交换的金属处于阴离子中，或者金属离子是阳离子但它的盐不溶于水；或者虽然盐类溶于水（如 $AlCl_3$、$FeCl_3$ 等）但溶液呈强酸性，容易破坏分子筛骨架结构等情况下，可采用非水溶液离子交换法。一般使用有机溶剂配成交换溶液。常用的有机溶剂有二甲基亚砜、乙腈等，下面我们举例说明此法的应用。

用 20g $H_2PtCl_6 \cdot 6H_2O$（氯铂酸）制得 1g $PtCl_2$，溶于 100mL 二甲基亚砜溶剂中，再加入混有 12g NaX 型分子筛的 100mL 二甲基亚砜的浆液，在 65℃下搅拌交换 2.5d，用二甲基亚砜洗涤 4 次，水洗 10 次，于 54℃干燥 5d，于 343℃焙烧 3h，产品分析结果，含铂达 3.8%。

（4）蒸气交换法

某些酸类在较低温度下就能变为气态，分子筛可在这种气态环境中进行离子交换。例如，氯化铵在 300℃即变为气态，分子筛中的 Na^+ 可与氯化铵蒸气进行离子交换。

4.2.1.6　混合

混合可以在任何两相间进行，可以是液-液混合（湿式混合）、固-固混合（干式混合），也可以是液-固混合（湿式混合），例如水凝胶与含水沉淀物的混合（湿混）、含水沉淀物与固体粉末的混合（湿式）、多种固体粉末之间的混合（干混）等。

干式混合是一个物理过程，化学反应不常见或不明显；湿式混合则有较大的可能伴有化学反应。混合的目的，一是促进物料间的均匀分布，提高分散度；二是产生新的物理性质（如塑性），便于成型。

影响混合难易的因素有物料的性质和混合的机理，主要的是：

① 液体的黏度、密度、互溶性；

② 固体的粒度、密度、形状、黏着性、润湿性；

③ 混合机理（对流混合、扩散混合、剪切混合）。

组分的数目和配比对混合速率有很大影响。对于一定形式的混合器而言，在两相系统中稠度将影响流型。图 4-11 为典型的稠度曲线。对于牛顿流体（黏度较小的液体或气体）（A），搅拌器产生的流动速率是应力的线性函数，不论应力大小都将产生流动；对于稠厚的悬浮体或具有塑性的其他介质（C），在产生流动之前，要克服一个最小的应力；对于假塑性物质（B），曲线的斜率在低应力范围很小，但在较高应力时增加很快。B 类物料与 C 类物料不同，B 类物料曲线经过原点。也就是说，在稠厚的介质中，混合的阻力很大，克服这个阻力需要很大的能量。

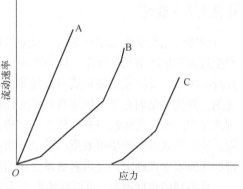

图 4-11　典型的稠度曲线

A—牛顿流体；B—假塑性物料；C—塑性物料

固-固颗粒的混合在简单的圆筒形或鼓形容器中进行，如图 4-12 所示。组分 A 装在下层，组分 B 装在上层，这时两个物料间的界面最小。混合开始后，某些 A 组分穿过界面进入 B 层，而某些 B 组分进入 A 层，这个过程一直进行到有了最大的分散度。令 S 为单位体积混合物料的界面面积，S_m 为单位体积混合物料所能达到的最大界面面积，则混合速率方程为：

$$dS/dt = C(S_m - S) \tag{4-15}$$

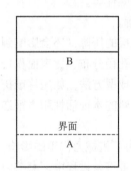

图 4-12　混合实验起始状态

式中，t 为混合时间；C 为常数，其值取决于颗粒的性质和混合器的物理作用。对于简单的鼓形混合器，C 值取决于：①物料的总体积；②鼓的倾斜度；③鼓的转速；④每个组分颗粒的粒度；⑤每个组分的相对体积。

固-固颗粒的混合不可能像两个流体那样达到完全混合，只有整体的均匀性而无局部的均匀性。

混合设备分为间歇式混合器和连续式混合器。悬浮体可以在连续式混合器中混合。很黏的塑性物料或固体粉末通常在间歇式混合器中处理。

处理很黏的浆状物，可在捏合机中进行。该设备装有两个 Z 形叶片，做相向旋转，借以将物料捏合。

槽式混合器是装有星形桨叶或带的简单水平槽，用于固体的混合以及固体与中等黏稠浆状物的混合。氨合成催化剂 Fe_3O_4 与 Al_2O_3、KNO_3、$CaCO_3$ 的混合所用的混合器就属于此类。轮碾机的一个或两个称为碾轮的沉重铁轮或石轮装在横轴上，沿着磨盘的水平面旋转，或者使碾轮位置固定，碾盘旋转。放在碾压区的物料，在碾压过程中部分越轨外移，由内外刮刀送回。这种设备具有同时粉碎与混合的作用，并可用于干式或湿式混合，制备条形或片状等成型催化剂尤其常用。例如，二氧化硫氧化钒系催化剂、乙苯脱氢铁系催化剂等。

此外，球磨机、胶体磨也能将混合与粉碎同时进行，一边磨细，一边混合。

混合法的薄弱环节是多相体系混合与增塑的程度。为了改善组分分布的均匀性，增大催化剂的比表面积，提高丸粒的机械稳定性，有研究者在 Zn-Cr-Cu 系低温变换催化剂混合物料中加入表面活性剂。认为固体氧化物在同表面活性剂溶液的相互作用下增强了物质交换过程，可以获得组分均匀分布的高分散催化剂。例如 ZnO、Al_2O_3、MgO 及其他氧化物，原半径为 $50\sim200\mu m$ 的基本粒子，在表面活性剂的胶液化（解胶）作用下，可以分散到 $1\sim10\mu m$。最强的氧化物分散剂有一元醇和多元醇、胺类、纤维素等。

4.2.1.7　成型

固体催化剂总是以不同形状和尺寸的颗粒在反应器中使用，以使气体通过床层时不至于产生过大的压降或气体分布不均匀的现象。因而成型是一重要和必要的单元操作。催化剂经过成型加工，就能根据催化反应及反应装置要求，提供适宜形状、大小和机械强度的颗粒催化剂，并使催化剂充分发挥所具有的活性和选择性，延长其使用寿命。此外，由不同的催化剂成型方法和工艺所制得的催化剂孔结构、比表面积、表面纹理结构以及强度等有显著的差别，从而带来不同的使用效果。成型方法的选择应根据成型物料的性质，尤其是成型后催化剂的性能要求来确定，而后者更是主要的参考依据。

从不同的角度出发，可以对成型方法进行不同的分类，例如，从成型的形式和机理出发，可以把成型方法分为自给造粒成型（滚动成球、喷动床成球等）和强制造粒成型（如压片、挤条、破碎、滴液、喷雾干燥等）。

成型方法的选择，主要考虑以下几方面的因素：

① 原料种类。对粉末原料的物理化学性质，如密度、比热容、黏度、挥发性、粒度分布、形状、硬度、安息角、含水率等预做了解，以确定粉末的填充特性及成型形状。

② 成型产品的形状。不同催化反应及反应装置对催化剂的形状和大小要求不同，因此要根据用途，确定成型产品的形状大小、硬度、抗压强度、耐磨性、熔融性等。

③ 添加剂种类。对添加剂的物理化学特性和操作条件应预做了解。

催化剂颗粒的外形尺寸和形状不仅影响到气体通过催化剂填充床层的压降，还会影响到催化剂的内表面利用率。成型方法会影响催化剂的孔结构（孔隙率、孔径分布、比表面积），从而对催化剂活性和选择性有影响。值得特别注意的是某些强制造粒成型方法，如压片或挤条，有时能使物料晶体结构或表面结构发生变化，从而影响催化剂物料的本征活性和本征选择性。

压片成型或挤条成型压强能影响晶体结构或表面结构，并不单纯由于机械力作用的影响，甚至在多数情况下主要不是机械力的影响，而是温度的影响。在压片或挤条过程中，摩擦力极大，使机械功转化为热能，物料温度剧烈升高，甚至可以从室温升高到几百摄氏度。多数大型挤条机都有一个冷却水的夹套，即使这样，含大量水分的物料仍能达到接近 $100℃$ 的温度。某些硬度高的物料用压片成型制成较大的颗粒（如当量直径 $\geqslant 10mm$），虽然冲模是金属，传热较快，而颗粒中心的温度仍可达到数百摄氏度。

机械力和温度的综合作用，常是改变催化剂本征活性和本征选择性的主要原因。催化剂需要适当的机械强度，以适应诸如包装、运输、贮存、装填等操作要求，以及在使用中的一些特殊要求，如操作中改变反应气体流量时突然的压降变化和气流冲击等。催化剂的机械强度与物料性能有关，也与成型方式有关。

催化剂或载体粉料在成型之前都要进行混合，这是因为往往需要根据粉料特性，在粉料中加入适当的黏结剂或润滑剂，以增强粉末的流动性和改善加压聚集性，使之易于成型。

催化剂的成型实质上是粉末在一定外力作用下互相聚集的过程。通常，固体颗粒的表面具有化学反应、吸附现象、润湿性、催化作用等物理化学性质，这种与外来物质有关的粉体物性，常称为一次物性。而从成型的角度来看，粉末所具有的分散性、流动性、可压缩性、破裂性等各种性质，常称为二次物性。粉体的一次物性与二次物性存在下面的因果关系：

物体的一次物性 $\rightleftharpoons$ 流体力学性质 $\rightleftharpoons$ 成型操作条件 $\rightleftharpoons$ 物体的二次物性

成型实际上是通过控制粉末颗粒各种聚集因素而最终获得一定形状的产品。而已成型的催化剂颗粒，则是由两种以上的不同层次的粒子构成，如图 4-13 所示。一次粒子聚集成二次粒子，二次粒子再根据成型方式的不同聚集成不同形貌和大小的成型粒子。

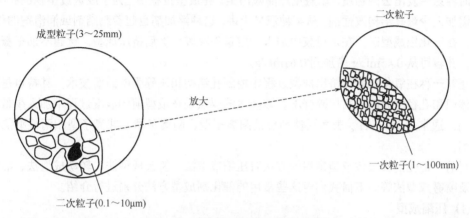

图 4-13　成型催化剂的颗粒层次示意图

一旦成型主料确定后，就要根据其理化性能，选用某些数量微小、称作助剂或添加剂的物质，以改善成型主料的粉体附着性、凝集性，使之达到满意的成型效果。催化剂或载体成型助剂主要分黏结剂及润滑剂两类，它们可以单独使用或同时并用。根据黏结剂在成型中的作用原理，又可将黏结剂分为基体黏结剂、薄膜黏结剂和化学黏结剂三类，将其常用品种列于表 4-2 中。

表 4-2　黏结剂分类及常用品种

基体黏结剂	薄膜黏结剂	化学黏结剂	基体黏结剂	薄膜黏结剂	化学黏结剂
沥青	水	$Ca(OH)_2 + CO_2$	干淀粉	树胶	HNO_3
水泥	水玻璃	$Ca(OH)_2 +$ 糖蜜	树胶	皂土	铝溶胶
棕榈蜡	塑料树脂	$MgO + MgCl_2$	聚乙烯醇	糊精	硅溶胶
石蜡	动物胶	水玻璃 $+ CaCl_2$	甲基纤维素	糖蜜	
黏土	淀粉糊	水玻璃 $+ CO_2$		乙醇等有机溶剂	

在催化剂成型时，尤其在压缩成型时，为了使粉体层承受的压力能很好传递、成型压力均匀及产品容易脱模，以及使壁和壁之间摩擦系数变小，需添加极少量润滑剂。表 4-3 给出了一些常用的成型润滑剂。

表 4-3　常用的成型润滑剂

液体润滑剂	固体润滑剂	液体润滑剂	固体润滑剂
水	滑石粉	硅树脂	二硫化钼
润滑油	石墨	聚丙烯酰胺	干淀粉
甘油	硬脂酸		田菁粉
可溶性油及水	硬脂酸镁或其他硬脂酸盐		石蜡

有些有机和无机化合物在成型过程中，由于摩擦发热，局部发生表面熔化，因而不需添加润滑剂。挤出成型时广泛使用的助挤剂，如田菁粉及某些二元酸等，也是润滑剂的一种类

型。助挤剂具有减少小料团与螺杆及缸壁之间摩擦的作用,使压力均匀地传递到整个物料上,避免物料"抱杆"或"打滑",使高固含量物料能顺利连续挤出,同时还可起调整或控制产品孔结构的作用。

在催化剂成型过程中,无论选择黏结剂还是润滑剂,都应当采用那些在成型产品干燥或焙烧时容易挥发出去的物质,以避免产品被污染。在成型过程中,为了改进成型物的孔结构,有时需加入少量孔结构改性剂。从某种意义上讲,这种添加剂也起着黏结剂或润滑剂的作用。例如,在氧化铝成型时,在水凝胶中加入一定量干凝胶,然后挤压成型,比起不加干凝胶的情况,孔容可从 0.45mL/g 增加到 0.61mL/g。

还有一种在氧化铝载体挤出成型过程中控制孔结构和压碎强度的新技术,其特点是在增加孔体积和孔径的同时提高压碎强度。该技术的要点是在成型前的混凝过程中加入少量表面活性剂,通常为 1%左右,表面活性剂包括阳离子型、阴离子型、非离子型和两性型的表面活性剂。

目前,催化剂及载体成型常用的方法有压缩成型法、挤条成型法、转动成型法、油柱成型法及喷雾成型法等。下面我们对这些常用的催化剂成型方法分别进行介绍。

(1) 压缩成型

它把催化剂(或载体)的粉末填入一定尺寸的模孔中,然后依靠压力将圆柱状的上冲钉压入模孔内,把填入的粉末压实,然后依靠压力使圆柱状的下冲钉穿过模孔,把形成的样片托出,从而得到片状(圆柱状)的载体(或催化剂)颗粒。在压片时为了加强物料的润滑性和黏结性,减少冲钉和模的摩擦以及增强产品强度,需在物料内混入诸如石墨、硬脂酸等助压物质。图 4-14 为压片机结构及工作原理示意图。

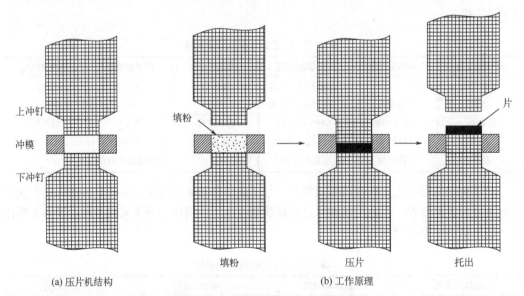

(a) 压片机结构   (b) 工作原理

图 4-14 压片机结构及工作原理示意图

催化剂颗粒尺寸的大小是由冲钉—冲模的尺寸决定的,催化剂片的强度受压片机压力大小的影响,也受被压片物料的性质的影响。压片法使用很广,但由于存在冲钉、冲模的材质问题(不耐压和热摩擦),经常产生卡壳和磨损现象,以致影响工作效率和造成物料浪费现象以及产品质量波动等。因此,在国外大都被挤条成型法所取代。

（2）挤条成型

挤条成型是常用的成型方法。它主要用于塑性好的泥状物料如铝胶、硅胶、硅藻土、盐类和氢氧化物的成型，当成型原料为粉状时，需在原料里加入适量的黏结剂，并碾压捏合，制成塑性良好的泥料。为了获得满意的黏着性能和润湿性能，混合常在轮碾机中进行。黏结剂一般是水。此外，可根据物料的性质，选用表面张力合适的乙醇、磷酸、聚乙烯醇溶液，也可加入固体黏结剂如膨润土等。

挤条成型是利用活塞或螺旋迫使泥状物料从具有一定直径的铸模（多孔板）中挤出，并切割成几乎等长等径的条形圆柱体（或环柱体），其强度取决于物料原有的可塑性及黏结剂的种类与加入量。挤条成型的优点是成型机能力大，设备费用低，对可塑性很强的物料来说，这是一种较为方便的成型方法，特别是对不适于用压片成型的那些1～2mm的小颗粒，采用挤条成型更有利。挤条成型一般在圆筒形容器中进行，无论是活塞式或螺旋式挤条机，都是将糊状物料加压，从圆筒另一端的铸模中挤出。挤条成型各段的分布情况如图4-15所示。

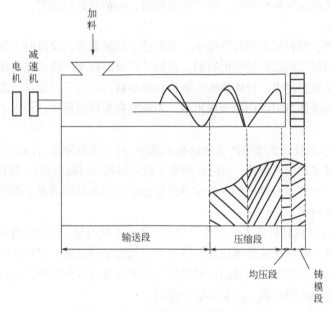

图4-15　挤条成型各段的分布情况

挤条成型过程大致可分为原料输送、压缩、挤出、切条四个步骤。

① 原料输送。料斗把物料送入圆筒后，旋转的螺旋叶片将物料向前推进，其推进速度取决于螺旋转速、叶片的轴向推力及物料与叶片间的摩擦力大小，在输送段筒内压力较低且较均匀。

② 压缩。随着物料的向前推进，物料受阻，叶片对物料产生一种很强的压缩力。这股力可剪切和推动物料，剪切应力一方面在物料和螺杆之间展开，另一方面在物料和圆筒之间扩大，后者作用较前者强烈，使物料受到压缩，紧密度增加，这样物料以低于或等于螺杆本身的速度向前推进，筒内压力逐渐增大。为了保证铸模四周挤出速度与中心处挤出速度相近，并得到长度和密度均匀的制品，在筒体结构上应使物料的压力在铸模前有大致相等的均压段。

③ 挤出。物料经压缩、推进到铸模时，物料经多孔板挤出成条状，此时物料压力急速下降并产生径向膨胀。

④ 切条。挤出铸模的物料形成条状后，常选用特制的切条装置将条切成等长的条柱体。

挤条成型与浆状物料的触变性有关，也就是与泥状物料在剪应力下的黏度及在静止无穷长时间以后所得产品的黏度有关。一般来说，触变性小的产品难成型。粒度均匀的粉末原料，经过润湿为均一的泥状物易成型。有硬粒的混合不均的物料常因粒子堵塞多孔板的孔眼而使挤条无法进行。

水的加入量与粒度结构及原料粒子孔隙度有关，粉末颗粒愈细，黏结剂加入量愈多，物料愈易流动，愈容易成型。但黏结剂量过大，使挤出的条形状不易长久保持。因此，要使浆状物固定，并具有足够的保持形状的能力，就应选择适当的黏结剂（水）的加入量。另外也要考虑到挤条成型后的干燥操作。水或其他蒸发性的黏结剂被蒸发出去时，催化剂颗粒会发生收缩，黏结剂含量愈多，收缩愈大。黏结剂的表面张力愈大，收缩率愈大。干燥的水合氧化铝粉加硝酸或磷酸捏合，酸化形成的胶状物就称为黏结剂。捏合后的物料可直接挤条。水合氧化铝粉末中晶粒大小必须要有适当比例。如果都是大颗粒晶粒，加酸胶化困难，成型后强度也不好；如果都是微晶和胶粒，胶化固然容易，但洗涤又很困难。

(3) 转动成型

球形催化剂由于没有棱角因而磨损小，而且易于装填紧密，反应时不致使物流产生"沟流"现象，所以对固定床反应器特别有利，得到了广泛的应用。将催化剂粉料和适量水（或黏结剂）送入转动的容器中，粉体微粒在液桥和毛细管力作用下团聚在一起，形成微核，在容器转动所产生的摩擦力和滚动冲击作用下，不断地在粉体层回转、长大，最后成为一定大小的球形颗粒。

图 4-16 显示了转盘式滚球机的工作结构示意图，其工作原理是，在倾斜的转盘中加物料，和事先制作好的种子球一起旋转，同时在物料上喷入适量水（黏结剂），经过不断旋转、生长后形成具有一定尺寸的球而排出转盘。这种设备适合生产各种球形分子筛和催化剂，它的处理量大，但粉尘也较多。

图 4-17 为转筒式成球机的工作结构示意图，其工作原理是，从圆形筒体的高端加料槽加入粉料，筒内物料连续不断被筒体翻动，并与喷入的黏结剂接触，借圆筒的回转不断前进粒子不断长大，最后较大的球粒从低的一端排出。这种设备可以大批量连续生产各种球形分子筛和催化剂，其自动化程度高，粉尘也便于控制。

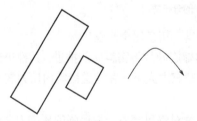

图 4-16　转盘式滚球机工作结构示意图

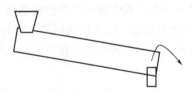

图 4-17　转筒式成球机工作结构示意图

(4) 油柱成型

将一定 pH 值及浓度的硅溶胶或铝溶胶滴入加热了的矿物油柱中，溶胶滴收缩成珠，形成球状的凝胶，常用的矿物油有相对密度小于水的煤油、轻油、变压器油等石油系的液体烃类。得到的凝胶经水洗后干燥，并在一定的温度下加热处理，制得球状硅胶或铝胶。微球的粒度为 50～500μm，小球的粒度为 2～5mm。

以氧化铝小球的成型为例，图 4-18 显示了油柱成型的工作原理。将预先制备的水合氧化铝假溶胶从平底加料器的细孔流入成型柱中，成型柱的上层是煤油，下层是氨水。假溶胶液滴在煤油层中，由于表面张力而收缩成球状，穿过油-氨水界面，进入氨水层发生固化（胶凝）后，靠位差随氨水一起流入分离器，通过筛网而使湿球与氨水分离，氨水用泵打入高位槽后又回送到成型柱中，筛网上的湿球定期取出后经洗涤、干燥、灼烧而得到成品氧化铝小球。

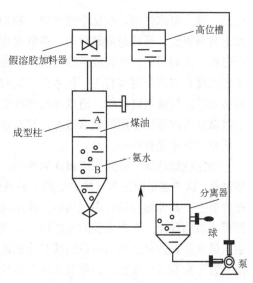

图 4-18　油柱成型的工作原理

成型开始前，一定浓度的氨水即开始循环以维持成型柱内的高度不变，再往柱内加入航空煤油。氨水的加入量应使油面与成球滴头间维持一定的距离，接着往柱内注入配好的表面活性剂。

成型时，先要进行"酸化"，使用的是可将杂质洗净的合格氢氧化铝湿胶滤饼，加入一定数量的氢氧化铝湿胶滤饼不会向载体或催化剂引入有害物质的酸，如硝酸、乙酸等，经充分搅拌后，制成具有一定黏度的酸化浆液，这个操作过程习惯上称为"酸化"。然后将这个酸化浆液，经过滴球器（俗称"滴头"）的许多小孔，使其成滴状，一滴一滴地落入油-氨水柱内，由于液滴和油不浸润的关系，所以液滴自然收缩成球形，通过氨水的作用使之固化成一个个湿球，这就是油柱成型操作。

湿球经过水力输送到集球柱收集起来，并洗去部分氨，然后经过溜槽分离去除水分，再进入干燥带，在逐渐升高温度的情况下，使其干燥成为氢氧化铝干球。再经筛分就可得到符合规格的干球，把这些氢氧化铝干球送入焙烧炉中经高温焙烧，使之产生脱水反应后就可以得到球形的氧化铝载体。用油氨柱法成球时，"酸化"这一步骤是很重要的。酸化时，由于所加入的酸一般都是强电解质（例如硝酸），它的 H^+ 可以强烈地吸附氢氧化铝胶团周围的水膜中的 OH^-，从而使水从胶团周围剥离下来，这就导致胶团收缩，堆积紧密，所以可以提高产品的堆密度和强度；而剥离下来的水分经搅拌后使氢氧化铝湿胶分散均匀，进而使氢氧化铝湿胶的黏度变小，增加了胶浆的流动性，从而制得了具有一定黏度的酸化浆液。酸化浆液的黏度适宜与否，直接影响到产品的物化性质和收率，以及生产周期，因此必须严格掌握酸化的工艺条件。酸化浆液的黏度与酸/氧化铝之比有关。实际操作时，首先根据氢氧化铝湿滤饼的氧化铝含量的分析结果及湿滤饼质量（或体积）计算出本批需酸化滤饼的氧化铝质量，再根据选定的酸/氧化铝比，求出本批需用酸量，并在搅拌情况下将所需酸分几次加入，搅拌若干小时，直到把滤饼完全打碎成均匀的胶浆为止。

在成型柱内，氨水的上部为什么必须加入一层航空煤油呢？我们知道酸化浆液是以水为分散介质（其中也有 HNO_3）的流动体，因此浆液小球具有亲水性的表面，航空煤油是不能润湿这种亲水性表面的。又因为浆液小球在空气中的"浆-气界面张力"小于在油中的"浆-油界面张力"，所以，液球经由空气落入油层，界面张力由小变大，致使浆液收缩成紧密的小球，且由于油不能润湿小球，因而球表面是光滑的。否则会使小球松散，直接影响干球的机械强度，且表面不光滑，严重时则不能成球。

在油氨柱法成球过程中，球形且外层包裹着油膜的酸性氢氧化铝液滴，顺利穿过油-氨界面后，进入氨水柱中。在这个过程中，我们观察到氨水的浸润作用导致油膜脱落，并随着氨水上升至界面。而此时酸碱作用，使氢氧化铝球形液滴慢慢固化成一个个的湿球，但这是一个过程，需要时间，所以成型柱的高度必须保证这段行程，以便小球能充分固化。另外，氨水的浓度也与固化时间有关，氨水浓度高有利于固化，反之则不利于固化，太稀的氨水甚至还会使球形胶浆液滴溶化，造成球收率降低或得不到球形颗粒。因此，在使用此法成球时，要经常分析成型柱使用的氨水浓度，倘若循环氨水浓度太低时，应及时更换，这对提高产品的质量和收率是有益的。

油氨柱法成球，必须使用表面活性剂，否则成球不能顺利进行，并且会造成合格球的收率降低。这主要是因为本方法中使用了油及氨水，在这两种物质相互接触处形成了一个界面。在界面上，其性质与各自均相内的性质不同，因此液滴穿过均匀的油层到达界面时，会发生停滞不前的现象，直到更多的胶浆液滴重叠到一起，使其自重大于界面张力时才能穿过界面进入氨水层去固化，其结果是造成湿球粘连、变形，从而导致合格球收率很低而且外观不光滑。为了克服这一现象，必须加入表面活性剂，其作用是降低界面张力。常用的表面活性剂有渗透剂 T、净洗剂 LS、平平加等，这些表面活性剂都是一些高分子的含有极性基团的有机化合物，将其加入油氨柱后，它们的分子便在油-水界面浓集起来，并进行定向排列，分子中的憎水基团朝向油面，分子中的亲水基团朝向氨水层。当小球到达油-水界面时，表面活性剂分子将小球包围。由于小球表面的亲水性，表面活性剂分子中的亲水基团就趋向于小球表面，憎水基团便朝向四周，这样，小球便由原来的亲水表面变成了憎水表面，因而改变了小球的表面性质。使小球在油层中的"浆-油界面张力"大大降低，而小球在氨水层中的"浆-水界面张力"大大升高。因此，到达油-水界面上的小球受到一个向下的拉力，使得小球一到界面就迅速且顺利地进入氨水中，避免了粘连成团的现象。同时，由于表面活性剂在油-水界面上的浓集，大大降低了油-水界面的张力，使小球受四周的拉力减小许多，加之小球在界面停留时间很短，避免了小球变成椭圆形状。另外，由于球的表面变成了憎水表面，使小球在氨水层中的"浆-水界面张力"变得很大，因此，当小球进入氨水层后会进一步收缩而更紧密，从而进一步增加了湿球的机械强度。

(5) 喷雾成型

喷雾成型是利用喷雾干燥原理进行催化剂成型的一种方法。喷雾干燥是喷雾与干燥两者密切结合的工艺过程。所谓喷雾，是原料浆液通过雾化器的作用喷洒成极细小的雾状液滴。干燥则是热空气同雾滴均匀混合后，通过热交换和质交换使水分蒸发的过程。喷雾干燥技术发展至今已有近百年的历史，广泛用于染料、食品、医药、合成洗涤剂等工业来制取粉末状或颗粒状制品。

自从流态化技术成功地应用到催化反应以后，许多重要的催化反应过程，如流化催化裂化、丙烯氨氧化、乙烯氧氯化等都已采用流化床反应器。流化床反应器中，催化剂的黏度大小和分布是影响流化质量的关键因素。由于喷雾干燥可以通过调节工艺参数来获得有一定粒度分布的微球颗粒，所以已发展成为催化剂成型的一种重要手段。利用喷雾成型可制得微球形催化剂或载体。

喷雾成型主要包括空气加热系统、料液雾化及干燥系统、成型干粉收集及气固分离系统。图 4-19 显示了喷雾成型的一般工艺流程。由送风机 1 送入的空气经热风炉 2 加热后作为干燥介质送入喷雾成型塔 4 中，需要喷雾成型的浆液由送料泵 9 送至雾化器 3，雾化液与进入塔中的热风接触后水分迅速蒸发，经干燥后形成粉状或颗粒状成品。废气及较细的成品在旋风分离器 5 中得到分离，最后由抽风机 7 将废气排出。主要成型产品由喷雾成型塔下部收集，而较细的成品则由旋风分离器 5 下部的集料斗 6 收集。

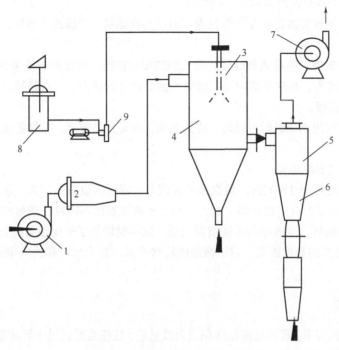

图 4-19　喷雾成型一般工艺流程
1—送风机；2—热风炉；3—雾化器；4—喷雾成型塔；5—旋风分离器；
6—集料斗；7—抽风机；8—浆液罐；9—送料泵

喷雾干燥既可以干燥淤浆，又可以造粒。其粒子大小取决于淤浆的浓度、喷雾压力（或转盘转速）及喷雾的直径。干燥、造粒获得的流动性能良好的半成品，再经压片成型后制成圆柱体催化剂。喷雾成型所得的微球产品形状规则，表面光滑，有良好的机械强度。硅胶、铝胶、硅铝胶、分子筛常用这种方法成型。

将溶液（或悬浮液）喷雾的方法有以下三种：

① 离心喷雾法。此法系将物料注入急速旋转的喷雾转盘上，借离心力的作用使被干燥物料喷出，旋转盘的转速为 5000～20000r/min，其圆周速度为 100～160m/s。悬浮液和黏滞液料可用此法喷雾成型。

② 机械喷雾法。此法是利用喷嘴，在高压下将被干燥物料喷成雾状，所用压力可高达 200MPa，液体由往复泵送至喷嘴。为了得到均匀的喷雾，喷嘴上小孔的直径一般不大于 0.5mm。对于含 150～350μm 的悬浮液用机械喷雾法成型时，其喷嘴上小孔直径为 1.5～2.0mm，悬浮液系由柱塞隔膜泵送至喷嘴。

③ 气流式喷雾法。此法是将被干燥物料用压强 5～20MPa 的压缩空气喷成雾状。

离心转盘喷头式喷雾干燥器装置由干燥器、燃烧器、喷头、星形下料阀、旋风除尘器、文丘里洗涤器组成。含 4%～6% 固体的料浆经离心泵送到喷雾干燥器顶部，进入高速旋转的转盘，借助离心力的作用将物料撒出，经燃烧器来的热空气从顶部的热风分散器进入干燥器。撒出的料浆被碎成细滴，随热气流并流而下，经过干燥的物料停在锥底部，粉料含水 2%～

3%, 经星形下料阀放出, 饱含蒸发水汽的气流夹带一些细粉, 由锥体的中间部分引出, 经旋风除尘后, 再经文丘里洗涤器用循环水洗涤, 而后由排空机排空。

喷雾成型用于催化剂制备时有下列优点:

a. 进行催化剂成型的物料在干燥过程中成型为微球状, 干燥速度很快, 一般只需几秒到几十秒时间。

b. 改变操作条件, 容易调节或控制催化剂的颗粒直径、粒度分布及最终湿含量等。

c. 简化工艺流程, 在成型塔内可直接将浆液制成微球状产品, 省略掉其他催化剂成型方法所必需的干燥过程。

d. 操作可在密闭系统进行, 以防止混入杂质, 保证产品纯度, 减轻粉尘飞扬及有害气体逸出。

喷雾成型的主要缺点有:

a. 当热风温度低于 150℃时, 热交换情况较差, 需要的设备体积大。在用低温操作时空气消耗量大, 因而动力耗用量也随之增大。而且当热风温度不高时, 热效率为 30%～40%。

b. 对膏糊状物料, 需稀释后才能喷雾成型, 这样就增加了干燥设备的负荷。

c. 对气-固分离的要求较高, 对于微细的粉状产品, 要选择可靠的气-固分离装置, 以避免产品损失。

4.2.1.8　干燥

催化剂制备过程中, 载体及催化剂在成为成品前, 往往需要通过干燥才能进入下一工序, 因此干燥是催化剂制备的重要操作单元。

(1) 干燥及其分类

所谓干燥就是采用热物理方法去湿的过程, 其特征是采用加热、降温、减压或其他能量传递的方式使物料中的湿分产生挥发、冷凝等相变过程与物体分离以达到去湿目的。从有无人为控制上, 可以将干燥分为自然干燥和人工干燥, 由于人工干燥是人为控制干燥过程, 所以又称为强制干燥。我们所讨论的干燥, 都是指强制干燥。在强制干燥中, 干燥方式或设备种类繁多, 从不同的角度可以对干燥方式进行分类。按操作压力分类, 干燥方式可分为常压式和真空式两类; 按操作方式分类, 干燥方式又可以分为间歇和连续操作两类; 被干燥物料的状态决定干燥设备形式, 常见的待干物料可以分为块状、带状、粒状、膏状、滤饼状、纤维状、溶液状或浆状等; 按传热方式分类, 可分为对流、传导、辐射及多种传热方式的干燥设备; 按使用干燥介质的种类分类, 对流传热可以分为空气、烟道气、过热蒸汽、惰性气体为干燥介质的干燥设备, 传导传热可分为导热油、热水及蒸汽等; 按传热过程分类, 可分为绝热和非绝热干燥过程; 按干燥设备的结构分类, 可分为喷雾干燥机、流化床干燥机、气流干燥机、回转圆筒干燥机、滚筒干燥机、厢式干燥机、带式干燥机等。

根据不同干燥原理, 常用的干燥方式有厢式干燥、隧道干燥、转筒干燥、转鼓干燥、带式干燥、盘式干燥、桨叶式干燥、流化床干燥、喷动床干燥、喷雾干燥、气流干燥、真空冷冻干燥、太阳能干燥、微波和高频干燥、红外热辐射干燥等。近年来新出现的干燥技术有脉冲燃烧干燥、对撞流干燥、冲击穿透干燥、声波场干燥、超临界流体干燥、过热蒸汽干燥、接触吸附干燥等, 但这些新的干燥技术在工业化应用上还需进一步完善。

(2) 干燥原理

一般地, 物料的干燥过程包括传热过程、外扩散过程和内扩散过程, 这三个过程既同时进行又相互联系。

以对流干燥过程为例，这三个过程的作用分别为：在传热过程，干燥介质的热量以对流方式传给物料表面，又以传导方式从表面传向物料内部，物料表面的水分得到热量而汽化，由液态变为气态；在外扩散过程，物料表面产生的水蒸气，通过层流底层，在浓度差的作用下，由物料表面向干燥介质中移动；在内扩散过程，湿物料表面水分蒸发使其内部产生湿度梯度，促使水分由浓度高的内层向浓度较低的外层扩散，称湿传导或湿扩散。物料的干燥速率由上述三个过程中速率较慢的一个控制。

通过物料干燥特性试验可知，物料干燥过程可以分为三个阶段。第一阶段为物料预热阶段，在此期间主要是对湿物料进行预热，同时也有少量湿分汽化，物料的温度很快升到近似等于湿球温度；第二阶段为恒速干燥阶段，此阶段主要特征是热空气传给物料的热量全部用来汽化湿分，物料表面温度一直保持不变，湿分则按一定速率汽化；第三阶段为降速干燥阶段，此时物料的干燥速率由内部扩散过程控制，热空气所提供的热量只有一小部分用来汽化湿分，而大部分则用来加热物料，使物料表面温度上升，但是干燥速率则逐步降低，直至达到平衡含湿量为止。

(3) 干燥方式的选择

选择干燥方式的原则应该是简单适用、节能环保、快速高效、性价比高、运行成本低等。具体而言，主要应考虑以下问题。

① 充分考虑预干燥物料的性质。这包括物理特性和化学特性，如耐热性、允许温度、热影响（软化、熔化）、密度、比热容、爆炸性、毒性及腐蚀性等；物料的状态，包括水分、形状、黏性及流动性等；物料的干燥特性，包括干燥速率、干燥条件（温度、湿度、气体压力与分压）、极限水分、所含水分性质（附着水、内部水和结晶水）。物料性质除了与干燥机的类型有关外，还直接关系到干燥机的材质。

② 通过实验选择干燥方式及干燥机。在选择干燥方式及其干燥机时，一般须经过实验室试验；当几种干燥机同时适用时，就要比较它们的性价比；当一种干燥方式不能达到干燥要求时，一般可采用组合干燥的方式。

③ 考虑干燥过程的环保问题。对于粉尘污染，可采用两级除尘法，第一级用旋风分离器，第二级用布袋过滤器，除尘效率可达 99%。当第二级用湿法除尘（如文丘里管、泡沫塔、喷淋塔等）时，当洗涤液达到一定浓度时，可送回喷雾干燥塔进行喷雾，或者再结晶、再过滤、再干燥，从而消除污染。对于气体污染，如果排放的气体有毒有味，此时二级可采用湿法除尘，吸收气体；或采用半闭路循环方式，总排气量的 15% 用于燃烧，其余的 85% 在系统内循环使用，减少气体排放。对于噪声污染，如喷雾干燥时，旋转雾化器与空气之间的摩擦而产生的噪声非常大，可能超过 95dB，因此在安装雾化器时，要增设隔声装置；对鼓风机和引风机产生的噪声，可以通过将它们安装在隔声间的办法降低噪声污染；尽量避免产生大的压降，以免增加风机噪声。

④ 考虑干燥过程的安全问题。干燥过程中产生的废气、粉尘都是安全隐患。干燥过程中发生火灾的机会很少，但也应给予足够重视。减少氧含量有利于抑制粉尘爆炸的危险。当易爆性物质存在时，应避免产品滞留在干燥机或储存器中，如大型喷雾干燥机顶部的孔门一定要能够清洗内部表面，避免残存物料。

⑤ 考虑干燥过程的节能问题。干燥过程是一个能耗较大的单元操作，因此在节能上也大有可为。一般在干燥过程中，经常采取的节能措施有：a.在干燥工艺允许的前提下，尽可能

提高入口空气温度；b.尽可能降低干燥机出口温度，出口温度愈低，热效率愈高，但受产品湿含量的限制；c.提高干燥物料固含量，降低蒸发负荷，这是提高干燥经济性的最佳途径（如料液固含量由 30%增加至 32%时，产量和热效率均提高约 9%）；d.预热料液；e.减少由连接处漏入冷空气的量；f.用系统废热（废气及产品的热量）预热干燥空气或使部分废气循环；g.采用二级或三级干燥；h.在干燥机内设置内换热器，减少空气用量和操作费用；i.采用直接热源加热，如干燥工艺允许，可直接用烟道气作干燥气体或热源；j.做好干燥设备保温，减少热损失。

4.2.1.9 活化

由上述几个单元操作所制得的经过干燥后的产物，通常是以氢氧化物、氧化物或硝酸盐、碳酸盐、草酸盐、铵盐和醋酸盐的形式存在。一般来说，这些化合物既不是催化剂所需要的化学状态，也尚未具备较为合适的物理结构，即没有一定性质和数量的活性中心，对反应不起催化作用，故称催化剂的钝态。当对它们进行煅烧或再进一步还原、氧化、硫化、羟基化等处理，使之具有一定性质和数量的活性中心时，便转变为催化剂的活泼态。这种把钝态催化剂经过一定方法处理后，变为活泼态催化剂的过程，叫作催化剂的活化（不包括再生）。活化过程有时在催化剂生产工厂进行，有时在催化剂使用工厂进行。

（1）煅烧

煅烧是继干燥之后的又一加热处理过程，但它们的温度范围和处理后的烧失重是不同的，其区别如表 4-4 所示。

表 4-4 干燥与煅烧的区别

单元操作	温度范围/℃	1000℃煅烧失重率/%
干燥	80～300	10～50
中等温度煅烧	300～600	2～8
高温煅烧	>600	<2

钝态催化剂，有的只经过煅烧便具有催化剂活性，例如，萘氧化用钒催化剂，煅烧就是活化过程。然而，煅烧并不完全都是活化，例如分步浸渍法制备负载型催化剂的煅烧是为了增加负载量；粉末冶金法制备成型催化剂的煅烧目的是提高机械强度。有的催化剂（例如金属催化剂），煅烧后还要进一步活化（例如还原、氧化、硫化、羟基化）。煅烧的目的大致可以归纳为如下三条：

① 通过物料的热分解，除去化学结合水和挥发性杂质（如 CO_2、NO_2、NH_3），使之转化为所需的化学成分，包括化学价态的变化。

② 借助固态反应、互溶、再结晶，获得一定的晶型、微晶粒度、孔径、比表面积等。

③ 让微晶适当烧结，提高产品的机械强度。

可见，煅烧过程有化学变化和物理变化发生，其中包括热分解过程、互溶与固态反应过程、再结晶过程、烧结过程等。

1）煅烧过程

① 热分解。如前所述，干燥后的物料，含有诸如氢氧化物、硝酸盐、碳酸盐、草酸盐、铵盐之类的易分解化合物，当在足够高的温度下加热一定时间后，即可分解除去化学结合水和挥发性杂质，转化成为所需的化学成分和化学价态。这类化学变化可以写成以下的通式：

$$A(s) \longrightarrow B(s)+C(g)$$

物料 A 热分解需要有一定的温度（分解温度），例如，CrO_3 转化为 Cr_2O_3 的分解温度为 434～511℃，低于这个温度范围时，得到的可能是三、四、五、六价铬氧化物的混合物：

$$CrO_3 \longrightarrow Cr_3O_8 \longrightarrow Cr_2O_5 \longrightarrow CrO_2 \longrightarrow Cr_2O_3$$

分解反应一般是吸热反应，提高温度有利于分解反应的进行，也有利于提高热分解速度；降低 C 的压力（抽真空）或分压（以惰性气体稀释），有如同提高温度一样的效果。固体 B 是所需要的物质，一般是微细粒子的聚集体。可以看出，B 的性质与 A 的化学性质、加热温度、时间和周围气氛等有关。

② 互溶与固态反应。负载在载体上的活性物质一般以三种形式存在：负载的活性物质保持自己的化学特性，载体仅起分散的作用；负载的活性物质溶解在载体中，生成一种固体溶液；负载的活性物质同载体作用，形成一种新的化学计量的化合物。

当催化剂还原时，如果负载的活性物质最后能还原，互溶将促使金属与载体最密切地混合；如果负载的活性物最后不能还原，这部分金属氧化物是无效的，固体溶液的生成，一般可以减缓晶体长大的速度。

许多无机化合物在低温下就能发生固态反应，而催化剂的煅烧温度一般在 500℃左右，所以活性组分与载体发生固态反应是可能的。例如：

$$Al_2O_3+V_2O_5 \longrightarrow 2AlVO_4 \, (500℃) \tag{4-16}$$

$$Al_2O_3+3Re_2O_7 \longrightarrow 2Al(ReO_4)_3 \, (450℃) \tag{4-17}$$

假设两种固体之间的反应在热力学上是可能的话，反应速度主要取决于两个因素：一是它们之间的接触界面面积；二是反应离子的扩散系数。为了提供大的接触面积，应该用很细小的粉末均匀地混合或将各种组分共浸；为了提高扩散系数，像高温煅烧或结晶体产生许多缺陷（如在很低温度下生成晶格或在相转变或化学反应时均能获得晶格缺陷），都有益处。

③ 再结晶。在煅烧过程中，随着水分或挥发性组分的逸出，固体中出现新的细小的孔隙，因而内表面略有增加，但是，分解过程对表面积的贡献并不大。

④ 烧结。烧结是固体微晶或粉末经加热到一定温度范围而黏结长大的过程。此过程和液体微滴在表面张力的影响下聚结有一定的相似性，不同的是液体没有刚性，而固体的刚性使其难在表面张力的影响下变形；同时还因为固体颗粒形状通常是不规则的，相邻的接触面积比较小。

影响烧结的因素很多，主要考虑的是塔曼温度，详细内容参见第 2.5.2.3 部分。

2）煅烧条件的选择

不同类型的催化剂，由于化学组成不同，煅烧过程所起的作用也不太一样。同一类型的催化剂，由于原料来源不同，杂质含量不同，煅烧过程的作用也有所差别。所以，应根据具体的催化剂来选择煅烧条件。煅烧条件大体包括煅烧温度、煅烧时间、煅烧气氛、煅烧设备等。

煅烧温度和时间的影响有一定关联，当煅烧温度低于烧结温度时，时间愈长，分解愈完全；如果煅烧温度高于烧结温度，时间愈长，烧结愈厉害。

为使物料分解完全并稳定产物结构，煅烧至少要在不低于分解温度、使用温度的条件下进行。温度较低时，分解过程或再结晶过程可能占优势；温度较高时，烧结过程可能较突出。

若分解过程是主要的，比表面积为分解率的直线函数，但增量不大；若烧结过程起主导作用，比表面积几乎随煅烧时间指数下降，机械强度随之而上升。煅烧气氛有时影响原物质的分解，有时影响反应或烧结，从而影响催化剂的性能。一般在真空中煅烧，烧结温度较高，比表面积较大，机械强度较低，设备较繁杂；反之，在空气中煅烧，则烧结温度较低，比表面积较小，机械强度较高，设备较简单。

煅烧设备很多，有高温炉、旋转窑、隧道窑、流化床、网带窑、立式炉、辊道窑及梭式窑等。按煅烧所用能源来分，可分为电加热炉和火焰炉两种，而火焰炉按所用燃料的不同有固体燃料炉、液体燃料炉、气体燃料炉、粉末燃料炉等。其中固体燃料煤粉等均属一次能源；气体燃料有天然气、液化石油气、煤气等；液体燃料主要是重油、轻柴油等。

选用什么设备要根据煅烧温度、煅烧气氛、生产能力、设备材质的要求来决定。高温炉构造简单，可用电、煤气燃烧加热，用电加热者居多，但由于是间断操作，劳动强度大，一般物料没有翻动，加热均匀度较差。旋转窑可连续操作，物料在窑中不断翻转，加热较均匀，用电、油或煤气燃烧加热，可直接加热，也可间接加热。传送带隧道窑在封闭的烟道气加热窑内装上用金属或耐火材料制成的耐热的传送带，催化剂在带上依次经过预热段、煅烧段、冷却段。根据煅烧的温度和在各段停留的时间来设计带的长度和运转速度。流化床煅烧炉用来煅烧微球或小球催化剂。可用燃烧气和预热空气流化加热，物料与加热介质直接接触，温度均匀，生产能力大。综上所述，任何给定的煅烧条件都只能满足某些主要性能的要求，无法做到十全十美，选择煅烧条件要做到全面分析，抓住关键环节重点解决，兼顾其他。例如，为了得到较大的比表面积，最好抽真空煅烧，煅烧温度尽量低，但不低于分解温度和使用温度。为了保证足够的机械强度，可在空气中煅烧，煅烧温度可以高于塔曼温度，煅烧时间可以长一些。为了制备某种晶型的产品（如 γ-Al_2O_3 或 α-Al_2O_3），必须在特定的相变温度范围内煅烧。为了减轻内扩散的影响，有时还要采取特殊的造孔技术，例如，预先在物料中加入造孔剂，然后在不低于造孔剂分解温度的条件下煅烧等。

（2）还原

经过煅烧后的催化剂，相当多数是以高价的氧化物形态存在，尚不具备催化活性，必须用氢气或其他还原性气体还原成为活泼的金属或低价氧化物。还原通常在催化剂使用工厂进行，但是，事实上它是催化剂制备的最后一个步骤。还原操作正确与否，将对催化剂性能有非常大的影响，所以，催化剂生产厂应为催化剂使用者提供详细的还原步骤（例如使用说明书）。催化剂还原，有时也在催化剂生产厂进行，即所谓预还原。

1）影响催化剂还原质量的因素

催化剂的还原，同其他的反应一样，也存在反应平衡和反应动力学问题，即还原的方向、程度和速度问题。影响还原的因素有还原温度、压力、还原气组成和空速等。其实它们并不是孤立地起作用，而是相互之间有关联。但为讨论方便起见，把各影响因素分开叙述。

① 还原温度。从化学平衡的角度看，如果催化剂的还原是一个吸热反应，提高温度，有利于催化剂彻底还原；相反地，如果还原是放热反应，提高温度就不利于彻底还原。而从动力学的观点出发，提高温度可以加快催化剂的还原速度，缩短还原时间，但温度过高，催化剂微晶增大，比表面积下降；温度过低，还原速度太慢，不但延长还原时间，影响反应器的生产期，而且也延长已还原催化剂暴露在水汽中的时间（还原伴有水分产生），增加反复氧化还原的机会，也使催化剂质量下降。每一种催化剂都有一个特定的开始还原温度、最快还原温度、最高允许的还原温度。因此，还原时应根据催化剂的性质选择并控制升温速度和还原温度。

② 还原气体。有些催化剂，用不同的气体还原，效果是不一样的，例如，把铜箔反复氧

化和还原以制备铜催化剂，当分别用氢气和一氧化碳还原氧化铜时，得到的两种金属铜，活性有所差异，前者优于后者。这是因为氢气的热导率约为一氧化碳的 7 倍，使用氢气为还原剂时散热比较容易，新还原的金属所承受的温度比使用一氧化碳时的低，减少了再结晶引起的比表面积下降。

同一种还原气，因组成含量或分压不同，还原后催化剂的性能也是不同的。如图 4-20 所示，当催化剂含有少量的次要成分时，要制得大的金属表面积，应在高的氢气分压条件下还原；相反，如果用含有高水蒸气分压的氢气还原，又要得到高的金属表面积，那么，只有载体含量大的催化剂才能实现。例如，典型的氨合成催化剂，具有高的金属/次要成分体积比（大约 20），要在很高的 p_{H_2}/p_{H_2O} 比（大约 300）气氛中还原，才能获得高的金属表面积；典型的高活性蒸汽转化催化剂，具有低的金属/次要成分体积比（大约 0.5），p_{H_2}/p_{H_2O} 比居中（大约 40）；而典型的甲烷蒸汽转化催化剂，金属/次要成分体积比也约为 0.5，可用更低的 p_{H_2}/p_{H_2O} 比（大约 0.1）的气体还原。一般说来，还原气中水分和氧含量愈多，还原后的金属晶体越大。

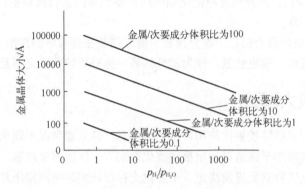

图 4-20　金属晶体大小与还原气组成的关系

还原气体的空速和压力也能影响还原质量。因为催化剂的还原是从颗粒的外表面开始，然后向内扩展，空速大，气相水汽浓度低，水汽扩散快，催化剂孔内的水分容易逸出，可把水汽效应减到最小；另外，高空速也有利于还原反应平衡向右移动，提高还原速度。还原气体的压力能改变还原的速度，提高压力能提高还原速度。

③ 催化剂组成和粒度。催化剂的组成与催化剂的还原行为有关。加入载体的氧化物比纯粹的氧化物所需的还原温度往往要高些。例如，负载过的 NiO 比纯粹的 NiO 显示出较低的还原性；相反，加入某些物质，有时可以提高催化剂的还原速度。

催化剂颗粒的粗细也是影响还原效果的一个因素。通常，还原反应有水分产生。在催化剂床层压降许可的情况下，使用颗粒较细的催化剂，可以减轻水分对催化剂的反复氧化、还原作用，从而减轻水分的毒化作用。

2）催化剂的预还原

催化剂的还原通常是由使用单位在反应器内进行（器内还原）。然而，有的催化剂，或由于还原过程漫长，占用反应器的生产时间；或由于在特殊的条件下还原，可以获得最好的还原质量；或由于还原与使用条件差距过大，器内还原无法进行，要求在专用设备内预先还原并稍加钝化（器外预还原）。提供预还原催化剂，使用时略经活化就能投料生产，换句话说，预还原催化剂是由催化剂制造者在专用设备内预先还原，然后稍加钝化的一类产品，既能满足使用者对于质量与时间等方面的要求，又能保证产品贮存、运输、装填等安全操作（常温下暴露于空气中不会发生自燃现象)。氨合成熔铁催化剂就属于此例。

氨合成预还原催化剂具有如下特点:

① 缩短非生产时间。器内还原,由于热源不足,时间长达 6～7d,而使用预还原催化剂,其氧化度一般<10%,只需 1～2d 的活化时间就可转入生产。因此,预还原催化剂可以增加合成塔的有效生产期,缩短非生产时间,提高氨产量。比如说,大氨厂以每两年更换一次催化剂计,如有 20 个年产 $3×10^5t$ 的大氨厂普遍采用预还原催化剂,单就增加有效生产期论,每年大约可以增产合成氨 $5×10^4t$,相当于一个中型合成氨厂的年产量,也就是说,建立一个很小的预还原车间,可以得到一个中型合成氨厂的收益。

② 提高催化剂的还原质量。由于预还原作业的专业化,可以选择最佳的还原条件,以获得最高的还原质量。例如,还原用的 H_2 与 N_2 混合气为 NH_3 的裂解气,纯度极高,杂质很少;还原器温度足够而且分布均匀,可以提高空速,降低水汽含量,避免反复氧化还原作用,床层底部还原也比较彻底。据丹麦托普索公司介绍,采用预还原催化剂,合成氨日产量可以提高 8%～23%,由此看出,器外预还原催化剂的活性要比器内还原高许多,不过,预还原催化剂的机械强度有所下降。

③ 减轻合成塔电炉的负担。一部分预还原催化剂装在合成塔的顶部(进口处),让它在还原期间发生合成反应,放出热量,作为部分热源,弥补电炉功率之不足。

4.2.2　中型放大试验

催化过程的开发包括寻找催化剂和合适的反应器,并且通常以不同水平的一系列步骤进行。实验室小型反应器用于筛选以确定最佳催化剂配方。这里需要注意,工业化时使用固定床还是浆态床必须在实验室反应前决定。工业化上存在计划采用固定床却先使用浆态床实验寻找催化剂的错误做法。如果工业上要实施固定床最初就应该用固定床催化剂进行测试。在实验室筛选出性能优异的催化剂后,下一步就是将催化剂置于中型放大装置上进行试验,其中会涉及催化反应工程科学的内容。下面对催化反应工程科学所涉及的内容及其相互关联做一概述。

(1) 催化反应过程的多尺度性

催化反应过程的基本特征是生产过程涉及物质在分子水平上的转化。在催化转化过程中,分子间的化学变化属于微观世界,无法被直接感受和观察;而该转化过程的实现,尤其是在工业上的大规模生产,则必须依靠宏观的设备和过程操作。因此,该过程得以实现的核心在很大程度上取决于操作人员能够在何种程度上通过宏观的手段去精准地控制分子的转化。从分子运动到过程控制,其间空间尺度的变化达到 12 个数量级以上 $(10^{-10}～10^3m)$。催化反应过程的研究和开发需要同时透彻了解这些差异极大的尺度上的各种规律,并掌握其间的相互关联和制约关系。以多尺度的眼光去看待整个工业催化过程,并以多尺度的方法去分析工业催化过程是有利于工业催化的研究、开发和应用的。

以一个典型的气固相催化反应过程为例,如图 4-21 所示。一个气固相催化反应器至少涉及以下 3 个层次的问题,从宏观到微观依次为反应器、催化剂颗粒和催化剂表面与活性中心。其所涉及的空间尺度分别为 $10^{-2}～10^{-1}m$、$10^{-6}～10^{-2}m$、$10^{-10}～10^{-7}m$。一个完整的过程工程还应包括整个流程或工厂层次的过程优化问题。依尺度的不同,所面临的科学与工程问题也有所不同。在反应器尺度上,需要解决的关键问题是:如何实现良好的相接触? 如何达到可靠的过程控制？怎样控制流体的流动形式？怎样减少返混以优化停留时间分布？在反应器上如何达到有效的热量供给和反应热的取出？最后，反应器采用什么样的操作模式？这些问题的工程科学基础主要为流体力学和单元操作。

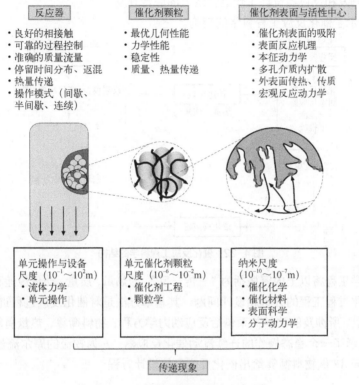

图 4-21　催化反应过程的多尺度现象

催化反应器内部是由大量催化剂颗粒装填而成，可以将每个催化剂看作一个单独的反应单元，所有的催化剂颗粒的集合效应体现为反应器的总体转化效率和选择性等。对催化剂的设计和优化需要寻求催化剂颗粒的最优几何形态以获得最好的力学性能和操作稳定性，通过催化剂制备方法的优化可以调控催化剂的孔结构和比表面积，获得最佳的传质性能。在催化材料的选择方面，还应该考虑材料的导热性能，高的热导率可以及时将反应热传递到催化剂外表面，消除催化剂内部的热点，延长催化剂的使用寿命。在这一层次上，良好的催化剂工程设计和实践以及对单颗粒与流体相互作用、颗粒集合体的行为，即颗粒学的透彻理解是关键。对催化反应过程更本质的了解，则深入到更加微观的层次，即催化剂表面和活性中心上的分子转化过程。由于催化剂的孔道或载体上的活性金属的特征尺寸一般在纳米级，因此催化科学也是历史最悠久的纳米科技之一。在这一尺度上主要涉及催化材料学、催化化学、表面科学及分子动力学等学科领域，重点应解决的问题包括：反应物和产物分子在催化剂表面的吸附和脱附行为；催化剂表面的分子转化过程，即反应机理；反应速率，即本征反应动力学；反应物和产物分子在多孔介质的孔道内的扩散；催化剂外表面的传热、传质；耦合了传递行为的宏观反应动力学等等。

（2）催化反应过程的研究方法和基本概念

催化反应过程涉及的各个空间尺度及在各尺度下的关键问题，要求建立多尺度分析的方法，并分别掌握各个尺度下的控制规律，还要建立各个尺度下控制规律间的相互关系，即小尺度下的微观本质行为怎样在较大尺度下得以体现，以及大尺度下的调控手段如何作用于微观过程。在催化反应过程中，这样的联系主要是通过传递现象进行的。经典的化学工程科学已经对质量、热量、动量传递的现象和规律有了系统的了解，允许工业催化剂的设计和开发人员对催化剂开发和反应器设计工作进行统一的联合开发。

图 4-22 显示了催化反应工程科学的结构。

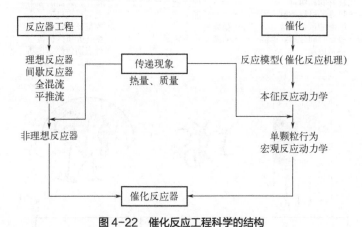

图 4-22　催化反应工程科学的结构

经典的化学工程将以上内容概括为"三传一反"，即热量、质量、动量传递和反应动力学。解决对工业催化过程工程的分析和设计问题，其基本方法是对催化反应过程进行定量的数学描述，建立模型。所涉及的数学关系包括反应动力学方程、物料衡算、热量衡算和动量衡算。

图 4-23 显示了一个稳态操作的连续流动催化反应器。F 为物流的摩尔流量（mol/s）。对反应器中的微元 dV 做物料衡算给出催化反应器的设计方程：

$$\frac{dx_A}{d\left(\dfrac{V}{F_A}\right)} = -\upsilon_A \eta r_v a \tag{4-18}$$

$$x_A = \frac{\text{组分A反应掉的物质的量(mol)}}{\text{组分A的起始物质的量(mol)}} = \frac{n_{A0} - n_A}{n_{A0}} \tag{4-19}$$

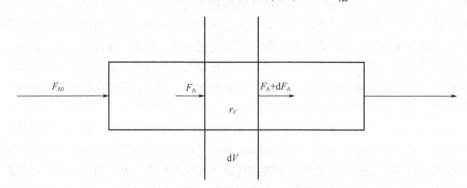

图 4-23　稳态操作的连续流动催化反应器

式中，x_A 为 A 的转化率；V 为微元 dV 的体积；F_A 为微元 dV 中的摩尔流量；υ_A 为组分 A 的反应速率；η 为催化剂有效因子；r_v 为反应物 A 的反应速率方程；a 为催化剂活度。

转化率可以用来评价一个催化反应的效果和反应的进行程度，在实际应用中有重要的意义。应注意论及一个化学反应的转化率时应说明针对的具体组分，即着眼组分或关键组分。着眼组分的选择有一定的随意性，一般应选择在催化反应过程中易于测量的组分，并应使非关键组分中包含体系中所有的元素。通常的做法是以反应物中价值最高的组分作为着眼组分。

式（4-18）中包括了催化工程的主要要素，以下分述其定义。

1）反应速率 r

催化工程首先需要了解催化剂影响反应进度变化的程度，即催化剂的活性。活性一般可以用反应速率表示。对于 $A \longrightarrow B$ 的反应，反应速率定义为单位催化剂在单位时间内转化 A 的量：

$$r_V = \frac{1}{V} \times \frac{dN_A}{dt} = \frac{1}{V} \times \frac{dN_B}{dt} \tag{4-20}$$

或

$$r_S = \frac{1}{S} \times \frac{dN_A}{dt} = \frac{1}{S} \times \frac{dN_B}{dt} \tag{4-21}$$

或

$$r_m = \frac{1}{m} \times \frac{dN_A}{dt} = \frac{1}{m} \times \frac{dN_B}{dt} \tag{4-22}$$

式中，V、S 和 m 分别代表固体催化剂的体积、表面积和质量。以三种基准表示的反应速率之间的关系为

$$r_V = \rho S_g r_S = \rho r_m \tag{4-23}$$

式中，ρ 为催化剂堆密度；S_g 为催化剂的比表面积。

Boudart 认为，r_V、r_S、r_m 三种表达活性的方法中，以 r_S 最好，因为固体催化剂本质上为接触催化，主要靠接触的表面积起作用。然而两种化学组成相同的催化剂，纵使有相同的比表面积，也可能表面上活性中心的数量不同。因此，建议用转换频率（turn over frequency，TOF）的概念表达活性：

$$TOF = \frac{1}{N} \times \frac{dn}{dt} \tag{4-24}$$

式中，n 为转换数，意指催化剂上每个活性位通过催化循环使总反应发生的次数或每个活性位转化的反应物分子数；N 为催化剂表面活性中心数目；TOF 表示单位时间、每个催化活性中心上的转换 $A \longrightarrow B$ 反应的次数。

其优点是允许对不同研究者的实验数据加以对比，但存在的问题是如何测定活性中心的数目。对于金属催化剂，可以测定表面暴露的原子数，但仍不知道有多少处于活性状态。其次，可能存在不同类型的活性中心，分子在每种活性中心的吸附不尽相同，就会有不同的反应速率。所以 TOF 仍然是催化活性的平均值，较真实的活性要低。再次，TOF 是速率而非速率常数，测定时要规定反应进行的全部实验条件。Djiga-Mariadassou 等将这一概念推广到金属氧化物催化剂，尤其是比较了大单晶和比表面积大的粉末催化剂。随着现代催化剂表征技术的进展，人们已经逐渐可以比较准确地理解固体表面发生的催化反应，表征催化剂的表面活性中心密度。因此，在现代催化研究中，TOF 得到了较广泛的使用，用于比较催化剂的活性和表达活性中心的催化能力。然而在催化反应工程中，仍然广泛地使用反应速率 r_V、r_S、r_m。

对催化反应过程进行数学描述要求知道反应速率与温度、浓度的关系，即反应动力学方

程。无论均相或非均相反应，反应速率方程建立和分析的基础都是质量作用定律和阿伦尼乌斯方程。对于基元反应 $A+B \longrightarrow C$，分子动理论分析指出反应进行的速率取决于反应物分子 A 和 B 发生碰撞的频率。这一频率依赖反应物的浓度（c_A、c_B）和分子运动的速率。并非所有发生碰撞的分子对都能够发生反应，反应得以进行还要求碰撞的分子对具有一定的能量能够克服反应的能垒：

$$r_C = k_0 \sqrt{T} \exp\left(\frac{-E}{RT}\right) c_A c_B \tag{4-25}$$

这指出基元反应速率与温度和浓度的关系在数学上为可分离变量的形式，速率与浓度之间为幂函数关系，幂级数为基元反应的化学计量系数，这即为质量作用定律。由于温度变化时 $\exp\left(\frac{-E}{RT}\right)$ 项的变化远远快于 $\sqrt{T}$，在实际应用中一般将 $\sqrt{T}$ 项写入常数 k_0 中，称为指前因子。E 为反应的活化能，单位为 kJ/mol。于是描述反应速率常数随温度升高指数变化的方程为

$$k(T) = k_0 \sqrt{T} \exp\left(\frac{-E}{RT}\right) \tag{4-26}$$

即为阿伦尼乌斯方程。对于真实反应而言，可能是由一系列基元反应得到的总包反应，即使对这些基元反应的过程不甚了解，亦可使用同样的幂函数模型来表达反应速率方程，不过浓度项的幂必须由实验测定，称为反应级数。对于多相催化反应，还涉及分子在固体表面吸附的过程。因此催化反应动力学研究的主要内容之一就是探求在催化剂表面上分子转换的途径和机理，并建立能够定量描述转换频率的数学关系。反应速率方程在催化过程设计方程中起到核心的作用。

2）效率因子 η

由于催化剂总是以具有一定孔道结构的颗粒的形式存在的，了解催化活性中心的催化能力还不足以获知一个催化剂颗粒上的真实反应速率。这是因为在催化剂颗粒上完成一次催化转换过程至少包括以下 7 个步骤：

① 反应组分从流体主体向催化剂外表面传递；
② 反应组分从外表面向催化剂内表面传递；
③ 反应组分在催化剂表面活性中心上吸附；
④ 表面反应；
⑤ 反应产物在催化剂表面上解吸；
⑥ 反应产物从催化剂内表面向外表面传递；
⑦ 反应产物从催化剂外表面向流体主体传递。

多相催化本征动力学只解决了催化剂表面上的吸附和反应问题，而未考虑传递现象对表观反应速率造成的影响。由于传递阻力的存在，从流体主体相到催化剂内部存在浓度和温度分布的梯度，因此在催化剂内不同位置上的反应速率可能是不同的。解析传递现象对催化剂表观反应速率造成的这种影响需要求取催化剂内的浓度、温度分布。催化工程中一般用效率因子来总结传递现象对表观反应动力学的影响，其定义为

$$\eta = \frac{传递有影响时的反应速率}{传递无影响时的反应速率} \tag{4-27}$$

3）活度 a

虽然催化剂被定义为能够参与化学转换过程并改变反应速率而本身在完成一个催化循环

之后不发生变化的物质，但在实际过程中，工业催化剂总是不可避免地有所变化。这种变化的根源既有化学的也有物理的原因。这些变化导致催化剂性能随着操作时间的延续而发生变化——主要体现为丧失活性，也就是工业催化剂的失活。描述一个定常操作的催化反应过程还必须考虑催化剂的失活行为。催化反应工程中经常用活度来描述失活的过程

$$a = \frac{\text{某时刻反应物在催化剂上的反应速率}}{\text{反应物在新鲜催化剂上的反应速率}} \tag{4-28}$$

活度是反应温度、浓度、操作时间等的函数，描述这些关系的函数称为失活动力学方程。对失活动力学的了解可以指导催化剂寿命的确定，即在工业生产条件下，催化剂的活性能达到装置生产能力和允许原料消耗定额的使用时间，或者活性下降后经再生而恢复活性的累计使用时间。

4）反应器工程

本征动力学、失活动力学、传递现象解决的主要是催化剂或催化剂颗粒层次上的问题。设计方程式（4-18）的建立和求解还取决于实际反应器的形式。采用间歇式还是连续式操作，釜式反应器还是管式反应器，是否存在返混和浓度、温度的径向分布，会导致不同的物料衡算方程。设计方程还必须与热量平衡方程（解决反应器温度分布）、动量平衡方程（解决压力分布）、气体状态方程耦合，才能完整地求解催化反应过程。由于反应器工程的重要地位，下面将重点论述各类不同形式的反应器的特点和分析求解方法。鉴于对催化剂的活性和动力学行为进行准确可靠的评价和测定在催化剂开发过程中特别重要，还将特别地将实验研究用反应器和工业反应器分别加以论述。

（3）反应器类型

为了优化催化反应过程，需要用小型反应器来研究建立反应网络和确定反应宏观动力学与选择性。这些研究最好在理想条件下进行。这种理想反应器需具备以下特点：a.反应物和催化剂之间保持良好接触；b.催化剂颗粒内部和外部没有热量和质量传输限制；c.反应器特征容易描述。这些条件可以通过活塞流或搅拌釜反应器来实现，但要保证在等温条件下明确的停留时间和停留时间分布，要避免液体通过催化剂颗粒时发生短路或流动分布不均。在三相反应器中，还确保气体和液体反应物在固体催化剂上的均匀分布。

一旦发现了有前景的催化剂，确定了目标反应的反应网络和宏观动力学。通常，就可以在更大规模的（台架试验或中试）反应器中进行测试验证，以确定催化剂的寿命和工艺参数（如温度、压力、组成和反应物进料中的杂质含量）对反应的影响。最终将扩大到商业工厂规模。

表4-5总结了用于不同规模的各种应用的管式反应器的大致尺寸。

表4-5　不同规模的管式反应器

规模	直径	长度	催化剂装量
实验室微型反应器	0.5cm	0.5～1.0cm	0.1～1.0g
台架试验反应器	1.0～3.0cm	10～30cm	10～200g
中型试验反应器	5.0～7.5cm	60～100cm	50～100kg
工业反应器	0.5～5.0m	5～20m	10～100t

反应器根据其操作条件可分为稳态或瞬态反应器，或根据反应物与催化剂的接触或混合方式分为活塞流或全混流反应器。工业反应器一般可理想化为三种基本形式，即间歇搅拌釜

反应器（batch stirred tank reactor，BSTR）、连续流动搅拌釜反应器（continuously stirred tank reactor，CSTR）、活塞流反应器（plug-flow reactor，PFR），如图 4-24 所示。前两者属于全混流，假设在反应器内不存在任何梯度，各处的温度、浓度完全相同；进入 CSTR 的液体在瞬间与釜内流体达到完全混合。

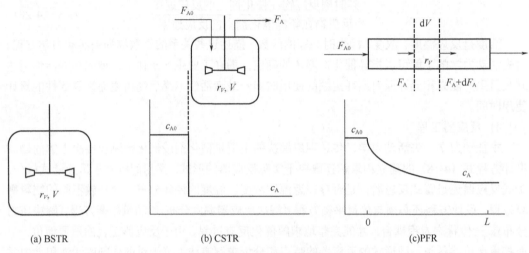

(a) BSTR (b) CSTR (c)PFR

图 4-24 理想反应器的形式及其特点

管式固定床反应器是将催化剂填充在反应管中，在连续流动条件下进行反应，可以是活塞流，也可以是全混流。在模型管式反应器中，理想的混合只在径向上发生，在轴向上没有混合，即流动方向上存在由流动和反应造成的浓度梯度。在这种情况下，即为活塞流。活塞流反应器可以在积分或微分模式下运行。在微分模式下，小型反应器中的单程实验能够为反应动力学分析提供微分条件的数据。将差分模式操作下反应器的流出物进行外部或内部循环，就能实现近乎理想的全混流，即 CSTR。

催化剂不一定非要固定在反应器床层中，它也可以悬浮在气体或液体反应物中。在流化床模式下，粉末状的固体催化剂颗粒（粒径 10～200μm）通过向上的气流在反应器床层中保持悬浮运动状态。如果流体是液体，催化剂可以通过搅拌方式悬浮在 CSTR 床层中，即浆态床反应器。而所谓的提升管反应器，则是催化剂与反应流体连续地进出反应器床层。

图 4-25 显示了几种类型的催化反应器示意图。管式固定床反应器［图 4-25（a）］具有反应产物混合物的入口流量 F_{A0} 和出口流量 F_A。绝热固定床反应器如图 4-25（b）所示。列管固定床反应器［图 4-25（c）］用于高度放热的反应，如邻二甲苯氧化为邻苯二甲酸酐。CSTR 如图 4-25（d）所示。带有催化剂再循环的流化床反应器如图 4-25（e）所示。浆态床 CSTR 如图 4-25（f）所示。三相（气体-液体-固体）反应的典型案例是填充鼓泡塔或浆态床反应器［图 4-25（g）］。带有内/外循环并且可在瞬态条件下运行的间歇式反应器如图 4-25（h）、(i) 所示。

对理想反应器做质量衡算构成反应器的设计方程。在稳态条件下，进入反应器的量减去流出反应器的量加上反应器内生成量等于反应器内累积量，也等于零，即反应过程物质平衡。不同反应器的设计方程列于表 4-6 中。

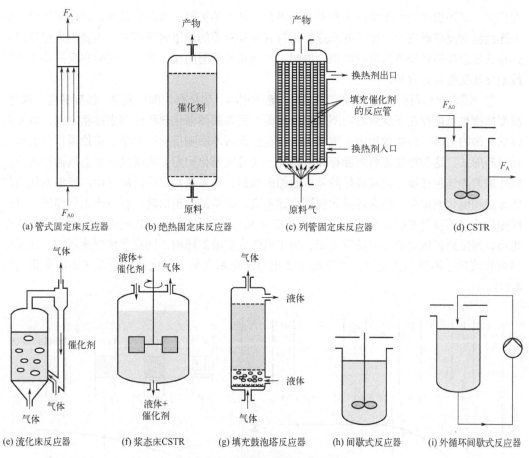

图 4-25　典型的催化反应器示意图

表 4-6　不同反应器的设计方程

反应器类型	微分形式		积分形式	
	$\dfrac{\mathrm{d}n_A}{\mathrm{d}t} = (-r_A)V$	(4-29)	$t = n_{A0}\displaystyle\int_0^{x_A} \dfrac{\mathrm{d}x_A}{(-r_A)V}$	(4-30)
CSTR	—		$\tau = \dfrac{Vc_{A0}}{F_{A0}} = c_{A0}\dfrac{x_A}{(-r_A)}$	(4-31)
PFR	$\dfrac{\mathrm{d}x_A}{\mathrm{d}(V/F_{A0})} = -r_A$	(4-32)	$\tau = \dfrac{Vc_{A0}}{F_{A0}} = c_{A0}\displaystyle\int_0^{x_A} \dfrac{\mathrm{d}x_A}{(-r_A)}$	(4-33)

　　已知动力学方程可以对反应器内的浓度（分布）进行预测，反之通过测量反应器出口浓度或反应器内浓度分布也可以得到未知的动力学常数。为了获得本征反应速率，反应器的以下因素在进行动力学实验时是需要着重考虑的。

　　① 反应器的等温性。等温是指反应器内部不存在温度梯度。对于复杂的反应体系，由于有可能存在活化能不同的多个反应途径，不满足等温性的反应会使反应速率常数的解析变得极为复杂。

　　② 流动和混合的理想性。PFR 和 CSTR 代表了连续流反应器的两个理想的极端，实际反应器的流动行为介于这两者之间。对理想性的偏离归因于反应器内存在宏观的浓度、温

度梯度。这种宏观的梯度可能来自不完全混合、轴向的扩散、壁效应或流体短路等情形。由于连续流动反应器内一个微元的反应结果与其在反应器的停留时间有关，需要引入停留时间分布的概念来描述总体的反应结果。显然，采用具有理想的流动形式的实验室反应器会使得数据处理变得较为容易。

③ 相间（气-固相、液-固相）和相内（流体相内、催化剂内部）浓度、温度梯度。浓度、温度梯度也可能存在于反应器内不同相的界面，例如固体催化剂和流体主体相之间，以及固体催化剂的内部。外扩散和内扩散阻力的存在会显著地影响反应动力学。无论采用什么样的反应器形式，这种梯度都有可能存在。因此，实验室催化动力学的研究首先必须通过合适的操作来消除这种梯度。当需要排除外扩散的影响时，通常在给定的反应器中，逐渐增加流体的流量和催化剂用量，但保持其比例即空速不变。将所测的出口转化率与流量间作图，平台区即代表了不受外扩散影响的操作区域（图 4-26）。类似地，在釜式反应器中改变搅拌速度也可以判定外扩散是否影响反应速率。为了消除内扩散的影响，则应保持空速不变，在反应器内装填尺寸不同的催化剂，直至反应器出口转化率在某一催化剂直径以下不再变化（图4-27）。

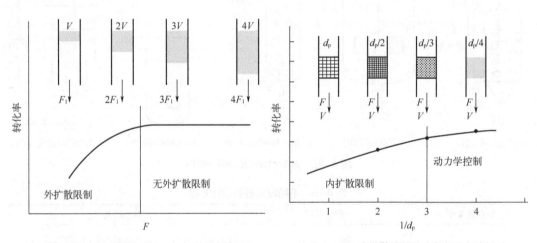

图 4-26　外扩散限制是否存在的实验判别　　　图 4-27　内扩散限制是否存在的实验判别

(4) 中型试验中反应器的选择

对于动力学研究，固定床反应器常用来研究气-固相催化反应，这接近一个 PFR。而浆态 CSTR 常用于研究液-固相催化反应。因为有液相的缓冲作用，通常使用液-固浆态 CSTR 可以忽略温度梯度。而滴流床（tricked bed）反应器经常会受到传质和气相反应物在液膜中扩散的影响，通常并非对反应动力学做定量研究是好的选择。

反应动力学研究是催化剂放大过程中非常重要的手段。此外，在催化剂的开发过程中可能还需要了解：催化剂的失活行为，催化剂的最优形状，反应器的流体力学和操作特性，等等。研究目的和催化剂开发所处的阶段不同，所需要的反应器也有所不同。

① 探索性试验反应器。这类反应器在排除传递影响的前提下表征和比较多种催化剂样品的本征活性，即催化剂筛选。为了使温度梯度最小，通常可以将直的或 U 形的反应管浸入一个等温性良好的加热器，例如流化床沙浴。通常反应管管径较小（0.5~2cm），准确的反应温度用插入反应器中的细热电偶直接测量。直管反应器应保持竖直放置，以避免催化剂装填不

当造成的反应物短路。反应气体以由上至下流过床层的形式较好，这样可以避免催化剂粉末的带出。

由于反应所需的催化剂量通常较小（0.5～10g），有可能在较短的时间内完成大量不同样品的测试，或者同时优化气体的组成和反应温度。催化剂颗粒的尺寸范围在 400μm～2mm 之间较常见，这样可以使反应气体流过催化剂床层的压降不至过大，也可兼顾内扩散对反应的影响和避免气体短路现象。对于过细的催化剂粉末，可以加入适当研磨的惰性粗颗粒，以避免粉末间的黏附，确保在高流速操作时压降不至过大。应注意为了检验这些添加物或反应器壁是否有催化性能，或者是否存在非催化的气相反应，必须在不加入催化剂的情况下进行空白试验。

石英、α-Al$_2$O$_3$、碳化硅、玻璃等低比表面积材料是优选的稀释材料。硅胶等高比表面积材料尽管是本征惰性的，但有可能吸附和释放出有害的杂质，成为反应过程中的毒物或者结焦前驱物。

② 催化剂最优化反应器。通过前面的筛选所得到的最优催化剂再经过制备和加工成适合于工业反应器使用的形状（压片、挤条、球形、鞍形、空心圆柱等）后还需要加以进一步的流选，显然在这一阶段要做大量的对比试验。以测试不同的制备工艺、不同载体和黏结剂的影响。

这些测试必须在直径较大的反应器内进行。假如要选用列管式反应器，优化研究的反应器最好与商业反应器的单管在同一个尺度数量级上。典型的反应管直径为 10～40mm，长度为 50～100mm。这个尺度的反应器通常会存在温度和浓度梯度。通常会在反应管内安装轴向的测温套管，通过热电偶在其中的移动来监控轴向的温度分布。温度梯度可以通过在反应管沿轴向安装多个温度不同的加热炉和用不同的催化剂稀释比例来缩小。当梯度不可避免时，需要采用更为复杂的数学模型来模拟温度分布，优化反应器的直径、长度和反应物的流量。有时催化剂效率因子过低会迫使研发者重新设计催化剂的结构，例如采用双峰分布的孔径或将薄层活性相沉积到大孔、低表面积的载体上。即使催化过程在常压下进行，也应该在略高一些压力下测试催化剂性能，压力的升高应与床层压降和产物回收系统压降相当。这些压降通常为 0.2～0.4MPa。这一压降的增加会显著地影响反应动力学，并使反应热耗散变得困难。以某一级反应为例，将压力从 0.1MPa 增大到 0.4MPa 意味着反应速率增大 4 倍，单位催化剂床层的反应热也增大 4 倍，这很有可能造成温度分布的根本性变化。

假如选用了流化床反应器，探索和优化阶段的反应管的直径通常都在 25～50mm 之间。此时边壁效应是不可避免的，反应器越小越是如此。小反应器中边壁效应的存在往往导致催化性能要优于大反应器，这是因为直径越大，反应气表观流速越高，气固相接触就越差，边壁效应的影响相对越小。这在反应器放大时必须加以考虑。

③ 原型反应器。经过上述两个阶段，已经确定了合适的催化剂组成、工艺条件、催化剂制造方法，以及工业上可以选择的反应器形式，于是可以进入中试和放大阶段。假如选定列管反应器是工业装置的最佳方案，仍有必要采用一根与最终反应器尺寸相同的单管反应器做进一步的考察。工业用列管反应器的单管通常直径为 25～50mm，长为 3～6m。显然这样的原型反应器的运行是相当昂贵的，不仅仅因为尺寸大，反应物消耗大，也因为大反应器更为复杂，需要额外的控制装备和加热炉。然而，在原型反应器上得到的实验信息是非常重要的，因为：

a. 高反应气流速和大反应器直径会严重改变温度分布，催化行为也随之发生重大变化。尽管可以采用数学模型对这种变化进行模拟，但应该指出目前对固体颗粒床层热导的关联精度还很有限，特别是催化剂颗粒较大时更是如此，因为此时管径与颗粒直径之比较小，一般为3~6。

b. 长管的压降有可能很高，这会对泵送成本和反应动力学造成影响，特别是入口区，因为此处的反应物浓度很高。

c. 传热阻力通常来自反应器内部，一般内壁和床层各提供总阻力的约50%。于是，非常仔细地确定温度分布极为重要，它既与气体流量有关，也与流动相的热性质有关。

d. 在固定床中床层压降常常与反应器中催化剂的装填状态有关，特别是反应器直径与催化剂颗粒直径的比值较小时，这一点必须加以检验，应使各管内的压降保持一致以避免列管反应器中各管间的流速不同。装填状态还会给反应器内壁的传热系数带来严重影响，因为壁面传热系数与催化剂颗粒形状和大小密切相关。

e. 工业反应器的设计还需要解决从反应管外壁移出（供给）热量的方式的问题。

f. 通常需要利用原型反应器进行长时间的运行以生产一定量的产物。这既是为了检验产品质量的稳定性，也是检验后续的分离工序是否能得到所需纯度的产品的要求。

（5）工业反应器

图4-28列出了各种类型的工业反应器。

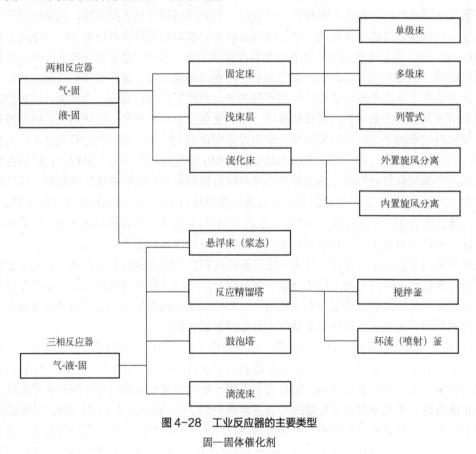

图4-28　工业反应器的主要类型
固—固体催化剂

1）固定床反应器

在化学工业中，固定床反应器是催化气相反应的标准反应器（两相反应器）。多种方式可以实现催化剂床层的固定。随机填充床（深床层）需要催化剂具有不同的颗粒形状，如球形、圆柱形、环形、平板颗粒状或特定目数筛分的破碎颗粒。催化剂颗粒的几何形状和尺寸根据催化剂床层的压降和传热传质因素确定。整体催化剂具有极低的床层压降。这类催化剂多用于汽车尾气净化和发电站尾气除氮氧化物。

固定床反应器可在绝热或非绝热条件下运行。绝热固定床反应器可用于低放热的反应，例如气体净化。它由一个圆柱形管组成，其中催化剂填充在筛网上 [图 4-25（b）]。这种设计特别适合需要短停留时间和高温度操作的催化反应。在这种情况下，催化剂床层是大直径、低高度（5~20mm）的固定床（浅床）。例如，生产硝酸的氨氧化反应器，催化剂床层由几层铂丝网组成，床直径可达几米。在这类反应器中，催化剂被装入轴向定位的管周环形空间中。反应物从穿孔板环的内部或外部径向穿过。由于压降低，催化剂颗粒较小（4mm×4mm 或 3mm×3mm）。当需要大量的催化剂时，优选径向流动的模式。

由于对床层温度变化的控制，绝热反应器的转化率有限。工业上，采用多级绝热串联反应器模式，这些多级串联的反应器之间加入换热器以移出反应产生的热量。

非绝热操作可通过冷却或加热反应器壁的方式实现。所谓的等温反应器具有高的热交换效率。典型的案例是图 4-25（c）所示的列管固定床反应器，它用于高度放热和温度敏感的反应（例如邻二甲苯氧化），以熔盐作为传热介质。自热反应器非常适合这种放热和温度敏感的反应系统。其经典的反应器设计包括一个绝热填充床反应器和一个耦合的逆流换热器，在该换热器中冷的反应物进料被加热到反应温度。

以下的工业反应过程都是在各种类型的固定床反应器中进行的。

① 深床层绝热反应器。Pt/氧化铝（HCl 活化）或 Pt/氢型丝光沸石催化的 C_4~C_6 烷烃或轻汽油的异构化反应（620~770K、2~4MPa）；钾（K）助剂 Cr_2O_3-Al_2O_3 催化的重汽油催化重整，温度 700~820K、压力 2~2.5MPa，使用级联单床反应器；分别用 Ni-MoO_3-Y 型分子筛-氧化铝和 Pt-丝光沸石-氧化铝催化的减压瓦斯油加氢裂化反应，温度 670~770K、压力 2~4MPa，采用单级或两级工艺。

② 多床层绝热反应器。a. 采用钾、镁和铝促进的铁催化剂催化的合成氨反应，温度 670~770K、压力 20~30MPa；b. K_2SO_4-V_2O_5 催化的 SO_2 氧化制硫酸，温度 720~770K、常压，带有外部热交换器的反应器。

③ 径向流反应器。Cr_2O_3-Fe_2O_3 催化的高温水煤气变换反应，温度 620~670K、压力 2.5~5MPa。

④ 浅床层反应器。a. 金属 Ag 催化的甲醇脱氢制甲醛反应，温度 870K、常压；b. Pt/Rh 催化的氨氧化制 NO_x 反应，温度 1170K、常压。

⑤ 急冷反应器。Cu-Zn-Al 催化的甲醇合成反应，温度 490~520K、5~10MPa。

⑥ 列管反应器。a. Cu-Zn-Al 催化的甲醇合成反应；b. Ag/α-Al_2O_3 催化的乙烯氧化制环氧乙烷，温度 470~520K、常压；c. V_2O_5/TiO_2 催化的邻二甲苯氧化制邻苯二甲酸酐，温度 640~680K、常压；d. Ni/SiO_2 催化的苯加氢制环己烷，温度 470~520K、3.5MPa；e. K、Ce、Mo 改性的 Fe_2O_3 催化的乙苯脱氢制苯乙烯，温度 770~870K、常压。

2）流化床反应器

固定床反应器中催化剂是静止不动的。当催化剂易失活或反应需在爆炸状态下操作时，催化剂要处于运动状态，这样便于处理催化剂或传热，这时流化床反应器比固定床更具优势。

在流化床反应器中，当流体的体积流速超过某个极限值，即初始流化速度，最初静止在反应器床层中的催化剂会被向上的气体或液体流携带而进入流化状态。催化剂颗粒以初始流化速度或更高速度悬浮在流体中。流化床的流体压降等于固体催化剂颗粒的重力和浮力之差除以床层的横截面积。流化床反应器的主要优点是良好的气固传质、传热以及较高的器壁传热系数。

在工业上，流化床中的气体由安装在反应器底部的多孔板、喷嘴或泡罩来分布。

根据流体的体积流速，可形成不同类型的流化床。用液体进行流化可使床层均匀膨胀。相反，当用气体流化时，会形成无固体的气泡。这些气泡向上移动，当它们在床中达到较高的高度时，往往会合并成更大的气泡。当气体以更高的体积流速流动时，固体颗粒会被气体夹带出反应器床层。

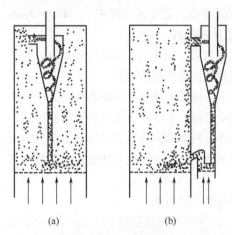

图 4-29　气固流化床在湍流状态下内外旋风
分离催化剂循环的示意图

为了维持这种湍流状态流化床的稳态运行，必须收集气体中夹带的固体催化剂颗粒并将其运回反应器床。如图 4-29（a）所示，使用集成旋风分离器可以最容易地实现这一点。最终以更高的气体体积流速形成循环流化床。当固体夹带率更高时，需要一个高效的外部循环系统来收集回收催化剂，如图 4-29（b）所示。

催化裂化是在流化床中进行的，因为固体酸催化剂快速结焦失活，所以催化剂必须连续从反应器中排出，并在再生器床中经空气氧化再生。然后再生的催化剂返回流化床反应器。焦炭的燃烧热可以用于反应原料的预热。

流化床反应器的主要优点有：均匀的床层温度分布、大的气-固交换面积和高的传热效率。但其缺点也很明显：催化剂分离和产物纯化成本高、气泡造成的沟流或短路、催化剂和反应器内构件的磨损和腐蚀等。

流化床反应器在石油精炼和化学品生产中得到广泛的应用。含有超稳 Y 型分子筛的硅铝催化的减压瓦斯油催化裂化生产汽油（720～820K）；K 改性 Fe 催化的费-托合成反应（高温合成工艺：620～670K、1.5～3MPa）；Bi-MoO$_x$ 催化的丙烯氨氧化制丙烯腈（SOHO 工艺：670～770K、0.1～0.2MPa）；V$_2$O$_5$-SiO$_2$ 催化的萘或邻二甲苯氧化制邻苯二甲酸酐（620～650K、常压）。

有一种特殊类型的流化床反应器是所谓的"提升管反应器"。该反应器是一根垂直管，在该垂直管中在夹带的催化剂存在下发生催化反应。反应后，催化剂通过分离收集器与产物分离，然后进入再生器（流化床型）再生。"提升管反应器"主要用于重油在高活性沸石分子筛上的催化裂化反应。

还有一种移动床反应器使用较大的球形催化剂（2～6mm）。在标准布置中，催化剂颗粒缓慢地移动通过搅拌床。到达反应器顶部的催化剂被输送到再生器中。使用机械或气力输送机将再生的催化剂返回到反应器的底部。移动床反应器的主要优点是比流化床具有更低的催化剂损耗。缺点是传热差，因此该反应器不适合放热反应。它主要应用在石油裂化反应中。

3）三相反应器

三相反应器又叫浆态床反应器，其使用目的是使溶解在液相中的气相组分和均匀分散的固体催化剂紧密接触。固体催化剂的颗粒尺寸保持足够小（<200μm），使其在反应器床层的

液体湍流中保持悬浮状态。

基于不同的气-液-固接触模式和实现接触与传质的机械装置，工业上大体有九种类型的浆态反应器：a. 浆态鼓泡塔；b. 逆流式滴流床；c. 上行并流式填充塔；d. 下行并流式滴流床；e. 搅拌釜；f. 导流管反应器；g. 板式塔；h. 转盘或多级搅拌塔；i. 三相喷淋塔。

浆态反应器在工业上有许多应用，例如，食用油的非均相催化加氢工艺和费-托合成浆态床反应工艺。

根据催化剂在反应器的布置和形状，三相反应器分为固定床或悬浮床反应器。三相固定床反应器以"滴流床"或"气泡流"模式运行。在第一种情况下，液体反应物或溶解在溶剂中的反应物向下流动通过催化剂床层，并且气体反应物以逆流或并流方向与液体接触。在"气泡流"反应器中，液体和气体反应物从塔底进入反应器，并流向上通过催化剂床层。

"滴流床"具有以下优点：气体能快速穿过液膜达到催化剂表面；低返混；不存在催化剂分离问题；可在反应器入口区域选择性脱除催化毒物；催化剂再生简单。其缺点是：传热不良；不完全浸润造成催化剂利用率低；可能存在"沟流"短路现象。

"滴流床"反应器的运行性能取决于合适的反应器直径/长度比、催化剂形状与尺寸，以及床层上的液体流量分布。催化剂颗粒尺寸还受反应器压降的制约。因此，要优选大尺寸（直径 6～10mm）的催化剂颗粒，但这可能会带来内扩散问题。

"气泡流"特别适用于低空速类型的反应，其主要优点是传热良好，且催化剂不存在不完全浸润问题。

这两种类型的三相反应器都有许多工业应用，例如：

a. 在 570～620K，3～6MPa 下，在 $Ni\text{-}MoO_3\text{-}Al_2O_3$ 催化剂上进行的石油馏分加氢处理。

b. 在 570～670K、20～22MPa 下，在 $Ni\text{-}MoO_3\text{-}Y$ 型分子筛-氧化铝催化剂上进行的高沸点石油馏分的加氢裂化。

c. 在 $Pd\text{-}Al_2O_3$ 催化剂上，在 300～325K、0.5～2MPa 下，C_4 馏分的选择性加氢反应（二烯烃和炔烃的脱除）。

d. 在 $CuO\text{-}Cr_2O_3$ 催化剂上，在 370～420K、3MPa 下，脂肪族羰基化合物加氢制脂肪醇。

悬浮床反应器由于其良好的传热、良好的温度控制、高的催化剂利用率和简单的设计而在化学工业中的运行非常成功。

悬浮床反应器使用的催化剂颗粒尺寸小，因此不存在内扩散的问题。它既可以间歇操作，又可以连续运行。但它有一个严重的缺点，就是催化剂分离难，特别是当液体黏度较高时，分离其中的细颗粒非常困难。目前使用的悬浮床反应器有"搅拌釜"和"三相鼓泡塔"两种类型。

在"搅拌釜"反应器中，催化剂颗粒（$<200\mu m$）悬浮在液体反应物或反应物溶液中，而气体反应物通过穿孔管、穿孔板或喷嘴从底部进入反应器。釜内一般配备有不同类型的搅拌浆或涡轮，以保持催化剂悬浮。冷却和加热盘管以及气体循环系统属于标准设备。"搅拌釜"大多是间歇操作。然而，如果想要连续操作，则可将多个"搅拌釜"形成串联，以达到所需的反应转化率。

"三相鼓泡塔"是连续运行的三相反应器的主要类型。气体通过喷嘴、多孔板或穿孔管从塔的底部进入反应器。在标准布置中，液体与气体反应物沿并流方向流动。在某些情况下，反应器内部安装搅拌装置使粉末状催化剂悬浮在液体中。

气态反应物可以通过外部回路或内部系统（例如文丘里喷射管）再循环。使用一台简单的泵就可以驱动浆料的循环。文丘里管将气体从反应器上方的自由空间吸回再喷射入浆料。

在这两种循环回路中，也可以安装换热器进行换热。"三相鼓泡塔"反应器的主要优点是结构简单、价格低廉、传热好、温度易控。悬浮床反应器的主要应用：镍/硅藻土催化的脂肪和油脂加氢（420～470K、0.5～1.5MPa）；亚铬酸铜（CuO-Cr$_2$O$_3$）催化的脂肪酸甲酯氢解制脂肪醇（450～490K、20～30MPa）。其他应用还有合成乙酸乙烯酯的 Wacker 工艺。

4）其他特殊反应器

为了提高工业催化过程的效率，人们研发了各种强化工业催化反应器的方法，例如采用膜反应器、反应精馏、色谱反应器等反应-分离耦合技术来简化反应流程，打破热力学平衡，提高转化率。或是利用特殊的外场或创造某种特殊环境，来强化催化过程。如：利用电场对催化剂进行电化学修饰；利用微波加热强化催化反应和缩短加热时间；利用超声场的空穴破碎能量来强化催化过程；在超临界流体（CO$_2$、H$_2$O 等）中进行催化反应等。

① 膜反应器。在膜反应器中，催化反应耦合了集成膜的分离效应，可以将反应中的某种产物通过膜的选择性渗透，从反应混合物中脱除，从而打破反应的平衡限制，实现高转化率。烃类化合物的脱氢反应就是这种膜反应器的最佳应用案例。此外，有人提出了利用膜反应器来改善某些催化反应的选择性。例如，通过集成膜的选择性或优先渗透性，可以控制反应器中反应物的浓度，从而限制目标产物发生二次反应。

目前，主要有两种类型的膜：致密膜和多孔膜。致密的金属膜由金属箔组成，通常是钯和钯的合金（Pd-Ag、Pd-Ru），它们对氢具有优异的渗透性。致密氧化物膜通常是固体电解质，如 ZrO$_2$ 或 CeO$_2$，对 O$_2$ 具有渗透性。多孔膜通常由氧化物陶瓷制成，有时也使用碳膜。陶瓷膜由几层孔径逐级减小的材料组成。最小孔径的材料位于膜的顶层用于控制分离。这些膜大多是通过溶胶-凝胶技术生产。也可以引入具有催化功能的多孔材料，制成圆管，形成管式反应器。也可以制备沸石分子筛膜，其规整的孔道结构可实现高的分离选择性。尽管膜反应器很有潜力，但仍不成熟，还无法应用于工业生产。

② 反应精馏。在反应精馏中，精馏和化学反应同时进行，例如，对于以下类型的反应 A+B —→ C+D，至少一种产物的挥发性不同于其他化合物的挥发性。反应精馏最吸引人的特点是：通过蒸馏分离至少一种产物促使反应完成，否则平衡受到限制；当某种高浓度的产物或反应物会导致副反应发生时，而反应精馏则可进行。

尽管有这些优点，但反应精馏仅适用于少数重要反应，因为它在实践中存在一些化学和物理限制。这类反应主要有醚化、酯化、烷基化或异构化等，以强酸树脂作为固体催化剂，用烯烃和甲醇或乙醇生产叔丁基醚或叔戊基醚。

4.3 工业催化剂的操作经验与优化

4.3.1 一般操作经验

由于大多数化学反应均有催化剂参加，因此不难理解，化工厂的有效运行很大程度取决于管理者和操作者对催化剂使用经验和操作技术的掌握。

在经过试用积累正反面经验的基础上，定型工业催化剂若要保持长周期的稳定操作及工厂的良好经济效益，往往应考虑和处理下列各方面的若干技术和经济问题，并长期积累操作经验。

（1）催化剂的运输与装卸

在装运中防止催化剂的磨损污染，对每种催化剂都是必要的。许多催化剂使用手册中对此作出了严格的规定。装填运输中还往往规定使用一些专用的设备。如图 4-30～图 4-32 所示。

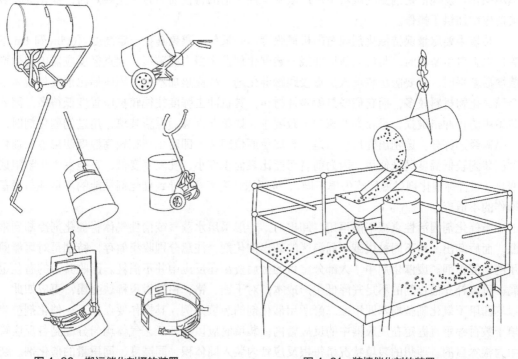

图 4-30　搬运催化剂桶的装置　　　　　　　　图 4-31　装填催化剂的装置

多相固体工业催化剂中，目前使用较多的是固定床催化剂。正确装填这种催化剂，对充分发挥其催化效能、延长其寿命尤为重要。固定床催化剂装填的最重要要求是保持床层断面的阻力降均匀。特别是合成氨转化炉的列管反应器，有时数百炉管间的阻力降要求偏差在3%～5%，要求异常严格。这时使用如图 4-33 所示的压降测试装置逐根检查炉管的压降。

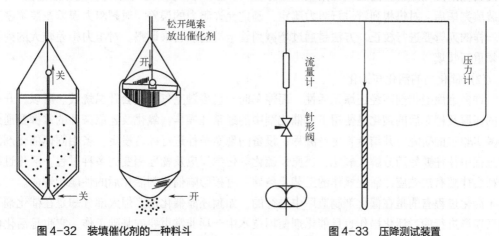

图 4-32　装填催化剂的一种料斗　　　　　　　图 4-33　压降测试装置

催化剂的运输和装卸是有较强技术性的工作。催化剂从生产出厂到催化剂在工业反应器中就位并发挥效能，其间每个环节都可能有不良影响甚至隐患存在。在我国大型合成氨装置，曾发生过列管反应器中部分炉管装填失败，开车后产生问题停车重装的事件。一次返工开停车的操作，往往损失数十万元。

装填前要检查催化剂是否在运输储存过程中发生破碎、受潮或污染。尽量避开阴雨天的装填操作。发现催化剂受潮或者生产厂家基于催化剂的特性而另有明文规定时，催化剂在装填前应增加烘干操作。

装填中要尽量保持催化剂固有的机械强度不受损伤，避免其在一定高度（0.5m 到 1m 不等）以上自由坠落时，与反应器底部或已装催化剂发生撞击而破裂。大直径反应器内催化剂装填后耙平时，也要防止装填人员直接践踏催化剂，故应垫加木板。固体催化剂及其载体中金属氧化物材料较多，而它们多是硬脆性材料，其抗冲击强度往往较抗压强度低得多，因此装填中防止冲击破损，是较为普遍的一致要求。如果在大修后重新装填已用过的催化剂时，一是需经过筛分，选别出碎片；二是注意尽量原位回装，即防止把在较高温度使用过的催化剂回装到较低温度区域使用，因为前者可能比表面积变小、孔隙率变低，甚至发生化学组成变化（如含钾催化剂各温区流失率不同）、可还原性变差等，导致催化剂性能的不良或与设备操作的不适应。

当催化剂因活性衰减不能再用，卸出时，一般采用水蒸气或惰性气体将催化剂冷却到常温，而后卸出。对不同种类或不同温区的卸出催化剂，注意分别收集储存，特别是对可能回用的旧催化剂。废催化剂中，大部分宝贵的金属资源在反应中并不消耗。回收其中的有色金属，可以补充催化剂的不足并降低生产成本，对于铂、铬、铅等贵重稀缺金属，更应如此。以均四甲苯氧化制备均苯四甲酸二酐所用催化剂的装填为例，其操作要点如下：催化剂被装填于数百根垂直固定在反应器中的反应管内，装填时以保证工艺气体均匀分配到各反应管中为根本目的。理想的装填状况是每根反应管内装入同体积、同高度、同重量的催化剂。装填前，先做以下准备工作：清理每根列管，做到无锈干燥；在每根列管下端装上弹簧；根据列管数量放大一定比例称量催化剂及瓷环填料，准备好测床层阻力所需装置及相关表格。

先在每根列管的底部弹簧上装填等量的瓷环填料，再在每根列管中装入等量的催化剂，最后在每根列管中催化剂的上部装填等量的瓷环填料。为保证反应正常进行，每根列管所装填的催化剂及两端填料的量及松紧程度（密度）尽量一样，以保证每根列管的床层阻力一样。初装填完毕后，对每根列管进行阻力测定，确定允许阻力的误差，对超阻力误差及装填密度不一样的列管要进行校正，方法是通过增减列管上端的填料来调整。对阻力相差较大的列管必须重新装填。

(2) 催化剂的活化与钝化

许多金属催化剂不经还原无活性，而停车时一旦接触空气，又会升温烧毁。所以，开车前的还原及停车后的钝化是使用工业催化剂中的经常性操作。氧化及还原条件的掌握要通过许多实验室的研究，并结合其生产流程、设备的现实条件进行综合设定。多相固体催化剂活化过程中往往要经历分解、氧化、还原、硫化等化学反应及物理相变的多种过程。活化过程中都会伴随有热效应，活化操作的工艺及条件，直接影响催化剂活化后的性能和寿命。

活化过程有的是在催化剂制造厂中进行的，如预还原催化剂。但大部分却是在催化剂使用厂现场进行的。活化操作也是催化剂使用技术中一项非常重要的基础工作，它也是活化催化剂的最终制备阶段。各种定型工业催化剂，其操作手册对活化操作都有严格的要求和详尽的说明，以供使用厂家遵循。以下列举一些最常见的活化反应。

用于烃类加氢脱硫的钼酸钴催化剂 $MoO_3 \cdot CoO$，其活化状态是硫化物而非氧化物或单质金属，故催化剂使用前必须经硫化处理而活化。硫化反应时可用多种含硫化合物作活化剂，其反应过程和热效应均有不同。若用二硫化碳作活化剂时，其活化反应如下：

$$MoO_3+CS_2+5H_2 \longrightarrow MoS_2+CH_4+3H_2O \tag{4-34}$$

$$9CoO+4CS_2+17H_2 \longrightarrow Co_9S_8+4CH_4+9H_2O \tag{4-35}$$

烃类水蒸气转化反应及其逆反应甲烷化反应的活性相均是金属镍。出厂的烃类水蒸气重整催化剂含氧化镍，用 H_2、CO、CH_4 等还原性气体还原，其所涉及的活化反应有：

$$NiO+H_2 \longrightarrow Ni+H_2O \qquad \Delta H(298K)=2.56kJ/mol \tag{4-36}$$

$$NiO+CO \longrightarrow Ni+CO_2 \qquad \Delta H(298K)=30.3kJ/mol \tag{4-37}$$

$$NiO+CH_4 \longrightarrow Ni+CO+2H_2 \quad \Delta H(298K)=62.0kJ/mol \tag{4-38}$$

工业 CO 中温变换催化剂，在催化剂出厂时，铁氧化物以 Fe_2O_3 形态存在，必须在有水蒸气存在条件下，以 H_2 和/或 CO 还原为 Fe_3O_4，才会有更高的活性。

$$3Fe_2O_3+H_2 \longrightarrow 2Fe_3O_4+H_2O \qquad \Delta H(298K)=-9.6kJ/mol \tag{4-39}$$

$$3Fe_2O_3+CO \longrightarrow 2Fe_3O_4+CO_2 \qquad \Delta H(298K)=-50.8kJ/mol \tag{4-40}$$

工业氨合成催化剂，主催化剂 Fe_3O_4 在还原前无活性。氨合成催化剂的活化处理，就是用 H_2 或 N_2-H_2 将催化剂中的 Fe_3O_4 还原成金属铁。在这一过程中，催化剂的物理化学性质将发生许多重要变化，而这些变化将对催化剂性能产生重要影响，因此还原过程中的操作条件控制十分重要。在用 H_2 还原的过程中，主要化学反应可用下式表示：

$$Fe_3O_4+4H_2 \longrightarrow 3Fe+4H_2O \qquad \Delta H(298K)=149.9kJ/mol \tag{4-41}$$

还原反应产物铁是以分散很细的 α-Fe 晶粒（约 20nm）的形式存在于催化剂中，构成氨合成催化剂的活性中心。

除活化外，个别工业催化剂还有其他一些预处理操作，例如 CO 中温变换催化剂的放硫操作。这里的放硫操作，指催化剂在还原过程中，尤其是在还原后升温过程中，催化剂制造时原料带入的少量或微量硫化物，以 H_2S 的形态排出。放硫操作可以使下游的低温变换催化剂免于中毒。再如某些顺丁烯二酸酐合成用钒系催化剂，使用前在反应器中的"高温氧化"处理，是为了获得更高价态的钒氧化物，因为它具有较高的活性。以铁-铬系 CO 中温变换催化剂的活化操作为例，扼要说明工业活化操作可能面临的种种复杂情况及其相应对策。其他催化剂也可能面临与此大同小异的情况。

铁-铬系 CO 中温变换催化剂的活化反应是将 Fe_2O_3 变为 Fe_3O_4，如前述式（4-39）与式（4-40）所示。活化反应的最佳温度在 300～400℃之间，因此活化第一步需将催化剂床层升温。可以选用的升温循环气体有 N_2、CH_4 等，有时也用空气。用这些气体升温，在达到还原温度以前，一定要预先配入足够的水蒸气后，方能允许配入还原工艺气进行还原；否则会发生深度还原，并生成金属铁。

$$Fe_2O_3+3H_2 \longrightarrow 2Fe+3H_2O \qquad \Delta H(298K)=150kJ/mol \tag{4-42}$$

式（4-42）生成金属铁的条件取决于水氢比值，当这一比值大于图 4-34 所列的值时，不会有铁产生。用 N_2 或 CH_4 升温还原时，除有极少量金属铁生成而影响活化效果之外，可能还会有甲烷化反应发生，且由于该反应放热量大，在金属铁催化下反应速率极快，容易导致床层超温。

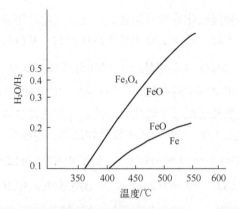

图4-34 不同H_2O/H_2比值下Fe_3O_4、FeO和Fe的平衡相图

$$CO+3H_2 \longrightarrow CH_4+H_2O \qquad \Delta H(298K)=-206.2kJ/mol \qquad (4-43)$$

$$CO_2+4H_2 \longrightarrow CH_4+2H_2O \qquad \Delta H(298K)=-165.0kJ/mol \qquad (4-44)$$

催化剂中含有1%～3%的石墨,是作为压片成型时的润滑剂而加入的。若用空气升温,应绝对避免石墨中游离碳的燃烧反应。

$$2C+O_2 \longrightarrow 2CO \qquad \Delta H(298K)=-220.0kJ/mol \qquad (4-45)$$

$$CO+1/2O_2 \longrightarrow CO_2 \qquad \Delta H(298K)=-401.3kJ/mol \qquad (4-46)$$

在这种情况下,催化剂常会超温到600℃以上,甚至引起烧结。为此,生产厂家应提供不同O_2分压条件下的起燃温度,建议在常压或低于0.7MPa条件下,用空气升温时,其最高温度不得超过200℃。

用过热蒸汽或湿工艺气升温,必须在该压力下达到一定温度才可使用,以防止液态冷凝水出现,破坏催化剂机械强度,严重时导致催化剂粉化。不论用何种介质升温,加热介质的温度和床层催化剂最高温度之差最好不超过180℃,以防催化剂因温差过大产生的应力导致颗粒机械强度下降,甚至破碎。

在常压下用空气升温,当催化剂床层最低温度点高于120℃时,即可用蒸汽置换。当分析循环气中空气已被置换完全,床层上部温度接近200℃时,即可配入工艺气,开始还原时,初期配入的工艺气量不应大于蒸汽流量的5%,逐步提量,同时密切注意还原时伴有的温升。一般控制还原过程中最高温度不得超过400℃。待温度有较多下降,如从400℃降至350℃以下时,再逐步增加工艺气通入量。按这种稳妥的还原方法,只要循环气空速大于150h⁻¹,从升温到还原结束,一般均可以在24h内顺利完成。钝化是活化的逆操作。处于活化状态的金属催化剂,在停车卸出前,有时需要进行钝化,否则可能因卸出催化剂突然接触空气而氧化,剧烈升温,引起异常升温或燃烧爆炸。钝化剂可采用N_2、水蒸气、空气或经大量N_2等非氧化性气体稀释后的空气等。

(3)催化剂的中毒与失活

由中毒引起的失活,几乎对任何工业催化剂都可能存在,故研究中毒的原因和机理以及对中毒的判断和处理,是工业催化剂操作使用中一个普遍而重要的问题。对于处理中毒引起的失活,开发单位和使用单位应通过试验研究和工厂生产经验的积累来总结有关的操作技术,以指导催化剂合理使用,现举两例进行说明。

① 甲烷化催化剂硫中毒试验。在国内某厂进行测硫试验,一套测硫试验装置直接用工厂

原料气进行试验，另一套采用活性炭充分脱硫，使入口气中的硫基本脱除干净再进行试验。通过对比试验，考察硫中毒对 A、B 两种甲烷化催化剂活性的影响，结果如表 4-7 所示。

表 4-7　工厂条件下硫中毒试验结果

组别	反应炉号	催化剂名称	试验时间/h	脱硫措施	相对活性[①]		活性下降率[②] /%	催化剂吸硫量 /%
					初活性	试验结束时		
I	1	A	80	无	38	9	80	0.21
	2			活性炭	43	43	0	—
II	1	B	58	无	50	20	80	0.22
	2			活性炭	100	102	0	—

注：试验条件为常压，入口温度 300℃，入口气中 CO+CO₂ 为 0.3%～0.5%，硫含量（标准状况）为 2～3mg/m³，运转空速与还原条件两组相近。
① 以 B 催化剂无硫气氛下的初活性为 100 计。
② 活性下降均以相同条件下的初活性为基准。

由表 4-7 可以看出：

a. 含硫气氛对甲烷化催化剂的初活性有明显的影响。如采用含硫气体进行还原，在还原过程中催化剂即发生硫中毒，对其活性损坏更为严重，活性下降率达 50% 左右（见表 4-7 中催化剂 B 的对比数据）。

b. 催化剂 B 抗硫性优于催化剂 A。

c. 只要催化剂吸硫 0.2% 左右，A、B 催化剂的活性下降率均为 80%，这说明硫中毒是催化剂活性衰退的主要因素。

② 天然气水蒸气转化催化剂的中毒及再生。该种催化剂活性组分为金属镍。硫是转化过程中最重要、最常见的毒物，很少的硫即可对催化剂的活性产生显著的影响，如表 4-8 所示。因此，要求原料气含硫量一般为 0.1～0.3mg/m³，最高不超过 0.5mg/m³。

表 4-8　原料气中硫含量对一段炉操作的影响

原料气硫含量 /（mg/m³）	一段炉出口温度 /℃	残余甲烷含量（体积分数）/%	原料气硫含量 /（mg/m³）	一段炉出口温度 /℃	残余甲烷含量（体积分数）/%
0.06	780	10.6	3.03	822.2	12.7
0.19	783.3	10.7	6.01	840.6	13.7
0.38	787.2	10.9	11.9	866.1	15.2
0.76	798.9	11.5	23.5	893.3	16.8
1.52	811.1	12.1			

转化过程中突然发生转化气中甲烷含量逐渐上升，一段炉燃料消耗减少，转化炉管壁出现"热斑""热带"，系统阻力增加等均是催化剂中毒的征兆。

催化剂中毒后，会破坏转化管内积炭和消炭反应的动态平衡，若不及时消除将导致催化剂床层积炭，并产生"热带"。

硫中毒是可逆的，视其程度不同，而用不同方法再生。轻微中毒时，换用净化合格的原料气，并提高水碳比，继续运行一段时间，可望恢复中毒前活性。中度中毒时，停车时在低压并维持 700～750℃ 温度下，用水蒸气再生催化剂，然后重用含水湿氢气还原并再生。活化后按规定程序投入正常运转。重度中毒时，一般伴生积炭，先进行烧炭后，再按中度硫中毒再生程序处理。砷是另一重要毒物。砷对催化剂的毒害影响与硫中毒相似，但砷中毒是不可逆的，且砷还会渗入转化管内壁。砷中毒后，应更换催化剂并清刷转化管。

氯和其他卤素的毒害作用与硫相似，通常允许的含量更低，达到 $1×10^{-9}$ 的浓度级别。氯中毒虽是可逆的，但再生脱除时间相当长。此外，铜、铅、银、钒等金属也会导致催化剂活性下降，它们沉积在催化剂上难以除去。铁锈带入系统，会因物理覆盖催化剂表面而导致活性下降，但铁并非毒物。

(4) 催化剂的积炭与烧炭

以有机物为原料的石油化工反应，常见的副反应包括碳化物中元素碳的析出或沉积于催化剂上，故积炭也是许多石油化工催化剂常遇到的一种非正常操作之一，严重的甚至会造成固定床催化剂的完全堵塞。炼油用的催化裂化催化剂，极易使裂化原料烃积炭，故采用在移动床中进行周期烧炭再生的方法，方能维持连续运转。

现以轻油蒸汽转化催化剂为典型代表，讨论积炭与烧炭。原料性质和操作条件使这种催化剂发生积炭的概率较许多其他催化剂更大。

烃类（天然气或轻油）水蒸气转化过程中，形成碳的主要反应如下：

$$2CO \longrightarrow C+CO_2 \tag{4-47}$$

$$CO+H_2 \longrightarrow C+H_2O \tag{4-48}$$

$$CH_4 \longrightarrow C+2H_2 \tag{4-49}$$

在轻油转化时，还有更高分子量的烃热解而析碳：

$$C_nH_m \longrightarrow nC+\frac{m}{2}H_2 \tag{4-50}$$

其中式（4-50）所表示的积炭倾向与烃的种类有关。在转化条件相同时，积炭速度随烃中碳原子数增加而加快，而碳原子数相同时，芳烃较链烷烃及环烷烃易积炭，烯烃又较芳烃易积炭。相关实验数据如表 4-9 所示。

表 4-9　不同烃类的积炭速率

项目	丁烷	正己烷	环己烷	正庚烷	苯	乙烯
积炭速率/（mg/min）	2	95	64	135	532	17500
诱导期/min	—	107	219	213	44	<1

烧炭即除碳，是积炭反应的逆反应，见式（4-48）逆反应。这是以水使碳气化而消去的水煤气反应；若改用 O_2 代替水，也可生成碳的氧化物而去碳。

在实际操作中，积炭是轻油水蒸气转化过程中常见且危害最大的事故。表现为床层压力增大、炉管出现花斑红管、出口尾气中甲烷和芳烃增多等。一般情况下，造成积炭的原因是水碳比失调、负荷增加、原料油重质化、催化剂中毒或钝化、温度和压力的大幅度波动等。

水碳比的波动对积炭的影响是显而易见的，特别是当操作不当或设备故障引起水碳比失调而导致热力学积炭时，会引起严重后果，常使催化剂粉碎和床层阻力剧增，不得不更换或部分更换催化剂。生产负荷过高，在一定温度条件下使烃类分压增加，易产生裂解积炭。原料净化不达标，使催化剂逐步中毒而活性下降，重质烃进入高温段导致积炭，由热力学计算和单管中试证明，在床层顶部以下3m附近，存在一个"积炭危险区"。催化剂还原不良或被钝化，也会造成同样的结果。系统压力波动会引起反应瞬时空速增大而导致积炭。原料预热温度过高，炉管外供热火嘴供热过大，使转化管上部径向与轴向温度梯度过大，也容易产生热裂解积炭。

转化管阻力增加、壁温升高、催化剂活性下降等异常现象，几乎都可能由积炭引起，积炭是液态烃蒸汽转化过程中最主要的危险。因此，严格控制工艺条件，从根本上预防积炭的发生，才是最根本的措施。

为了防止积炭，要选择抗积炭性能优良的催化剂；要严格控制水碳比不低于设计值；要严格控制脱硫工段的工艺条件，确保原料中的毒物含量在设计指标以下，防止催化剂中毒失活；要防止催化剂床层长期在超过设计温度分布下运行，以免引起镍晶粒长大而使催化剂减活；要保持转化管上部催化剂始终处于还原状态，以保证床层上部催化剂足够的转化活性，防止高级烃穿透到下部。催化剂的失活会引起积炭，而积炭又反过来引起催化剂的进一步失活，从而造成恶性循环。

催化剂若处于正常平稳的工艺条件下运行，导致积炭的反应主要是高级烃的催化裂解和热裂解，以及转化中间产物的聚合和脱氢等反应；同时存在的消炭反应，主要是碳与水蒸气的反应。这两种对立反应的此长彼消，决定着催化剂上的净积炭量，而两种反应的速度又分别受工艺条件和催化剂抗积炭性能的制约。

烧炭可以视为使催化剂活性恢复的一种再生方法。催化剂轻微积炭时，可采用还原气氛下蒸汽烧炭的方法，即降低负荷至正常量的 30%左右，增大水碳比（水分子与油中碳原子之比）至 10 左右，配入还原性气体至水氢比 10 左右，控制正常操作时的温度，以达到消除积炭的目的，同时可以保持催化剂的还原态。

空气烧炭热效应大，反应激烈，对催化剂危害大，一般不宜采用。但必要时，可在蒸气中配入少量空气，一般占蒸气量的 2%～4%。防止超温，直至出口 CO_2 降至 0.1%左右。

烧炭结束后，要单独通蒸汽 30min，将空气置换干净，重新还原方可投料。重新还原时，最好选用比原始开车还原更加良好的条件，如更高的还原温度、氢分压或更长的还原时间等。这是由于钝化反应特别是含氧钝化反应的热效应较大，而且钝化反应经常是在较高的温度下发生的。在较高的水热条件下多次钝化、还原，常常会使催化剂可还原性下降。

经烧炭处理仍不能恢复正常操作时，则应卸出更换催化剂。当因事故发生严重的积炭，转化管完全堵塞时，则无法进行烧炭，只能更换催化剂。

当热点位置下移较多，反应器换热介质（熔盐）温度升高、产率下降时，应对催化剂进行烧炭活化。根据催化剂和生产工艺的特性，可用空气直接进行烧炭活化。

活化条件：温度 450℃，风量（空气）400～600m³/h，时间 6～8h。操作：停止进料，停风机；开启熔盐槽中所有电热棒进行电加热，使熔盐温度升至 450℃；开风机，调整风量，视活化开始。

(5) 催化剂活性衰退的防治

在使用催化剂时，如何使催化剂能够保持较高的活性而不衰退，或者使催化剂衰退后能够得到及时再生而不影响生产，通常需要针对不同的催化剂而采取相应的措施，下面分三种情况来说明。

① 在不引起衰退的条件下使用。在烃类的裂解、异构化、歧化等反应过程中，析炭是必然伴生的现象。在有高压氢气存在的条件下，则可以抑制析炭，使之达到最低程度，催化剂不需要再生而可长期使用。除氢以外，还可用水蒸气等抑制析炭反应而防止催化剂的活性衰退。

原料中混入微量的杂质而引起的催化剂衰退，可在经济条件许可的范围内，将原料精制去除杂质来防止。

烧结及化学组成的变化而引起的衰退，可以采取环境气氛及温度条件缓和化的方法来防止。例如，用 N_2O、H_2O 及 H_2 等气体稀释的方法使原料分压降低，改良散热方法防止反应热及再生时放热量的蓄积等。

② 增加催化剂自身的耐久性。用这种方法将催化剂活性中心稳定并使催化剂寿命延长。提高催化剂耐久性的方法是把催化剂制备成负载型催化剂，工业催化剂大多是这种类型。也可使用助催化剂以使催化剂的稳定性进一步提高。

③ 衰退催化剂的再生。第一种方法是使催化剂在反应过程中连续再生。属于这种情况的实例是钒和磷的氧化物催化剂，用于 C_4 馏分为原料制取顺丁烯二酸酐，反应过程中由于磷的氧化物逐渐升华而消失，因此这种催化剂的再生方法是在反应原料中添加少量的有机磷化物，以补充催化剂在使用过程中磷的损失。又如乙烯法合成醋酸乙烯，使用 Pd-Au 醋酸钾/SiO_2 催化剂，助催化剂醋酸钾在使用过程中升华损失而使反应的选择性下降，因此连续再生催化剂的方法是在反应进行过程中恒速添加适量醋酸钾。

第二种方法是反应后再生。这种情况的实例是催化剂在使用过程中表面上会积炭，这种催化剂的再生是靠反应后将催化剂表面的积炭烧掉，也可以利用水煤气反应，用水蒸气将积炭转化掉。对苯二甲酸净化用加氢 Pd/C 催化剂，其表面常被酸性大分子副产物覆盖，近年来常在使用数月后用碱液洗涤再生。上面两个例子中催化剂的再生都可以在原有反应器内进行。工业催化剂的再生也有把催化剂从反应器取出后用化学试剂或溶剂清洗催化毒物使其再生的方法。

第三种方法是采取容易再生催化剂的反应条件。由于一般催化剂的再生条件和反应条件有较大差异，两者对能量及设备材质的消耗都不同。为此应选择在便于催化剂再生的条件下进行反应，使两者同时得到满足。例如石油催化裂化的沸石催化剂，反应过程导致催化剂表面积炭，可以用燃烧法再生，但燃烧过程中释放出大量 CO 而产生公害，为此有人设计出这样一种催化剂，即把 Pt 负载在 4A 型沸石分子筛上，使其与催化裂化催化剂共同用于催化反应，此时 4A 分子筛可促进 $CO+O_2 \longrightarrow CO_2$ 转化反应，而油分子又不能进入 4A 分子筛的孔内，因而不致产生裂化反应，这样就达到了反应和再生同时兼顾的目的。当然，对于不同的催化剂，应采取不同的措施"对症下药"，才能很好地解决催化剂的活性稳定和长周期使用的问题。

(6) 催化剂的寿命与判废

投入使用的催化剂，生产人员最关心的问题，莫过于催化剂能够使用多长时间，即寿命多长。工业催化剂的寿命随种类而异，表 4-10 所列出的几种催化剂的寿命仅是一个统计的、经验性的范围。

表 4-10　几种工业催化剂及其寿命

反应	催化剂	使用条件	寿命
异构化　$n\text{-}C_4H_{10} \longrightarrow i\text{-}C_4H_{10}$	$Pt/SiO_2 \cdot Al_2O_3$	150℃，1.5～3MPa	2 年
氢化　$HCHO+H_2 \longrightarrow CH_3OH$	Ag，$Fe(MoO_4)_3$	600℃	2～8 个月
氧化　$2C_2H_4+2HOAc+O_2 \longrightarrow 2C_2H_3OAc+2H_2O$	Pd/SiO_2	180℃，8MPa	2 年
重整制苯　$12C_7H_8+3O_2 \longrightarrow 14C_6H_6+6H_2O$	$Pt\text{-}Re/Al_2O_3$	550℃	8 年
氨氧化　$C_3H_6+NH_3+3O_2 \longrightarrow C_3H_3N+H_2O+$其他副产物	V、Bi、Mo 氧化物/Al_2O_3	435～470℃，0.05～0.08MPa	

对于已使用的催化剂，并非任何情况下都必须追求尽可能长的使用寿命，事实上，恰当的寿命和适时的判废，往往牵涉许多技术经济问题。显而易见，运转晚期带"病"操作的催化剂，如果带来工艺状况恶化甚至设备破损，延长其操作期便得不偿失。至于某一工业催化剂运转中寿命预测和判废，涉及的问题比较复杂，在此不展开论述，读者可参阅其他书籍。

4.3.2　工业催化剂的选择与优化

在工业催化剂的设计和产业化过程中，一些关键步骤往往在研究报道中被忽视。许多在催化剂科技期刊上发表的论文，其焦点通常是新催化剂配方的开发，这些配方要么是为了新兴的有趣应用，要么是声称对现有工艺进行了改进，提供了更优异的产品特性。这些所报道的性能，一般都是基于使用实验室制备的极小量粉末催化剂和极高纯度的原料而进行的非常小规模的测试得到的。通常，这类研究都缺乏工艺条件或准工业环境对催化剂评价和筛选等重要中型试验的深刻认识。

当前的石油化工反应一般都是在稳态条件下操作，经过培训的专业人员监控着反应过程，并在需要时进行适当的调整。因而，很好理解催化剂运行、失活、再生的工作周期（循环）。汽车尾气催化净化器是另一个典型的催化工作循环。而像燃料电池驱动的便携式电子设备、带有集成燃料转化器以产生氢气的住宅燃料电池系统，对工作循环的要求就非常多变和苛刻。这些产品的用途和应用场景大不相同，但其催化剂开发过程的基本逻辑是相似的。

实际上，一种工业催化剂最终应用是由用户需求和工艺过程共同决定的，这对于催化剂制造者如何着手形成最终商业产品，保证其在最终用户手里有合格性能，有着深远的影响。

下面从催化剂制造者角度出发，介绍催化剂开发初期、生产放大和最终产业化中的一般原则以及几种典型工业催化剂的选择和优化历程。

4.3.2.1　工业催化剂开发一般原则

（1）催化剂开发的第一步

与工艺开发人员或是潜在的最终用户一起确定目标和时序，是确定所要采取何种技术路线的基础。在启动催化剂开发项目前，应该首先考虑以下几个关键的单元操作问题。

① 反应器构造：固定床（微粒型或整体型）、流化床、浆态床。

② 整体工艺经济性对催化剂活性、选择性和寿命的最低要求。

③ 工艺操作条件：温度、压力、进料速度、流体相（气相、液相或混合相）以及这些条件的预期操作范围。

④ 预计的那些可能引起催化剂可逆或不可逆中毒的原料杂质。

⑤ 再生条件。

（2）催化剂制备

催化剂开发初期需要做大量的候选催化剂材料的组合筛选工作。这些组合筛选要根据对反应需求的基本认识和文献中报道的信息来确定，然后再结合"试验设计"，确定最佳组成、最佳的关键合成参数和后期处理条件。

催化剂制备科学家将在实验室制备那些由高通量试验确定的最有前景的候选者。这些材料通常根据催化剂前体和最终产品用途（安全、环境可接受性、成本划算）被制成特定的结构（微粒、粉末、整体式结构等）。

在优化最终催化剂组成和制备方法的开发阶段，需要在制备和测试之间建立常态的反馈网络。科学家将持续不断地改进制备工艺，包括活性组分和助剂的类型和浓度，催化剂的形状、尺寸和机械强度等。

（3）催化剂初级测试

一旦确定了催化剂的配方并制备出合格的催化剂，就要在实验室反应器中进行可靠的测试。这些测试要模拟最终使用工艺条件，包括原料组成、温度、压力、空速等，对催化剂活性、选择性和短期寿命的影响。这些测试结果要形成转化率和选择性随温度变化的曲线（见图 4-35）。

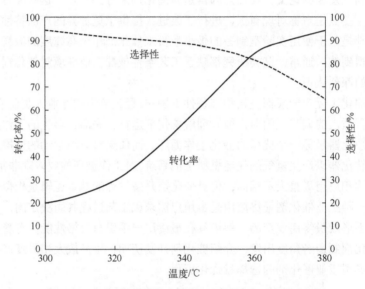

图 4-35　初期性能测试中转化率和选择性随温度变化的曲线

成功的候选者将进入下一步高级测试阶段，通常包括模拟连续进料工艺中的老化试验。

（4）与工艺过程匹配的高级测试

极端条件对性能的影响，包括催化剂中毒和在工作过程中可能遇到的紊乱条件等。研究催化剂失活和再生非常重要，它有助于了解如何延长催化剂的寿命。可采取一些措施，包括在反应器上游设置保护床。要使之有效，必须彻底研究和理解原料中杂质对催化剂的影响以及毒化作用机理（即可逆或不可逆）。此外，还必须充分了解催化剂操作的空速、温度和压力范围。这在汽车尾气排放控制中尤其重要，因为其催化剂要在各种不同的驾驶条件（即在各种空速和温度）下工作，从而减少污染物排放。

（5）失活研究

在长期测试的不同阶段，催化剂样品会被取出，用标准的仪器方法来确定其失活的主要原因。原料气必须近似地模拟工业装置中的实际情况，对于失活的或废弃的催化剂，也要进行日常定性测试，以了解催化剂发生变化的原因。有多种体相或表面分析技术可用于表征催化剂。人们可以借助光学和电子显微镜、X 射线光电子能谱（XPS）来研究催化剂表面的污染物，以识别、定性和定量催化剂上的外来杂质。X 射线衍射（XRD）、电子显微镜和核磁共振可以用来分析催化剂的结构变化。在流化床或浆态床等实际应用中，催化剂因自身相互摩擦而产生的机械磨损是一个特殊问题。通常，通过各种不同的标准耐磨试验来测定磨损产生的细粉量。载体的烧结用 BET 或 XRD 法测试，而活性组分的烧结则用选择性化学吸附技术、XRD 或 TEM 进行测试。

下一项关键工作就是确定失活的原因，并且尝试排除各种可能的原因。例如，如果发现催化剂中毒，就应先评估其在没有毒物时的工作循环内的情况。这将促进对于催化剂失活、中毒情况的理解。很可能有许多结构性和化学性的变化发生，但是只有最重要的变化，才会导致严重失活。如果根据观察到的载体或催化组分的烧结或相变，而认为热引发老化是可造成失活的原因，则可以将催化剂暴露在这些极端温度条件下，进而研究其活性是否低于新鲜催化剂的水平。在处理碳氢化合物时，经常会有焦炭沉积（即覆盖）在催化剂上，覆盖了催化剂表面，堵塞了孔隙，使反应物无法与活性中心接触。在稀释的氧气中简单烧掉这些焦炭，然后进行活性试验就能确定催化剂是否能够再生以及在何种条件下再生。

(6) 动力学研究

如果对于反应动力学有了深入的了解，工业催化剂的成功设计就会非常容易完成。确定反应中的速度限制步骤并降低其活化能非常重要。一旦速度限制步骤被确定，催化剂科学家或工程师就可以优化催化剂的化学、物理性能和工艺过程。对于动力学控制的反应，人们可以通过增大催化组分的分散度，或简单增大活性组分的浓度，或将二者结合起来，从而提高催化剂活性中心数量。提高温度也有利于提高反应速度，因为动力学控制的反应与传质控制的反应相比，具有更高的活化能。

对于可能存在内扩散控制的反应，载体的孔道可以做得大一些，或者将活性组分沉积在载体颗粒的近外表面位置。较小的颗粒也会减小扩散距离，有利于提高反应速度，但同时小颗粒会提高固定床工艺的压降，也会造成浆态床工艺反应介质与催化剂的分离困难。有些生产厂家使用环形或"面包圈"形载体，以减少扩散路径而不会牺牲压降。

对于由传质控制的反应，增大催化剂的几何面积（即较小的颗粒、粗糙的表面），或是增加整体式反应器中的通道数目，都将有助于提高反应速度。通过反应器设计而强化湍流，也是工程师们用以提高反应速度的一个常见手段。

(7) 催化剂放大

近几十年，在了解催化剂设计的根本原理方面，取得了许多重要进展，其中包括使用更精细的定性工具对活性中心进行研究。另外，高通量和组合技术使人们发现了多个适用于各种重要工业化反应的新型和改进型的催化剂配方。但是，对于实验室新发现的催化剂的规模放大方面的认识和改进，研究成果还太少。因此，催化剂放大在很大程度上还继续保持为一种"艺术"。这个放大过程基本上以经验为主。

实验室催化剂合成所遇到的挑战通常远远小于大规模生产。对于大批量生产，有许多工程注意事项必须作为设计参数予以考虑。实验室合成几乎总是很小量规模、使用高纯度试剂、利用良好控制的精制处理步骤，通常也不会考虑将配方投入工业规模应用的可行性。在催化剂配方转入工业化生产前，还有许多问题要回答：催化剂前体是否给工厂操作者带来不安全的生产环境？催化剂前体盐类分解造成的排放是否需要新的减排条件？是否有更便宜的前体可以使用？各反应物的加入顺序是否能使工厂平稳操作？上述这些，是降低生产成本的关键因素，在生产之前必须予以优先考虑。

催化组分混合和生热问题也必须予以严格控制，以免产生局部热点或是不均匀的混合。将催化剂成型为尺寸、形状、强度和黏结性（整体式反应器的涂层）都适宜的最终结构，是满足其性能指标最关键的一步。最后的热处理一定要保证足够的干燥和煅烧，而不破坏载体或支撑物的结构。

催化剂生产成本是任何一个放大效应的重要方面。使用昂贵、高纯度前体的配方通常已经被禁止，因而必须找到性能相近、便宜且可以从市场采购的材料。那些无论是在初期合成，还是在必要后处理中会导致过度损耗的前体也必须禁止使用。

(8) 催化剂产品质量控制

由于工厂在催化剂生产过程中工厂存在的局限性，必须明确地知道催化剂生产的允许偏差。换句话说，需要确定催化剂是否能够在规定的指标范围内重复生产。例如，如果在实验室和工况条件下制备与测试的催化剂组成为 0.5% 的 Pt 和 0.05% 的 Fe 沉积在 Al_2O_3 载体上，那么工厂生产这种组成的催化剂的可靠性有多高？保证性能不受损伤的允许偏差又是多少？因此，对于在满足客户技术参数要求前提下的可接受的性能-组成偏差，研究团队要有正确认识，这一点非常重要。因此，催化剂生产厂家和客户之间要达成一定的质量控制指标，并且在催化剂实际应用之前这一指标只是暂时的。当取得实际应用的真实数据后，相应的质量控制指标可能会进一步调整。

大多数催化剂生产厂家都拥有加工过程检测设备，以保证产品满足指标要求，避免生产出不可接受的产品。通常，模型活性试验可确保每个批次的催化剂性能的一致性。此外，一些快速且相对简单的定性测试，例如化学成分分析、化学吸附分析、XRD 等，来确保催化剂的组成、活性组分的分散度和载体结构能够满足产品质量要求。

4.3.2.2 示例——汽车尾气净化催化剂

汽车尾气净化催化剂是在美国的《清洁空气法》的推动下开发出来的。最初，将催化剂置于汽车尾气那样苛刻的工况环境是难以想象的。20 世纪 70 年代初，人们首次讨论汽车内燃机排放物的控制时，用催化剂的方案很快就被大多数汽车公司驳回了。他们非常了解燃料质量和汽车的尾气排放成分。更重要的是，他们了解汽车的工作循环、消费者的驾驶和保养习惯。他们认为催化剂不可能在这种极端条件下长时间满足美国联邦法规的要求。但是，催化剂公司接受了这个挑战，并不断地发现和解决在这个工况环境中遇到的关键问题。

① 一氧化碳、未燃烧的碳氢化合物、氮氧化物的排放必须降低，以满足 1975 美国能源政策与节约法案。氮氧化物排放要通过发动机改进来控制，使得氧化催化剂成为最大的挑战。其中发生的反应为：

$$2CO+O_2 \longrightarrow 2O_2 \tag{4-51}$$

$$C_xH_y+\left(x+\frac{y}{4}\right)O_2 \longrightarrow xCO_2+\frac{y}{2}H_2O \tag{4-52}$$

$$2NO_x+2xCO \longrightarrow N_2+2xCO_2 \tag{4-53}$$

② 燃料质量，特别是汽油中的铅，过去常被用于提高辛烷值，现在已知是催化剂的永久毒物。

③ 催化剂在苛刻高温气流环境中的稳定性。已知这种环境会加速催化剂载体和其催化组分的烧结。

④ 热冲击对催化剂机械结构的影响。在从高速路上的高速行驶到城市道路上的低速行驶的过程中，汽车会经历一个瞬态的快速温度变化，这一点必须予以考虑。

⑤ 安放在排气装置中的催化剂会导致汽车尾气排放的流动阻力增加，从而影响车辆的驾驶性能和燃油经济性。

⑥ 众所周知，汽油中的硫对大多数催化剂是有毒物质，特别是对于过渡金属（如铜、铬、镍、钴、锰等）催化剂。油品中无机添加剂（如磷、锌、钙和其他无机物）也会覆盖住催化剂表面。

面对挑战，人们利用已有的催化剂数据库，找出催化剂的改性方法、研制新的测试设备，以解决新用途所面临的这些问题，以期满足美国联邦政府新的排放法规。

（1）燃油质量的问题

汽车公司和催化剂生产厂家很快发现燃油中的铅对于所有候选催化剂都是永久的毒物。他们向美国联邦政府提出了申请，并由政府通过立法来强制燃油公司减少汽油中的铅添加量。到 1975 年，汽油中铅的添加量大幅降低了。因此，为尾气净化的催化剂解决方案做好了准备。

（2）催化剂活性组分：普通金属与贵金属的比较

为了开发催化剂解决方案，催化剂生产商和汽车制造商建设并投用了催化剂制备和试验设备，包括发动机和底盘测力计。实验室还配备了在驾驶周期内极端条件流速下能够产生可比拟的污染物浓度的反应器系统。尤其是，能够实现以往载体催化剂从未经历过的高温蒸汽环境。同时，反应器也配备了模拟可能遇到的毒物（如硫）和油品添加剂的原料气，以评估最有前途的新催化剂备选者。

众所周知，贵金属氧化物与普通金属氧化物相比，其活性更高、更耐久，但价格昂贵和存量有限阻碍了其大规模商业应用。因此，研究者开始寻找廉价的材料。相关的研究加速推进，筛选具有足够活性和耐久性的廉价金属，以期找到满足尾气排放工况环境所要求的催化剂组分。多年深入研究表明，普通金属氧化物由于热稳定性和抗毒能力不佳，很难成为尾气净化催化剂活性组分。

（3）催化剂结构：颗粒式与整体式的比较

研究者把注意力更多地集中在了汽车排气装置内负载贵金属的载体和支撑物方面。高比表面积的微粒载体，如 γ-Al_2O_3，在化工和石油加工领域是众所周知的催化剂载体，人们自然想到了它们。同时，这些载体的生产厂家已具有现成的生产能力，具备通用的催化剂制备工艺和生产设备。

但是，有些汽车制造商由于关心尾气排放压降和微粒磨损问题，开始探索新的陶瓷整体式结构（堇青石），将催化剂组分涂覆其上。陶瓷整体式反应器具有平行排列的多孔通道，开放表面超过 70%，可以保证低压降。由于该反应器的器壁比表面积小，需要通过基面涂层涂覆的方式将催化剂组分置于其上。基面涂层主要由高比表面积的载体（如 γ-Al_2O_3）以及分散于其上的贵金属组合而成。添加有活性组分和载体的含水浆液通过浸渍过程沉积到整体式反应器的器壁上，然后通过干燥、煅烧除去前体盐类，以确保涂层与整体式反应器的黏合。涂覆了基面涂层的整体式反应器必须要有足够的耐热冲击能力，以满足极端温度瞬变时的机械完整性的要求。

（4）第一代净化催化剂

致力于使用 γ-Al_2O_3 熔珠负载铂和钯两种微粒金属催化剂的工作和整体结构涂覆含铂和钯涂层的工作同时进行。这些工作进展很快，用金属氧化物稳定剂进行改性，使 γ-Al_2O_3 具备了抗水热烧结能力。根据已知的主要失活机制，通过尝试不同的铂和钯的组合，进行了大量的催速老化试验，研究者在催化剂和反应器设计方面获得了大量急需的模拟耐久数据。约 5 年的汽车行驶试验表明，无论是颗粒型反应器还是整体式反应器都能满足政府法规的要求。1975 年，第一台加装了催化转化装置的汽车已经上路了。

(5) 最终测试

在汽车司机驾驶过程中，问题开始出现。特别是那些配备了微粒催化剂的汽车，颗粒间摩擦造成的催化剂磨损成为转化器寿命缩短的最主要原因。最终在 20 世纪 70 年代末，汽车尾气净化系统全部采用了整体式反应器。所以，尽管富有经验的化学工程师和机械工程师进行了广泛的实验室和工况试验，消费者的驾驶习惯最后成为整体式反应器系统胜出的决定因素，这也是当今世界唯一在用的此类技术。

现代的尾气转化器代表了当今催化剂技术的最高成就之一。现代三元催化剂（TWC）可以同时将一氧化碳、未燃烧的碳氢化合物和氮氧化物转化到极低水平，其预期寿命可以达到241401.6km。TWC 的成功来源于对汽车工况环境的深刻理解，并且利用加速老化试验解决了所有的关键问题。配有氧气传感器的现代三元催化转化器的结构如图 4-36 所示。氧气传感器能够检测到废气中的氧含量，将信号反馈给发动机，然后在一个同时转化 CO、C_xH_y 和 NO_x 的化学计量窗口内，控制进入发动机的空气/燃料比。现代 TWC 通常含有 Pt、Pd、Rh 组合金属的超稳高比表面 γ-Al_2O_3 基面涂层。其中，还添加含有 CeO_2 的化合物，以消除尾气中氧的扰动，并利用反馈控制系统中的时间延迟来调变空气/燃料比以获得最佳性能。

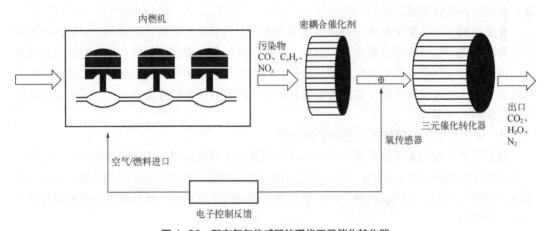

图 4-36 配有氧气传感器的现代三元催化转化器
一个紧密耦合安装的催化剂放在贴近发动机的位置，以确保在驾驶期间冷启动时快速点火

4.3.2.3 示例——催化裂化催化剂

流化催化裂化（FCC）被称作炼油厂的心脏。这是一种体积庞大的化工工艺过程，它可以把 C_7 及以上的烃类化合物降解到 $C_5 \sim C_{12}$ 汽油和 $C_{13} \sim C_{17}$ 柴油馏分。近些年来，FCC 还越来越多地被用于生产轻质的液化石油气（LPG）烯烃，如丙烯和丁烯。后者可以用作化工原料。FCC 装置包括一个提升管反应器和一个再生器。进入催化裂化装置的原料首先在提升管的底部被预热，并与热的再生催化剂接触。原料与催化剂的混合物以柱塞流的方式气动送入提升管上部，并伴随裂化反应的发生。在此过程中，蜡油被裂解为一系列的沸点递减的产品，如重柴油、轻柴油、汽油、LPG、干气和氢气，同时伴随着焦炭生成并沉积在催化剂上。在提升管的顶部，液相和气相产品与催化剂发生分离，产品被送入分馏塔；而含有大约 1%（质量分数）焦炭的废催化剂被送去再生器。再生器的主要作用是将催化剂表面的焦炭氧化成二氧化碳和水。再生器的另一个作用是利用焦炭的燃烧热将催化剂加热到约 740℃，并为裂化

反应提供反应热量。这个热量由进入提升管底部的热催化剂提供。

工业上，FCC 催化剂颗粒一般为 70μm 的微球，它是不同催化组分的复杂混合物。它们主要是稀土氧化物交换的 Y 型分子筛或是超稳 Y 型分子筛。

FCC 催化剂的开发是个艰巨的过程，但主要工作有以下几方面的影响。

(1) 失活

失活反应是任何工业催化剂开发过程中的重要研究内容，但在 FCC 装置中则面临着独特的挑战。在其他大多数应用中，新鲜催化剂被装入工业装置后，失活情况即开始随时间发生。与此相反，新鲜的 FCC 催化剂是被连续地加入裂化单元内，同时以近似相等的量从单元内排出。裂解单元内的催化剂是剂龄范围无限的混合物，从新鲜催化剂到完全失活催化剂。这种催化剂被称作平衡剂。在典型的裂化单元内，每天有催化剂总量的 2%～5% 被新鲜催化剂替换。基于这一特点，开发一个成功的工业用催化剂，需要深入地了解催化剂失活机制，以及具有代表性的剂龄催化剂的性能。

这里将讨论两种失活作用：①蒸汽与温度引起的失活；②镍和钒等金属污染物引起的失活。

FCC 催化剂的主要成分 Y 型分子筛在蒸汽与温度的影响下失活。在 FCC 再生器环境中，热失活是一个缓慢的过程，水热老化占优势。FCC 催化剂的活性和选择性是其分子筛含量或分子筛比表面积和分子筛晶胞常数（UCS）的函数。研究发现，蒸汽分压和温度对分子筛比表面积具有重要影响。如图 4-37 所示，在 FCC 再生器的操作条件下，催化剂的热失活现象相对较轻。然而，当蒸汽分压达到 25% 时，催化剂的比表面积会显著下降。此外，分子筛的保持率会随着蒸汽分压、温度和时间的增加而逐渐降低。与比表面积相比，晶胞常数（UCS）的下降速度更快。在典型情况下，UCS 在失活的前 30min 内就衰减到了平衡值，其衰减的主要因素是温度而不是时间。目前，还没有一个明确标准来决定用哪一个变量使新鲜剂失活至平衡剂性能。在大多数情况下，先采用 100% 蒸汽分压的分析方法。使用温度是 788℃或 815℃，而时间被用作"自由"变量来使新鲜催化剂失活，直至其与平衡剂的性能相匹配。

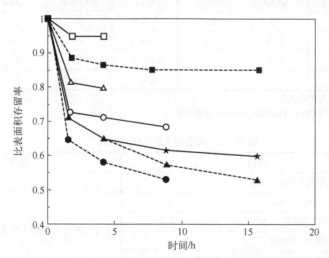

图 4-37　温度和蒸汽分压对某典型 FCC 催化剂在一定时间范围内比表面积存留率的影响

当涉及渣油 FCC 催化剂时，失活反应就更具挑战性。进入裂化单元的渣油原料一般都含有总量为 0.5～10μg/g 的金属污染物——镍（Ni）和钒（V），经过成百上千次的工作循环后，其在催化剂上的累积量将达到 3000～10000μg/g 甚至更高。这两种金属对催化剂的活性和选择性具有不同的影响。它们都是优秀的脱氢催化剂，在提升管的还原环境下催化脱氢生成氢气和焦炭。实验室条件下的研究发现，两种金属作用几乎相同，但是在工业单元中，V 在催化脱氢反应中只占到了 Ni 的 25%。除脱氢作用外，V 还会破坏 Y 型分子筛的结构，并且会在水热条件下发生迁移。如何正确模拟这种工况下的催化剂？为此，人们开发了多个工业化研究方案，按其由易到难的顺序为：①米切尔（Mitchell）浸渍汽提法；②米切尔的循环丙烯汽提（CPS）沉积法；③蒸汽循环沉积法。

米切尔浸渍汽提法，是用与平衡剂预期金属量相匹配的 Ni 和 V 浸渍催化剂然后进行焙烧和汽提。一般在汽提塔内加入 10%～20%的空气以使 V 保持+5 价态和流动性。表 4-11 比较了平衡剂与米切尔法失活催化剂的性能。与平衡剂相比，简单的米切尔法失活过程中，氢气生成量高出了 35%，表明 Ni 和 V 活性较高，分散性较好。关于米切尔法，人们有几点担心：①污染物金属没有被暴露在 FCC 中出现的氧化还原反应环境下；②污染物金属的分布与在平衡剂中的分布不匹配，Ni 在平衡剂中主要沿边缘分布；③所有金属都被去活到了同样程度。修正第一种担心的方法，就是引入循环丙烯汽提（CPS）失活法。CPS 取代蜡油用来还原碳氢化合物，含有的更易控制的丙烯作为实验室还原剂。利用米切尔法进行后浸渍，使催化剂在伴有蒸汽的丙烯和空气环境间循环进行去活。典型 CPS 失活方案见表 4-12。人们还提出了多个修改方案，但是基本氧化还原原理没有改变。

表 4-11 经过米切尔法、周期性沉积单元（CDU）法失活后在转化率为 75%时的 MAT（催化裂化催化剂活性测试系统）剂油比和产率与平衡剂的比较。

表 4-11 米切尔法、CDU 和平衡剂的比较

项目	米切尔法	CDU	平衡剂	项目	米切尔法	CDU	平衡剂
剂油比	5.3	5.3	5.6	汽油/%	50	50	50
H_2/%	0.84	0.75	0.62	LCO/%	18.6	18.5	17.3
干气/%	3.44	3.26	2.91	HCO/%	7.7	8.6	9.5
LPG/%	10.6	10.9	10.9	焦炭/%	9.4	9.1	10.0

注：1. 表中百分数均为质量分数。

2. LPG—液化石油气；LCO—轻循环油；HCO—重循环油。

表 4-12 典型的 CPS 失活方案

序号	内容	备注
1	加热阶段：从室温加热到 733℃	
2	50%氮气+50%蒸汽，10min	29 个循环周期（循环 29 次）
	50%氮气（含有 5%丙烯）+50%蒸汽，10min	
	50%氮气+50%蒸汽，10min	
	50%含有 4000μL/L 二氧化硫的空气+50%蒸汽，10min	
3	50%氮气+50%蒸汽，10min	第 30 周期（循环 1 次）
	50%氮气（含有 5%丙烯）+50%蒸汽，10min	
4	冷却阶段：在氮气流下冷却	

尽管 CPS 提供了一个模拟 FCC 反应器氧化还原过程的方案，但是它没有观察工业装置上的 Ni 的非均匀分解。由于真实原料中存在的 Ni-卟啉是体积很庞大的分子。即使在大孔隙中，它的扩散速率也很低，所以会发生优先沉积。不管是分子筛，还是无定形基质的表面，一旦 Ni-卟啉发生沉积，它都会留在那里直至被作为焦炭烧尽，在再生器内催化剂表面留下氧化镍。氧化镍会在提升管内被还原为金属镍。

在概念上，周期性沉积法与催化剂在 FCC 单元之中经历的真实失活过程极为接近。将辛酸镍和环烷酸钒溶于轻瓦斯油中并作为原料进行裂解，其浓度水平的确定，就是要使目标平衡剂的金属含量水平可以在 20～50 周期内达到。周期性沉积单元（CDU）的设计是要使其成为固定床单元，典型的运行周期包括金属掺杂的瓦斯油的裂化（30～90s）、用氮气脱附（约 10min）、再生（约 10min）和汽提（约 30min）。CDU 方案试图回答涉及米切尔方法的两个担心。因为裂化是在金属上发生的，所以一般推测 Ni 的分布将更不均匀。表 4-11 显示，CDU 的失活作用使催化剂的氢气产率低于米切尔法，但还是比平衡剂高。这由多种因素造成，第一个原因是裂解的分子比卟啉小，此分子可以较深地渗透到催化剂微球内部；第二个原因是本操作中描述的特殊 CDU 策略比平衡剂更温和。与 CPS 类似，实验室一直在修改 CDU 策略。

在开发工业催化剂时，哪些是可供选择的正确策略呢？答案就在于对开发速度与准确性的平衡。大多数催化剂开发计划会使用上述所有策略，有时则将其彼此结合在一起使用。最常使用的方法是：在开发计划的初期使用较简单的米切尔法失活反应，这时筛选不同配方的速度至关重要；在之后的计划中，目标将变为原理验证，或是针对某个关键客户，或是进行放大，这时就有必要更多地使用 CDU 这样的金属裂解法。

(2) 剂龄分布

FCC 催化剂失活反应的另一个方面的问题就是剂龄分布。由于剂龄和失活程度所展现的复杂情形，单一模式的失活测试难以模拟平衡剂的失活情况。贝叶尔林（Beyerlein）等根据密度差分析完成了一个平衡剂的系统反隔离试验。对不同剂龄催化剂部分催化活性的评估表明，平衡剂中最新鲜催化剂的 15%贡献了 45%的裂化活性。但在实验室内准确地重复这样的效果很难。任何一个 FCC 单元都会有不同的答案。

斯托克韦尔（Stockwell）和维兰德（Wieland）致力于构建一个模型，该模型利用分子筛的比表面积、基础表面积以及晶胞常数（UGS）的数据，旨在提出一种新方法来处理催化剂剂龄分布的问题。他们按 20%/40%/40%这样 3 个不同的质量分数来复制渣油裂化单元中的平衡剂。第一部分的 20%在 788℃汽提，第二部分的 40%在 815℃汽提，第三部分的 40%在 843℃汽提。通过实验确定在不同温度下的汽提时间。他们的工作表明，要开发一个复杂的剂龄模型是不可行的，即使做出巨大努力，也还是不清楚能否得到一个一站式解决方案。知道这一点对开发工业催化剂也很重要。

许多实验室所使用的一个更简单的方法，是用单一的失活反应去与平衡剂的分子筛和基质比表面积匹配。无论在何处，都将 2%～5%的新鲜催化剂加入失活的催化剂中，将这种混合物用于催化作用评估。这种方法简单易行，并且能描述新鲜催化剂在活性和选择性方面起的作用。

(3) 磨损

在工业上，任何成功开发的新 FCC 催化剂都需要将活性组分制成耐磨微球。在一个典型的 FCC 单元里，加入的新鲜催化剂中有 0.1%～0.5%（质量分数）成为细粉从烟道流失掉了。磨损之所以重要，主要基于两方面原因：①炼油厂不想丢失宝贵的催化剂；②在许多情况下，环保法规禁止炼厂由烟道向外排放粉尘。此粉尘系指通过裂解炉烟道排放的残渣总量。在FCC 装置中设置旋风分离器的目的，就是要留住所有粒径大于 40μm 的颗粒以及 95%以上的粒径大于 20μm 的颗粒。

催化剂在 FCC 单元中的磨损，主要来源于通气格栅、床体内部的气泡、旋风分离器、管道系统中的弯管等。目前有多种不同的磨损检测设备可用。实验室中检测催化剂磨损性能的较常用方法是空气喷射法。干燥并经过加湿处理的催化剂样品被放入长为 710mm、内径为35mm 的圆筒形管内，用 3 个高速射流进行磨损处理。筒管的出口与一个直径稍大的分离室相连，以留住所有粒径大于 20μm 的微球。粒径尺寸小于该值的微球就被淘析出去并收集在一个套管内。通过称量实验中 1h 和 5h 时套管的重量就可以测定产生的细粉量。空气喷流性指数由淘析细粉量计算，由此可得到催化剂耐磨损性能的相对值。

一般用黏结剂将活性分子筛晶体黏合成具有一定耐磨性能的微球。目前，共有 4 种黏合剂体系被用于 FCC 催化剂工业化生产中。表 4-13 列出了这 4 种黏合剂的类型和特征。硅溶胶黏结剂是一种相对惰性的黏结剂，由水玻璃硅酸钠与酸化硫酸铝溶液混合制得。这是一种清澈、低黏度的溶胶，对 pH 值非常敏感，保存期限很短。将此溶胶与活性组分（如 Y 型分子筛）混合，喷雾干燥得到耐磨损微球。与此相反，由氯化二聚水合铝（ACH）制得的铝溶胶是一种基化铝溶胶，氯离子作为抗衡离子。此溶胶也可用于黏结活性组分，但是需要焙烧才能使微球具有足够强度。第三种黏结剂是拟薄水铝石，由氧化铝用一元酸（如甲酸）胶溶制得。这种黏结剂的一个优点就是其在焙烧时会转化为 $\gamma\text{-}Al_2O_3$，后者自身可以提供催化裂化反应的路易斯酸。另一种与众不同的黏结技术叫作原位法。在此法中，将高岭土片晶喷雾干燥形成高岭土微球，然后利用从高岭土中硅和铝元素在微球孔道内部原位生长 Y 型分子筛，这种结构内的 Y 型分子筛实际上就是一种黏结剂。

表 4-13　实际商用的黏结剂

类型	比表面积/（m^2/g）	活性
硅溶胶	20	极低
氯化二聚水合铝	60～80	中等
拟薄水铝石	300	高
自黏合（原位法）		高

（4）原料效应

催化剂工业化的另一项测试，就是用相关的商业原料评估催化剂的性能。与那些在严格的原料指标范围内进行操作的化学反应装置不同，FCC 催化剂的设计需要应对不断变化的原料。原料变化的一个原因是炼厂的原油来源变化。在一个竞争性超强的炼油环境下，炼厂总在寻找最经济的可用原料。另一个原因则是 FCC 装置的上游单元的非正常或是正常工作循环的变化，例如，原料加氢处理装置。当原料加氢处理装置接近其工作周期的最后阶段，FCC单元就有可能遇到金属、硫和多环芳烃较多的原料。人们设计的 FCC 催化剂就能够应对这样的正常波动情况。

FCC 原料的复杂性可由表 4-14 中的两种典型工业原料来说明。原料 B 为渣油，典型特征是 Ni 和 V 的含量高出正常值数个数量级并具有较高的康氏残炭值（反映原料未反应组分的指标）。即使两种原料的终沸点（BP）相同，原料 B 的馏程显示，其大部分馏分在较高温度下才能沸腾。

表 4-14　两种典型 FCC 原料的特征描述

类型		瓦斯油原料 A	渣油原料 B
Ni/（μg/g）		0.3	6.6
V/（μg/g）		0.2	5.1
S（质量分数）/%		0.74	0.65
康式残炭（质量分数）/%		0.26	4.57
总氮/（μg/g）		978	2209
盐基氮/（μg/g）		298	630
馏程/°F[①]	初馏点	267	566
	$T30$	729	790
	$T50$	805	850
	$T75$	904	944
	终馏点	1122	1123

① 华氏度，符号°F，$T(°F)=32+T(℃)×1.8$。

鉴于工业原料的复杂性，无法用标准化合物混合配制的方式进行复制。所有工业催化剂都根据工业原料性质进行开发。在催化测试期间，选择的原料应该涵盖全沸点变化范围和烃分子族组分构成（即链烷烃与芳烃）。

原料 A 和原料 B 是截然不同的，在开发适宜的催化剂时需要不同的手段。相反，表 4-15 中的原料 C 和原料 D 极为相似。工业用平衡剂在原料 C 和原料 D 中的性能对比以及在恒定积炭量为 10%（质量分数）时的结果见表 4-15。原料 D 导致汽油产率降低了 1.6 个百分点，LCO 产率降低了约 1.2 个百分点。考虑到 LCO 被用作柴油的调和成分，从原料 C 换到原料 D 有可能使液体产品收率减少 2.5%，这对炼厂有益。两种原料间唯一显著的差异，是原料 D 中碱性含氮物质含量高出 26%。这些碱性含氮物质可能太大而无法进入 Y 型分子筛的孔道

表 4-15　恒定积炭量为 10%（质量分数）时平衡剂在原料 C 和原料 D 中的性能对比

项目		渣油原料 C	渣油原料 D
Ni/（μg/g）		4.4	4.8
V/（μg/g）		4.1	3.9
S（质量分数）/%		0.42	0.40
盐基氮/（μg/g）		489	665
康氏残炭（质量分数）/%		5.2	5.1
API(60°F)		22.3	22.5
倾点/°F		82	80
积炭量为 10%（质量分数）时的产率（质量分数）/%	氢气	0.33	0.35
	干气	2.26	2.19
	LPG	14.72	13.66
	汽油	48.28	46.68
	LCO	15.58	16.75
	HCO	8.83	10.36
	积炭	10.0	10.0

注：API 是石油产品分类和评价方面的重要量度，用于表示石油及石油产品的密度。这个量度是在标准温度 15.6℃（60°F）下测定的。API=（141.5/相对密度）–131.5。

内，但是却能化学吸附在催化剂的路易斯酸位上，从而生成较多的焦炭。还可能导致路易斯酸位中毒，使塔底物增加、LCO 产率降低。

这表明，FCC 中原料影响非常显著，对于催化剂开发和选择都起着重要作用。

（5）放大和工业化

一旦某催化剂配方在实验室测试成功，下一步就是放大和工业化。实验室配方样品的典型量级是 0.5～2kg，能够满足进行上述各不同类型的评估测试。在此量级上，工艺参数，如制备浆液的搅拌器类型、加料顺序以及其他因素等对产品性能没有很大影响。在实验室和工业装置之间是中试装置。典型的 FCC 中试装置一般需要 5～10kg 成品催化剂。实验室与中试装置的差别，除了尺寸外，很重要的一点是设备类型。中试装置的工艺设备与工业装置一致。举例来说，大多数实验室中的焙烧步骤是在标准的马弗炉中进行，而中试焙烧则使用旋转焙烧炉进行。根据所用焙烧炉的类型，催化剂在催化或物理性能方面会显示出微妙的差异。另外，在大多数情况下，中试中喷雾干燥生产的催化剂在物理特征（如粒度分布等）方面更具重复性。由于放大步骤的潜在重大影响，大多数工业实验室并不严格区分研究步骤和放大步骤。通常情况下，在研究的极早期就采用了工业级的相关设备和制备规模，以防后期放大中的变数带来的影响。

只有在工业单元应用中显示出了预期反应性能，工业催化剂开发才算成功。对于 FCC 来讲，考虑到试验时间内单一单元的不确定性，一般至少要在两个单元上进行测试。因此，在大多数情况下，制备出 100t 或更多的成品 FCC 催化剂才能满足工业测试的需求。从中试装置的 10kg 规模到 100t 规模的转换是一个极大的挑战，工艺中的某些步骤需要慢慢调整。前期的经验可以告诉我们有些参数是可以按比例放大的，而有些参数则很难按比例放大。这种情况下，初期工业化运行一般是在工厂和实验室同时进行的，从"易行"步骤得到的样品再拿回到实验室为下一工序步骤做试验准备。

习题

1. 工业常用固体催化剂有哪些种类，分别应用于何种领域？试举 3～4 例。

2. 催化剂的生产方法有哪些，其包含的单元操作有哪些？

3. 请以工业催化剂中的氧化铝载体为例，简要说明在工业上如何从铝土矿获得目标氧化铝载体。

4. 请简要阐述拜耳法氧化铝生产工艺。

5. 请介绍工业催化剂生产过程中的沉淀法以及常见的沉淀方法有哪几种。

6. 请详细介绍浸渍沉淀法和导晶沉淀法。

7. 简述选择沉淀剂的几项原则。

8. 聚集速度和定向速度如何影响沉淀物的形状？

9. 如何获得晶型沉淀或非晶型沉淀？

10. 概述浸渍法，相比其他催化剂制备方法其具有哪些特点？

11. 浸渍过程的影响因素有哪些？

12. 常见的浸渍方法有哪些？分别简述其操作步骤。

13. 何为溶质迁移现象？如何避免此现象？

14. 简述硅溶胶形成过程中影响一次粒子的大小的因素。
15. 简述工业催化剂的装填措施。
16. 简述停车过程中对催化剂进行钝化操作的目的与方法。
17. 简述催化剂活化的目的和常见的活化方式及影响因素。
18. 简述工业催化剂开发的基本原则。
19. 介绍 FCC 催化剂的两种失活作用。
20. 简述在 FCC 催化剂生产体系中常用的黏结剂。

第5章 典型工业催化剂应用

5.1 碳一化学催化剂

5.1.1 费-托合成催化剂

煤炭液化包括直接液化和间接液化两种方式。煤炭直接液化是指在加氢条件下通过催化剂，将煤中复杂的有机高分子直接转化为较低分子的液体燃料，该转化过程需要较高的温度和压力。煤炭间接液化是指先将煤炭气化成合成气，在催化剂作用下再转化为柴油、汽油等油品和其他化学产品，主要包括煤气化、合成气净化、费-托合成、粗油品加工和尾气利用等工艺过程，其中费-托合成是最关键的核心技术。

费-托合成（Fischer-Tropsch synthesis, FTS）反应是德国科学家 Franz Fischer 和 Hans Tropsch 于 1923 年发现并报道的，是指将煤、天然气或生物质等原料加工生成合成气（CO 和 H_2），在催化剂作用下转化为碳数分布较宽的烷烃和烯烃等产物，并得到副产物，如醇、醛、酮、酸和酯等有机含氧化合物。其主反应主要包括烷烃、烯烃和醇类的生成，副反应主要包括水煤气变换（WGS）反应，Boudouard 歧化反应，催化剂的氧化、还原和碳化反应，如下所示：

烷烃化　$n\text{CO}+(2n+1)\text{H}_2 \longrightarrow \text{C}_n\text{H}_{2n+2}+n\text{H}_2\text{O}$

烯烃化　$n\text{CO}+2n\text{H}_2 \longrightarrow \text{C}_n\text{H}_{2n}+n\text{H}_2\text{O}$

醇化　$n\text{CO}+2n\text{H}_2 \longrightarrow \text{C}_n\text{H}_{2n+2}\text{O}+(n-1)\text{H}_2\text{O}$

水煤气变换　$\text{CO}+\text{H}_2\text{O} \longrightarrow \text{CO}_2+\text{H}_2$

Boudouard 歧化　$2\text{CO} \longrightarrow \text{CO}_2+\text{C}$

催化剂氧化、还原和碳化　$x\text{M}+y\text{H}_2\text{O} \longrightarrow \text{M}_x\text{O}_y+y\text{H}_2$

$x\text{M}+y\text{CO}_2 \longrightarrow \text{M}_x\text{O}_y+y\text{CO}$

$\text{M}_x\text{O}_y+y\text{H}_2 \longrightarrow x\text{M}+y\text{H}_2\text{O}$

$x\text{M}+y\text{C} \longrightarrow \text{M}_x\text{C}_y$

费-托反应的产物不含氮、硫以及芳烃等杂质，柴油产品的十六烷值可达 75，属于高品质燃料油品。费-托合成技术不仅为替代石油资源的开发提供新的途径，而且有效地减少环境污染，满足人们对环境保护日益苛刻的要求，有助于解决汽车尾气、雾霾治理等难题，具有重大的经济价值和战略意义。

费-托合成技术最先在德国开始工业化应用。1934 年德国鲁尔化学公司建造第一座费-托合成生产装置，年产量 7 万吨，至 1944 年，德国建成 9 个合成油工厂，共 57 万吨/年的生产能力。20 世纪 50 年代初，由于石油工业的兴起和发展导致费-托合成技术的开发和应用陷入低潮，但是南非由于施行种族隔离政策而遭到石油禁运，加上其富煤少油的能源结构，从而选择采用费-托合成技术生产石油和石油制品。1955 年，南非 Sasol 公司采用沉淀型铁基催化剂和固定床反应器，建立第一座煤制油工厂（Sasol-Ⅰ），年产量 25 万吨，随后，南非于 1980 年和 1982 年建成规模更大的 Sasol-Ⅱ 和 Sasol-Ⅲ 厂，使得南非成为世界上首个实现费-托合成工业化的国家。近年来，由于对石油资源枯竭的担忧以及原油价格起伏不定的影响，许多公司如荷兰 Shell、美国 Mobil 和 Syntroleum 等都在积极研发新的合成油工艺。

早在 1924 年，我国就开始探索煤制油的技术途径。1949 年，中国第一代煤制油科学家接管并扩建日本在锦州建设的常压钴基费-托合成油厂，1951 年生产出新中国第一桶煤制油，1959 年年产量达到 4.7 万吨。后来由于大庆油田的发现，中国人放弃对"人造石油"的追求，煤制油装置逐渐关闭，技术开发终止将近 20 年。改革开放后，国家重新部署通过费-托合成技术将煤转化为液体燃料和化学品的工业化研究。1988 年，中国科学院山西煤炭化学研究所张碧江科研团队开发出将传统费-托合成与分子筛改质相结合的固定床两段法合成工艺（简称 MFT）和浆态床-固定床两段合成工艺（简称 SMFT），并于 1994 年完成年产量 2000 吨的工业试验，这标志着我国实现费-托合成技术从实验室向工业性试验的过渡，虽然产油率得到较大提升，但仍难与石油工业相比。1997 年，在中国科学院"九五"重大项目支持下，中国科学院山西煤炭化学研究所开展费-托合成机理动力学研究，在实验室优化出高活性的浆态床 Fe/Mn 超细催化剂，并于 2000 年开发出廉价高效的适用于浆态床的铁基催化剂（ICC-IA、ICC-IB 和 ICC-IC），解决了催化剂与浆态床中费-托合成蜡分离的技术难题，为费-托合成技术实现工业化奠定基础。2001 年，我国启动千吨级鼓泡浆态床合成油中试装置建设，并于 2004 年成功实现中试装置上千小时的连续稳定运行，形成成熟的低温浆态床合成工艺技术，达到同期国际先进水平。2006 年，中国科学院山西煤炭化学研究所联合伊泰集团、神华集团、潞安集团和徐矿集团等，成立中科合成油技术有限公司。2009 年，采用中科合成油技术有限公司自主研发的新一代高温浆态床技术建立内蒙古伊泰和山西潞安两个年产 16 万吨合成油示范厂，并成功产出高品质油品。2011 年，神华宁煤集团采用中科合成油技术有限公司自主研发的高温浆态床合成油技术，建设世界单套最大规模的年产量 400 万吨煤制油工程，并于 2016 年 12 月实现一次性投料试车成功。这标志着我国已自主掌握百万吨级规模的煤制油工业技术，成功实现自主研发的煤炭间接液化技术的大规模工业化应用，并且技术处于国际领先水平。这对增强我国能源自主保障能力、推动煤炭资源清洁高效转化利用具有里程碑意义，同时，这将对全球能源技术革命产生重要的影响，有力推动全球能源供应体系的变革。

费-托合成催化剂的活性金属主要为铁（Fe）、钴（Co）、镍（Ni）和钌（Ru）。其中，钌（Ru）的费-托反应活性最高，具有较低的反应温度和优异的链增长能力，但全球有限的资源储备和昂贵的价格限制其作为工业催化剂的应用，一般多用于基础性学术研究。一方面，镍（Ni）催化剂虽然活性较高，但产物中甲烷选择性明显高于铁、钴催化剂，工业中常用作甲烷催化剂；另一方面，镍易与 CO 反应生成羰基镍，造成镍的流失，一般不用作费-托合成制重质烃的催化剂。目前在工业中成功应用的是铁基和钴基催化剂。

钴（Co）基催化剂的低温费-托反应性能优于铁基催化剂，重质烃选择性高，主要产物为柴油和优质石蜡。由于钴基催化剂的水煤气变换反应活性较低，一般只能用于高氢碳比的天然气基合成气（$H_2/CO=1.6\sim2.2$）。此外，Co 基催化剂的操作温度低（200～240℃），其 CH_4

选择性随反应温度的升高而增加。虽然成本与铁基催化剂相比较高，但 Co 基催化剂仍然具有一定的工业化潜力，已经受到了研究者的高度重视，目前已在马来西亚实现了 Co 基催化剂费-托合成技术的大规模工业应用。

与钴基催化剂相比，铁（Fe）基催化剂价格低廉，具有较高的水煤气变换反应活性，适用于来自煤或生物质的低氢碳比合成气（$H_2/CO=0.5\sim0.7$）。并且，反应温度和压力具有较宽的操作范围，产物可调性较大，在高温时，可生产高附加值的烯烃等化学品；在低温时，主要产物为长链重质烃，同时副产高附加值的硬蜡。铁基催化剂的这些特点，引起学术界和工业界对它的普遍关注。此外，大量研究通过加入助剂的方式对铁基催化剂的反应性能进行调变，结果表明铁基催化剂具有很明显的助剂效应，经过助剂改性的铁基催化剂具有较优的重质烃选择性、稳定性和机械强度。由于具备以上特点，铁基催化剂较早地投入了工业应用生产，多年来研究者对 Fe 基催化剂做了大量的研究开发工作，根据制备工艺和产物分布的不同要求，形成了沉淀型、负载型以及熔铁型等系列铁基费-托合成催化剂。

多年来，国内外学者在铁基催化剂的制备、预处理、助剂、反应条件、反应活性相和理论计算等方面做了大量工作，但由于铁基催化剂物相转变的多样性和费-托反应体系的复杂性，目前对铁基催化剂的认识仍存在很多争议。比如，铁基催化剂的活性相、活性位的结构组成、不同相态（氧化态、金属态和碳化态）的作用、失活机理、催化剂体相、表面与反应结果的构效关系等。因此，铁基催化剂的研究和开发依然是当今费-托合成领域最热门的课题之一。

5.1.2　甲醇合成催化剂

甲醇是重要的有机化工原料和溶剂，在三大合成材料、农药、医药、染料、香料和涂料等工业中是不可缺少的原料和溶剂。随着世界能源的紧张，甲醇作为能源已经引起世界各国的重视，近年来作为能源用途的甲醇消耗量已有显著增长，由此促使了甲醇工业的大发展。

5.1.2.1　国内外发展概况

自从 1661 年发现甲醇以来至 1923 年以前，甲醇一直是由木材干馏获得。1923 年德国的 BASF 公司开发成功以 $Zn-CrO_2$ 为催化剂的高压合成甲醇。1966 年英国 ICI 公司开发成功 ICI51-1 型 CuO-ZnO 系催化剂的低压合成法。1970 年德国 Lurgi 公司开发成功 GL-104 型 CuO-ZnO 系催化剂的低压合成法。1972 年英国 ICI 公司开发成功 ICI51-2 型 CuO-ZnO 系催化剂的中压合成法。随后各国还开发了 MGC 法、BASF 法、Topsøe 法，波兰等国的低压法均使用 CuO-ZnO 系催化剂。Cu-Zn 系催化剂低、中压合成法的开发成功，使生产甲醇的能耗和成本大幅度降低，促进了甲醇工业的高速发展。

截至 2022 年底，全球甲醇产能已经超过 1.79 亿吨，中国甲醇产能超过 1 亿吨，占全球总产能大约 58%。世界甲醇生产主要集中在天然气资源比较丰富的地区，如特立尼达、智利、新西兰、沙特阿拉伯和俄罗斯，中国已成为世界甲醇主要生产地区之一（表 5-1）。

表 5-1　世界各地甲醇生产能力的分布（2022 年止）

地区	中国	中东	美洲	欧洲	其他	世界总计
所占比例/%	58.0	14.8	13.4	5.8	8.0	100

我国 20 世纪 50 年代末建成 ZnO-CrO₃ 系催化剂的高压法合成甲醇装置,现已改用 Cu-Zn 催化剂。70 年代初以南化公司研究院为主开发成功中压联醇技术,采用 Cu-Zn 系催化剂。70 年代末我国先后引进 ICI 冷激式低压法和 Lurgi 管壳式低压法甲醇装置,其生产能力均为 10 万吨级。西南化工研究院于 70 年代末开始进行低压铜系催化剂的研究,80 年代初完成研究开发工作,于 1986 年 12 月建成我国第一套等温式低压合成甲醇装置并投产成功（6000t/a）,比引进的管壳式甲醇装置早开车半年。

"十三五"以来,我国甲醇产能增速放缓明显,2017～2021 年复合增长率在 4.84%。伴随甲醇新增产能释放及需求增长,2017～2021 年我国甲醇产量逐步提升,近 5 年复合增长率在 12.98%。2017～2019 年需求持续增长,企业盈利状况好转,行业负荷不断提升,2021 年中国甲醇产量达到 7899 万吨,2022 年中国甲醇产能达到 8100 万吨。2022 年,虽然我国甲醇总产能比前年同期增加不足 3 个百分点,但仍有部分新建装置陆续投产,多数集中在内蒙古、宁夏、安徽等地。从产能增速看,2022 年依旧较缓,甲醇产能利用率同比变化不大。

5.1.2.2　我国生产甲醇的主要技术路线

（1）按合成压力分类

① 高压法。目前只有太原化肥厂的高压法装置在运行,其余均处于关闭状态。

② 中压法。以联醇装置为主,主要是小厂。

③ 低压法。我国近几年大力发展的主要是低压法,表 5-2 列举了部分低压法甲醇生产装置规模分布信息。

表 5-2　我国低压法甲醇生产装置规模分布

生产规模/(kt/a)	≥50	50～20	20～10	<10	合计
生应能力/(kt/a)	1410	380	95	6	1891
装置数量/套	14	12	7	1	34
平均生产能力/（kt/套）	100.7	31.7	13.6	6	55.6
生产能力占比/%	74.6	20.1	5.0	0.3	100

（2）按合成反应器的形式分类

① 绝热反应器。不副产中压蒸汽,以单管、三套管和冷凝反应器为主,均温反应器也属这类,主要用于小厂。

② 等温反应器。利用反应热副产中压蒸汽,以列管等温反应器为主。由于热利用效率高,操作非常稳定,是我国近几年高速发展的方法,34 套低压法甲醇装置中有 33 套采用该法生产,促进了我国甲醇工业的大型化。

③ 三相床反应器。能提高反应器效率,减少循环压缩的能耗等,是较有发展前景的设备。

5.1.2.3　生产过程中采用的催化剂

国内外甲醇合成工艺中使用的催化剂种类繁多,但均为 CuO-ZnO 系催化剂,较早开发的 CuO-ZnO 系催化剂已被淘汰。20 世纪 60 年代末以来工业上先后使用的主要催化剂见表 5-3。

表 5-3　国内外主要的工业甲醇催化剂一览表

催化剂型号	公称尺寸/cm	化学组分	堆密度/（kg/L）	催化活性/[kg/（L·h）]	径向强度/（N/cm）	操作条件
ICI51-1	φ5.5×4	Cu-Zn-Al	1.28～1.46	设计 0.3～0.4	318	5MPa,210～270℃
ICI51-2	φ5.5×4	Cu-Zn-Al	1.22～1.47	设计 0.3～0.4	242	5～10MPa, 210～270℃
ICI51-3	φ5.5×5	Cu-Zn-Al	1.22～1.34	1.34	253	5～10MPa, 210～270℃
ICI51-7	φ5.5×5	Cu-Zn-Al-Mg	1.22～1.35			3～12MPa, 200～320℃
GL-104	φ5.1×4.8	Cu-Zn-Al-V	1.39～1.51	1.07	162	5～10MPa, 220～265℃
C79-4GL	φ6×3.5	Cu-Zn-Al	1.0～1.2	1.31	351	5～10MPa, 220～265℃
C79-5GL	φ6.6×4.1	Cu-Zn-Al	1.08～1.20	1.18	244	5～10MPa, 220～265℃
BASFS₃	φ5×5	Cu-Zn-Al	1.3～1.4		345	5～10MPa, 220～265℃
BASFS₃-86	φ5.5×(5, 3)	Cu-Zn-Al	1.3～1.4			4.6～10MPa, 200～300℃
LMK-2R	φ4×4	Cu-Zn-Gr	约 1.2		轴向 1750N/cm²	10～30MPa, 210～310℃
MK-101	φ5.9×4.4	Cu-Zn-Al	1.15～1.34	1.36	350	2.5～10MPa, 200～310℃
CHM-1	φ7×5	Cu-Zn-Al	1.4～1.5	1.14	595	5MPa，入 210～240℃, 出 240～270℃
GN6		Cu-Zn-Al				低压
M-5		Cu-Zn-B				低压
C101(M-2)	φ9×9	Zn-Cr	1.9±0.1	0.47～0.95	100N 破碎<5%, 150N 破碎<20%	25～32MPa, 370～410℃
C102(WI-1)	φ9×9	Zn-Cr	1.9±0.1	0.47～0.95	100N 破碎<5%, 150N 破碎<20%	25～32MPa, 350～410℃

5.1.2.4　催化反应的基本原理

CO、CO_2 与 H_2 在加压和催化剂存在下反应生成甲醇和一系列副产物。其主反应为：

$$CO+2H_2 \Longrightarrow CH_3OH(g)+90.786kJ/mol$$
$$CO_2+3H_2 \Longrightarrow CH_3OH(g)+H_2O(g)+49.530kJ/mol$$

此外，还有生成高碳醇、烃类等少量副反应。

一氧化碳和氢生成甲醇的反应是体积缩小的强放热反应，其反应热不仅与反应温度有关，而且与反应压力有关系。

5.1.2.5　催化剂的生产

（1）组成与物化性能

表 5-4、表 5-5 分别列出了我国目前部分工业用甲醇合成催化剂的化学组成、物化性能和机械强度。

表 5-4　工业用甲醇合成催化剂的化学组成　　　　单位：%（质量分数）

催化剂	CuO	ZnO	Al₂O₃	CrO₃	助剂	其他杂质
57-1	48	46	5			
C207	38～42	38～43	5～6			Fe≤0.05 Na≤0.12 S≤0.06 Cl≤0.01
C301	45～60	30～25	3～6			
C301-1	约 50	约 25	约 10			
C302	≥50	≥25	≥4		≥1	

催化剂	CuO	ZnO	Al₂O₃	CrO₃	助剂	其他杂质
C302-1	50～55	28～30	3～4		2～4	Fe≤0.05 Na≤0.12 S≤0.06 Cl≤0.01
C302-2	≥50	≥28	约4		少量	
C303	36.3	37.1		20.3	石墨6.3	
NC501	≥42	ZnO	Al₂O₃		含Mn	
NC306	CuO	ZnO	Al₂O₃			
XNC98	CuO	ZnO	Al₂O₃			

表5-5　工业用甲醇合成催化剂的物化性能和机械强度

催化剂	堆密度/（kg/L）	比表面积/（cm²/g）	总孔容积/（cm³/g）	主要孔半径/Å	平均孔半径/Å	侧压强度/（N/cm）	磨耗率/%
57-1	1.4～1.6	71.2	0.17	20～50	47.5	>140	
C207	1.4～1.6	>45	0.16～0.2	50～70	68	≥340	<10
C301	1.4～1.6	80～100				185	<7
C301-1	1.2～1.5	70～95	0.18～0.22			>180	
C302	1.2～1.5	70～100	0.2～0.3			>200	
C302-1	1.25～1.45	80～110	0.2～0.3			>200	
C302-2	1.3～1.6						≤8
C303	1.5～1.6	80～100				≥185	
NC501	1.3～1.5	65.4	0.258			≥180	

注：1Å=10⁻¹⁰m。

（2）生产

催化剂的生产方法很多，但铜系甲醇催化剂的生产基本上都是采用沉淀法。沉淀的方式有三种：①将碱液加进金属硝酸盐溶液中的酸式沉淀法；②将金属硝酸盐溶液加进碱液中的碱式沉淀法；③金属硝酸盐溶液与碱液按比例并流沉淀法。典型的沉淀法制备工艺如图 5-1 所示。

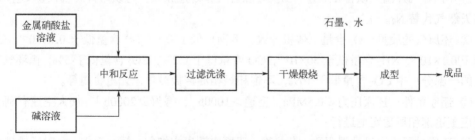

图5-1　铜系甲醇催化剂典型的沉淀法制备工艺流程图

催化剂的生产是一项非常精细的工作，每一个动作都有可能影响到催化剂的性能。影响催化剂性能的因素很多，除了催化剂组分、组成配比、沉淀剂的选择、沉淀方式、制备条件（如沉淀温度、沉淀pH值、老化时间等）、干燥和煅烧温度及时间等外，还有以下因素。

① 催化剂中的杂质。如有较高浓度的 Fe、Co、Ni[常以铁锈、Fe(CO)₅、Ni(CO)₄形式带

入]和 SiO_2 等酸性氧化物存在时，有利于生成甲烷、链烷烃和石蜡，并降低催化剂活性；碱金属、SiO_2、铝酸钠的存在，有利于高级醇的生成；S、Cl 及 Pb 等的存在，会降低催化剂的活性，导致永久性中毒等。

② 盐、碱溶液的浓度。盐、碱溶液浓度要有利于浆液中离子的扩散，以使金属离子分散均匀和反应完全。因此，以稀溶液为宜，一般≤2mol/L。

③ 加料顺序和加料速度。

④ 搅拌速度。

5.1.2.6 催化剂的使用

(1) 催化剂的升温还原

铜系催化剂一般是以氧化物的形式供货，铜是活性组分，CuO 无活性，还原后才具有活性。催化剂还原的好坏，直接影响到催化剂的催化活性与选择性、产品质量、消耗指标和催化剂寿命。因此，选用正确的还原方法，严格控制还原条件和还原速率是决定催化剂性能好坏的关键之一。

还原气中含有 H_2 或 H_2+CO，催化剂中含有 CrO_3 的情况下，还原过程的主要反应为：

$$CuO+H_2 \longrightarrow Cu+H_2O+86kJ/mol$$

$$CuO+CO \longrightarrow Cu+CO_2+126kJ/mol$$

$$2CrO_3+3H_2 \longrightarrow Cr_2O_3+3H_2O+695kJ/mol$$

从上述反应可以看出，还原过程中的反应均是强放热反应。在联醇工艺中，采用精炼气还原时，当 CuO 还原到一定程度，在催化剂表面上还有合成甲醇的反应，其也是一个强放热反应。因此应严格控制还原反应速率，迅速移走反应热，避免催化剂局部过热或烧坏。

为了控制铜系催化剂还原反应的速率，使还原过程升温平稳、出水均匀，就必须选择一种合理的还原方法。不同的铜系催化剂，由于其组成、制备工艺、使用范围不同，还原方法和升温还原程序也会有所不同，因此，每次新装催化剂都必须制定严密的升温还原方案。

在还原过程中应特别注意下列几点要求。

① 用 N_2 气升温，以含 $1\%H_2$ 的 H_2-N_2 混合气作为还原气，可以用合成气代替 H_2，也可以用天然气代替 N_2。

② 还原气的质量：O_2 含量（体积分数，下同）低于 0.1%，S 含量低于 0.1×10^{-6}，Cl 含量低于 0.1×10^{-6}，NH_3 含量低于 50×10^{-6}，CO 含量低于 0.2%，CO_2 含量低于 5%；循环气（还原气的一部分）中 CO_2 含量低于 10%，不饱和烃和油雾极微量，无重金属等。

③ 还原条件：还原压力≤0.5MPa，空速>1000h^{-1}，最好≥2000h^{-1}，加大空速有利于还原反应更迅速和更稳定地进行。

④ 还原过程中要求升温平稳、补氨稳、还原中期出水均匀。精心操作，及时记录排出的还原水量。做到提温不提氨，提氢不提温。

⑤ 以 H_2 的消耗量、还原生成的水量和催化剂床层温度来判断和控制还原速率。由于各种型号的催化剂制备工艺不同，为了获得催化剂的最大活性，还原控制也有所不同，因此，详细的还原程序见各种催化剂的使用说明书。

⑥ 还原终点的判断：当连续分析进、出塔气中 H_2 的含量相等，排出的还原水与计算应

该排出的还原水量相近而不再生成水，催化剂床层温度均衡时，就可确认催化剂还原结束，则为催化剂的还原终点。

（2）催化剂的开车

① 新催化剂的开车。新催化剂还原结束后，将催化剂床层温度降到 210～220℃，则可导入合成气进行开车。有的采用 N_2-H_2 升压至 3MPa 左右，再导入合成气开车。有些资料报道，催化剂床层温度低于 210℃ 导入合成气，将显著增加石蜡的生成，从而降低催化剂活性，影响操作。

由于合成甲醇反应是强放热反应，导气升压将使床层温度快速上升，因此，导气要慢，控制升压速度在 0.5～1MPa/h，也可采用分段提压，严防床层升温过快而烧坏催化剂。

升压、升温过程中要启动循环机，维持较高的循环速度，并严防气体夹带液体或可被冷凝的蒸汽或催化剂的有害毒物进入床层。

② 旧催化剂的开车。当还原好的催化剂（在纯 N_2 或 H_2 保护下）处于冷态或低于 210℃ 时，可导入 N_2 进行循环升温，当床层温度达到 210℃ 以上时，再导入合成气开车。

旧催化剂的开车与新催化剂的开车程序相同，但升压速度和升温速度可适当快些，仍要密切注意床层温度的变化，升压、升温要稳，严防过快而影响催化剂的活性甚至烧坏催化剂。

由于新催化剂还原结束后，活性很高，活性波动大，因此，需要经过一个较缓和的运行阶段，即导气后维持一段轻负荷生产阶段。

（3）催化剂的正常操作

1）操作条件对合成反应的影响

① 合成压力的影响。在一定的压力范围内，甲醇的合成率与合成压力成正比例增加，一般压力增加 10%，甲醇产率也将增加 10%。但当压力提高到 8MPa 以上时，甲醇产率随压力提高的比率就逐渐降低。

② 反应温度的影响。合成甲醇反应是一个强放热的可逆反应，因此，温度的控制极为重要。若反应未达到平衡，一般床层温度提高 1℃，甲醇产率大约增加 3%，但是不同的催化剂，在不同温度段，其增加比率不一样。C302-2 催化剂在 220～260℃ 范围内的催化活性基本上符合上述规律。表 5-6 列出了 C302-2 型催化剂在不同温度下的活性。

表 5-6　C302-2 型催化剂在不同温度下的活性

反应温度/℃	210	230	250	270
空时收率/[g/(mL·h)]	0.24	0.952	1.40	1.33
实验条件	催化剂粒度 0.45～0.9mm，装置体积 4mL，空速 $1\times10^4 h^{-1}$，反应压力 5MPa，入塔气 CO 含量约 13%			

③ 空速的影响。空速的变化主要是循环量的变化。在较低的空速下，甲醇产率随空速的增加而成比例增加，但空速达到某一值时，甲醇产率的增加极小，甚至导致降低。在实际生产中，空速一般选用 6000～20000h^{-1}。

④ 合成气组成的影响。合成甲醇反应中氢与 CO 的理论分子比为 2∶1，但反应气体受催化剂表面吸附的影响，CO 在催化剂表面上的吸附速率远大于 H_2，存在吸附竞争，因此，

要求反应气体中的 H_2 含量要大于理论量，以提高反应速率，增加甲醇产率，一般入塔气中的 H/C 比大于 4。特别是，在入塔气中 $CO+CO_2$ 浓度较低时，$CO+CO_2$ 浓度的改变对合成甲醇产率影响较大。

合成气中惰性气含量增加，会使 CO 和 H_2 的分压降低，对化学平衡不利，将会影响合成反应速率和甲醇产率。在实际生产中，入塔气中惰性气含量宜控制在 8%～15%。

2）正常运行操作

合成甲醇催化剂的使用过程一般采用变条件操作。新催化剂的开车运行可分为初期、中期、后期三个阶段控制。初期即轻负荷生产阶段，在此期间，以较低合成压力、低温、低 CO 含量、高惰性气含量运行，使催化剂稳定化。轻负荷生产阶段可以运行 2～3 天至 1～3 个月，依甲醇市场销售情况、设备运行状况和催化剂种类来确定运行时间的长短。中期是生产甲醇的主要阶段，运行时间长达 1～2 年甚至更久。后期生产阶段运行时间较短，在此期间，应将各操作参数提高到最大值，直到更换催化剂。

正常操作条件的具体数值要依催化剂的种类和合成工艺而定，但在正常操作过程中，都必须注意下列几点。

① 为了维持满负荷生产，在调整的诸因素中，首先要调整的是合成压力、空速和组成，其后才是温度，要分段交替进行调整。

② 在甲醇合成过程中，各个阶段应严格控制工艺操作条件，严禁催化剂床层温度急剧变化。操作温度大幅度波动会造成催化剂局部过热，长期高温操作会加速催化剂晶粒增长，从而加速催化剂"衰老"。

③ 高压、高温及床层温度低于 210℃操作，会加速副反应的进行，主要的副产物有高级裂解烃和高级醇。

④ 中毒是催化剂失活的主要原因，因此，应严格控制新鲜原料气中的有害毒物含量，严防设备检修、清洗时带入毒物。对新鲜原料气中的毒物含量要求：$S<0.1\times10^{-6}$，$Cl<0.01\times10^{-6}$，$O<0.1\%$，不饱和烃和油雾极微量，不含重金属等。

（4）催化剂的停车

国外的经验和国内的试验都表明，使用的催化剂停车后封存于合成气气氛中，对催化剂的活性有明显影响。当催化剂封存于合成气气氛中 3 天再开车时，催化剂的活性相当于使用了 3 个月。因此，应重视停车操作，严防用含 CO、CO_2 的气体封存催化剂。

① 预计停车时间在 12h 内的短期停车。短期停车程序：维持合成压力和反应温度，停转化气压缩机，切断合成原料气，继续开循环压缩机直至合成环路中 $CO+CO_2$ 含量<0.2%可以降低循环气分压，保持催化剂床层温度在 210℃以上，处于等待开车状态。

② 预计停车时间超过 24h 的停车，可按正常停车程序进行。正常停车程序：维持合成压力和反应温度，停转化气压缩机，切断合成原料气，继续开循环压缩机直至合成环路中的 $CO+CO_2$ 含量<0.2%，以小于 1MPa/h 的速度降压至 0.5MPa，以小于 50℃/h 的速度降温至 100℃，然后停循环压缩机。催化剂在剩余的惰性气体和 H_2 或导入纯 N_2 中封存，保持系统压力为正压。

③ 计划长期停车按正常停车程序进行。

④ 预计停车时间在 12～24h 之间的停车，需根据造成停车的原因来确定采取短期停车或正常停车。

⑤ 在发生燃烧、爆炸、大量反应气体泄漏，主要工艺设备或管道破裂，有害杂质浓度超标且在 0.5h 内无法恢复，以及遭遇停电、停水、停蒸汽等紧急情况时，均应执行紧急停车程

序。应迅速切断新鲜合成气和其他引起事故的事故源，再根据发生的事故采取短期停车或正常停车。凡因前工段停车在 8h 之内可以恢复生产的，按短期停车处理。

5.1.3　低碳混合醇合成催化剂

在世界能源结构中煤炭所占比例远高于石油，未来"以煤代油"是必然趋势。从合成气直接合成低碳混合醇是碳一化学重要的研究课题之一。低碳混合醇通常指从甲醇到己醇的混合物，简称低碳醇。它主要作为汽油掺和剂或汽油代用燃料，分离为单独醇类后也可作化工原料。从 20 世纪 70 年代两次石油危机以来，成为十分活跃的研究领域。目前，国外主要合成技术路线有四条：意大利 Snam 和丹麦 Topsøe 公司开发的 MAS 工艺；法国石油研究所与日本进行中试研究的 IFP 工艺；美国道化学公司和联碳公司合作开发的 Sygmol 工艺；德国 Lurgi 公司开发的 Octamix 工艺。我国对这四种催化剂体系和工艺都进行了研究和开发。

（1）催化剂及合成工艺

① 合成反应。合成气合成低碳醇所涉及的反应颇为复杂，主要包括费-托合成反应、甲醇合成反应、低碳醇和水煤气变换反应。这些反应进行的方向和程度及其产物组成取决于催化剂体系和相应的工艺条件。

② 典型催化剂和工艺。目前国内外合成低碳醇的催化剂体系和工艺汇总于表 5-7。

表 5-7　合成低碳醇催化剂和工艺

项目		MAS 工艺 Zn-Cr-K 催化剂		IFP 工艺 Cu-Co-M-K 催化剂		Sygmol 工艺 MoS₂-M-K 催化剂		Octamix 工艺 Cu-Zn-Al-K 催化剂	
		意大利 Snam 公司	山西煤化所	法国 IFP 工艺	山西煤化所	美国 Dow 公司	北京大学物化所	德国 Lurgi 公司	清华大学
操作条件	空速/h^{-1}	3000~15000	4000	4000	4500	5000~7000	5000	2000~4000	4000
	温度/℃	350~420	400	290	290	290~310	240~350	270~300	290
	压力/MPa	12~16	14	6	8	10	6.2	7~10	5
	H_2/CO	0.5~3.0	2.3	2.0~2.5	2.6	1.1~1.2	1.4~2.0	1.0~1.2	1.0~1.3
液体产物组成（质量分数）/%	甲醇	70	75	41	49.4	40	38	59.7	
	乙醇	2		30	33.3	37	41	7.4	83.6
	丙醇	3		9	10.8	14	12	3.7	
	丁醇	13	10~13	6	4.1	5	4	8.2	16.4
	C_{5+} 醇	10	12~15	8	1.6	2	3.5	10.4	
实验结果	C_{2+} 醇/总醇/%	22~30		30~60		30~70		30~50	15~27
	粗醇含水/%	20		5~35		0.4		0.3	0.33
	CO 成醇选择性/%	90	95	65~76	76	85	80		95
	CO 转化率/%	17		21~24	27	20~25	10		
	产率/[mL/(mL·h)]	0.25~0.3	0.21~0.25	0.2	0.2	0.32~0.56			0.35~0.6
开发现状		已工业化，15000t/a	模试	中试，7000 桶/a	模试	中试，1t/d	小试	模试	小试
催化剂考察时间/h		6000	1000	4 个月	1010	6500			200

四种工艺中，MAS 工艺最成熟并已工业化，其次是 IFP 工艺。Sygmol 工艺催化剂耐硫，而且该工艺与 IFP 工艺的产物中 C_{2+} 醇含量高，化工利用前景好。Octamix 工艺采用低压法铜

系催化剂，是对 MAS 工艺的改进，而且产物水含量低。此外，日本新燃料油发展研究联合组织采用 Ni-Zn-K 催化剂，在 326℃和 6MPa 下合成低碳醇，其醇中乙醇含量达 40%。在国内进行比较，Octamix 法在技术上更为成熟。例如，南化公司研究院已经完成了该技术的工业侧流试验，而西南化工研究院则进行了分子筛脱水的渗烧试验，进一步验证了其性能。其合成工艺与 Lurgi 法甲醇工艺及反应器相似。经济分析表明，低碳醇尚缺乏竞争力。

(2) 催化剂的制备

北京大学物化所将 MnO_2 和锐钛矿直接加热混合得到母体，再硫化、还原得到 MoS_2/TiO_2，再加入一定量无水 K_2CO_3 作沉淀剂与铜、钴（或根据需要加其他元素）的硝酸盐溶液并流共沉淀，生成碱式碳酸盐，再 350℃焙烧即成。按需要浸渍碱金属盐。

(3) 研究进展

中国科学院山西煤炭化学研究所在超临界条件下由合成气合成低碳醇，以 Cu-Co 为催化剂，以正庚烷为超临界介质，结果表明超临界反应 CO 转化率比气相法升高，而选择性比气相法低，但对醇的链增长影响不大。在合成甲醇-丁烯时，采用 Cu-Zn-Cr、Zn-Cr 为催化剂，以正 $C_{11} \sim C_{13}$ 烷烃为超临界介质，研究表明反应产物与气相反应有明显变化，甲醇含量减少，乙醇、正丙醇和异丁醇都有不同程度增加。超临界流体的存在对合成醇链增长有影响，在不同催化剂上的产物分布有差异。

5.2 化肥工业催化剂

我国化肥催化剂技术发展的起点可溯源于 1934 年，在南京动工兴建了中国第一个化学肥料基地，采用的催化过程包括水煤气变换制氢、氨合成、硫酸制造中的二氧化硫氧化、硝酸制造中的氨氧化等，从那时起，我国科技人员开始在工厂实践中熟悉并掌握了化肥催化剂的开发与使用技术。

我国在 20 世纪 50 年代开始生产铁铬基中温变换催化剂、铁基氨合成催化剂以及硫酸钒催化剂，产品主要供中小型氮肥厂和硫酸厂使用，品种单一，性能较差。1965 年配合合成氨新流程的需要，中国科学院、化学工业部联合开发了低温变换催化剂、甲烷化催化剂和氧化锌脱硫剂用于国内新设计的中型氨厂。1973 年为配合引进的 13 家大型化肥厂，开展对大型合成氨装置所需的 8 种催化剂的开发研究。经过数年的研究开发工作，8 种催化剂均已达到了预期的要求，催化剂主要性能指标也均达到了国外同类产品的水平，并在大型合成氨装置上使用，催化剂国产率已经达到 80%以上。

我国自行设计、自行建造的第一套年产 30 万吨合成氨装置于 20 世纪 80 年代初在上海投产，首次全部采用了我国自己研制和生产的 8 种催化剂，催化剂质量稳定。目前引进的大型合成氨装置除少数品种外，绝大部分已使用国产催化剂。1986 年从德国引进年产 30 万吨合成氨装置采用的是 ICI 公司的 AMV 流程，伍德公司已同意将其中 6 种催化剂选用中国生产的产品。从日本东予公司引进的贵溪冶炼厂年产 36 万吨硫酸装置，于 1988 年底也开始使用南化公司催化剂厂生产的钒催化剂。

目前，我国自主研发的化肥催化剂包括脱硫催化剂、烃类转化催化剂、一氧化碳变换催化剂、甲烷化催化剂、氨合成催化剂、硝酸工业催化剂、硫酸工业催化剂、甲醇工业催化剂共 8 类。

5.2.1 脱硫催化剂

随着石油化工生产技术的发展，一些工艺过程如重整、加氢、制氢、聚合以及羰基合成丁醇，乙烯氧化制环氧乙烷、乙二醇，低压法合成甲醇等，正向节能、高效方向发展，其使用多年的催化剂逐渐被新型催化剂所代替，这些催化剂对毒物限量提出更高的要求，以确保催化剂活性和使用寿命

原料气中普遍存在着硫化氢（H_2S）和有机硫（硫醇、硫醚等），少数气体中还含有二氧化硫（SO_2）和三氧化硫（SO_3）。硫是许多工业催化剂的毒物，其主要中毒原因不外乎硫与催化剂活性中心发生有害的化学吸附或者催化剂活性组分与硫反应而失活。在合成氨原料气中，硫化物的存在不但会使催化剂中毒，而且硫化物还会腐蚀设备和管道，给后续工段的生产带来许多危害。因此，对原料气中硫化物的清除是十分必要的。同时，在净化过程中还可得到副产品硫黄。在合成氨生产过程中，由于工艺流程和所使用的催化剂不同，所以对原料气脱硫的要求亦不同。合成氨生产所使用的各种催化剂中，属天然气、轻油蒸汽转化使用的镍催化剂对硫最为敏感，要求进入转化炉气体中的总硫量（标准状况）不大于 0.2mg/m³。硫对甲烷化催化剂、氨合成催化剂的毒害是累积性的，为了使催化剂维持较长的寿命，延长设备操作周期，对原料气中硫含量要求越来越高。如甲烷化催化剂要求脱硫后净化气总硫含量（标准状况）不得超过0.017mg/m³。在流程中何处设置脱硫、用什么方法脱硫是没有绝对标准的，应根据原料及流程的特点来决定。脱硫方法很多，通常按脱硫剂的形态把它们分为干法脱硫和湿法脱硫。干法脱硫按照脱硫剂的性质可分为加氢转换法、吸收或转化吸收法、吸附法等；而湿法脱硫则可按照溶液的吸收和再生性质分为氧化法、化学吸收法、物理吸收法、物理化学吸收法等。

5.2.1.1 干法脱硫

近代合成氨工业中所使用的催化剂对原料脱硫的要求越来越高，常采用干法脱硫来达到精细脱硫的目的。在含有机硫的情况下，首先使有机硫化物发生加氢分解反应，转化成无机硫（H_2S），然后再进一步除去。干法脱硫常用脱硫剂有以下几种。

（1）氧化锌脱硫剂

氧化锌脱硫剂是一种转化-吸收型脱硫剂。主要成分为氧化锌，还常常含有一些氧化铜、二氧化锰、氧化镁等促进剂和矾土水泥等黏结剂。

氧化锌脱硫剂在使用过程中，与硫化氢发生非催化的化学吸收反应变成硫化锌，吸收作用随之逐渐消失，因此严格地说，它不是催化剂，而属于净化剂。它能脱除硫化氢和多种有机硫（噻吩类除外），脱硫精度一般可达 0.3mg/m² 以下，硫容量可达 10%～25%（质量分数）以上。其使用方便，价格较低，在氨厂中广泛使用。由于硫化氢（H_2S）和氧化锌（ZnO）反应可生成不能再生的硫化锌（ZnS），故一般用于精脱硫过程。

（2）氧化铁脱硫剂

氧化铁是一种很好的脱硫剂，很早就被使用。近年来又有了许多改进，特别是人工合成的氧化铁，它原料易得，价格便宜，如用硫酸生产中的废渣、炼铝厂的红矿渣、高温变换铁催化剂的下脚料铁渣与铁矿等，再加一些辅料即可制成。理论上 1kg 氧化铁可吸收 0.64kg H_2S，但实际上只能达到理论值的 50%。氧化铁脱硫剂可分为三种类型：常温型脱硫剂、中温型脱硫剂和高温型脱硫剂。在合成氨工业中，仅限于常温型脱硫剂和中温型脱硫剂。各种氧化铁

脱硫剂脱硫方法的特点列于表 5-8。

表 5-8　各种氧化铁脱硫剂脱硫方法的特点

方法	脱硫剂	使用温度/℃	脱除对象	生成物
常温脱硫	$Fe(OH)_3$	25～35	H_2S, RSH	$Fe_2S_3 \cdot H_2O$
中温脱硫	Fe_2O_3	350～400	H_2S, RSH, COS, CS_2	FeS, FeS_2
中温铁碱法	Fe_2O_3, Na_2CO_3	150～280	H_2S, RSH, COS, CS_2	Na_2SO_4
高温脱硫	Fe	> 500	H_2S	FeS, FeS_2

注：RSH—硫醇；COS—羰基硫。

（3）铁锰脱硫剂

铁锰脱硫剂是以氧化铁和氧化锰为主要成分，并含有氧化锌等促进剂的转化-吸收型双功能脱硫剂。使用前要用 H_2 进行还原，Fe_2O_3 和 MnO_2 分别被还原成有脱硫活性的 Fe_3O_4 和 MnO。

在铁锰脱硫剂上，RSH、RSR（硫醚）、COS 等有机硫化物可进行氢解反应生成 H_2S，也可能发生热解反应而生成水和烯烃，其反应方程式为：

$$COS + H_2 \longrightarrow CO + H_2S$$

$$RSH + H_2 \longrightarrow RH + H_2S$$

$$C_6H_5SH + H_2 \longrightarrow C_6H_6 + H_2S$$

$$RSR' + 2H_2 \longrightarrow RH + R'H + H_2S$$

氢解或热解所生成的 H_2S 可被脱硫剂吸收，其主要反应为：

$$3H_2S + Fe_3O_4 + H_2 \longrightarrow 3FeS + 4H_2O$$

$$H_2S + MnO \longrightarrow MnS + H_2O$$

其中，RSH 和 RSR' 亦可被 Fe_3O_4 和 MnO 吸收生成 FeS 和 MnS 而脱除。

（4）活性炭脱硫剂

硫化氢和氧在活性炭参与下反应生成硫，随后硫被活性炭吸附。其反应方程式如下：

$$2H_2S + O_2 \longrightarrow 2H_2O + 2S$$

为使反应在一般温度下具有足够的速度，在待净化气体中加入一定量的氨，氨为有机硫含量的 2～3 倍，它可以使活性炭表面保持必要的碱度，以提高反应速率、脱硫效率和硫容。另用碱金属处理后的活性炭，吸收能力可提高很多。如用铁处理过的活性炭，处理能力为 $1×10^5 m^3/m^3$；如用铜处理，其处理能力可达 $2×10^5 m^3/m^3$。

用活性炭吸附法脱硫，以脱除硫醇最为有效，硫化氢脱除量有限，硫醚、二硫化物、酚等脱除量最小，硫、氯、碳脱除率最低。用过的活性炭，可用蒸汽或净化后的天然气进行再生。

5.2.1.2　湿法脱硫

虽然干法脱硫净化度高，并能脱除各种有机硫化物，但脱硫剂难于或不能再生，且为间歇操作、硫容低，因此不适于对大量硫化物的脱除。

以溶液作为脱硫剂吸收硫化氢的脱硫方法称为湿法脱硫。湿法脱硫具有吸收速率快、生产强度大、脱硫过程连续、溶液易再生、硫黄可回收等特点，适用于 H_2S 含量较高、净化度要求不太高的场合。当气体净化度要求较高时，可在湿法脱硫之后串联干法，使脱硫在工艺上和经济上更合理。

湿法脱硫的方法很多，根据吸收原理的不同可分为物理法、化学法和物理化学法。物理法是利用脱硫剂对原料气中硫化物的物理溶解作用将其吸收，如低温甲醇法；化学法是利用了碱性溶液吸收酸性气体的原理吸收 H_2S，如氨水液相催化法；物理化学法是指脱硫剂对硫化物的吸收既有物理溶解又有化学反应，如环丁砜基醇胺法。

化学吸收法又分为中和法和湿式氧化法。两者区别在于再生原理的不同。中和法脱硫剂的再生是通过升温和减压使吸收过程中生成的化合物分解并释放出 H_2S；湿式氧化法脱硫剂的再生则是以催化剂作为载氧体将溶液中被吸收下来的 H_2S 氧化为单质硫。由于湿式氧化法具有脱硫效率高、易于再生、副产硫黄等特点，因而被合成氨厂广泛采用。

5.2.2　烃类转化催化剂

烃类蒸汽转化反应是吸热的可逆反应，提高温度对化学平衡和反应速率均有利。但无催化剂存在时，温度为 1000℃时反应速率还很低，因此需要催化剂来加快反应速率。烃类蒸汽转化过程主要进行如下反应：

甲烷转化：　$CH_4+H_2O \longrightarrow CO+3H_2$　　$\Delta H_{298K}^{\ominus} = 206.3kJ/mol$

　　　　　　$CH_4+2H_2O \longrightarrow CO_2 + 4H_2$　　$\Delta H_{298K}^{\ominus} = 165.3kJ/mol$

烷烃转化：　$C_nH_{2n+2}+nH_2O \longrightarrow nCO + (2n+1) H_2$

　　　　　　$C_nH_{2n+2}+2nH_2O \longrightarrow nCO_2 +(3n+1)H_2$

烯烃转化：　$C_nH_{2n}+nH_2O \longrightarrow nCO+2nH_2$

　　　　　　$C_nH_{2n}+2nH_2O \longrightarrow nCO_2+3nH_2$

转化反应中生成的 CO 会进一步与水蒸气进行水煤气变换反应，同时产生氢气：

$$CO+H_2O \longrightarrow CO_2 +H_2 \qquad \Delta H_{298K}^{\ominus} = -41.2kJ/mol$$

如果原料中有 CO_2，会进行下面的反应：

$$CO_2+CH_4 \longrightarrow 2CO+2H_2 \qquad \Delta H_{298K}^{\ominus} = 247.3kJ/mol$$

一般都采用水蒸气来进行转化反应，仅在制取合成甲醇等的原料气时才配入一定量的 CO_2，来调节产品气中 CO 和 H_2 的比例。研究表明，Ⅷ族元素对烃转化反应均有催化活性，对甲烷和乙烷蒸汽转化的活性大小顺序为：Rh、Ru>Ni>Ir>Pd、Pt>Co、Fe。

其中，Rh、Ru 贵金属的活性比 Ni 高，但其价格昂贵，使得单位成本过高，故至今工业装置使用的催化剂均以镍为活性组分，有时配以少量的其他活性组分。镍在催化剂中的含量（质量分数）一般为 2%～30%。研究表明，具有较小的颗粒及较大的镍表面的转化催化剂的活性较高。

由于转化催化剂使用温度较高，易产生镍晶粒长大、熔结，使催化剂活性衰退，因此常添加难还原、难挥发的重金属氧化物如 Cr_2O_3、Al_2O_3、MgO、TiO_2 等作助催化剂，MgO、TiO_2 及镧、铈的氧化物等对维持转化催化剂的活性、稳定性有明显作用。钙的化合物、钡及钛的氧化物能提高转化催化剂的机械强度及耐热性能。为提高转化催化剂的抗结炭性能，常添加能改变催化剂表面酸性的碱金属或碱土金属氧化物，最常用的有 K_2O、CaO、TiO_2、稀土元素氧化物等。与转化反应的高温环境相适应，转化催化剂的载体通常都是高熔点氧化物，如 Al_2O_3、MgO、CaO、CrO_2、TiO_2 或其他化合物，常用的有硅铝酸钙载体、铝酸钙载体和低表面耐火材料载体三类。

镍基催化剂在烃类转化过程中一般要注意以下几点。

(1) Ni 基催化剂的还原

烃类还原转化催化剂大都是以 NiO 形式提供的,使用前必须还原成为具有活性的金属 Ni,其反应为:

$$NiO + H_2 \Longrightarrow Ni + H_2O(g) \qquad \Delta H_{298K}^{\ominus} = -1.26kJ/mol$$

工业生产中一般不采用纯氢气还原,而是通入水蒸气和天然气的混合物,只要催化剂局部产生极少量的氢就可进行还原反应,还原的镍立即具有催化能力而产生更多的氢。为使顶部催化剂得到充分还原,也可在天然气中配入一些氢气。

还原了的催化剂不能与氧气接触,否则会产生强烈的氧化反应,即

$$Ni + \frac{1}{2}O_2 = NiO \qquad \Delta H_{298K}^{\ominus} = -240kJ/mol$$

如果水蒸气中含有 1%的氧气,就可产生 130℃的温升;如果氮气中含有 1%的氧气,就可产生 165℃的温升。所以在系统停车、催化剂需氧化时,应严格控制载气中的氧含量,还原态的镍在高于 200℃时不得与空气接触。催化剂中活性组分的氧化过程,生产上称为钝化。

(2) 催化剂的中毒与再生

当原料气中含有氯化物、砷化物、硫化物等杂质时,都会使催化剂中毒而失去活性。催化剂中毒分为暂时性中毒和永久性中毒。所谓暂时性中毒,即催化剂中毒后经适当处理仍能恢复其活性。永久性中毒是指催化剂中毒后,无论采取什么措施,再也不能恢复活性。氯及其化合物对镍催化剂的毒害和硫相似,也是暂时性中毒。一般要求原料气中氯的体积分数小于 0.5×10^{-6}。氯主要来源于水蒸气。因此,生产中要始终保持锅炉给水的质量。砷中毒是不可逆的永久性中毒,微量的砷都会在催化剂上积累而使催化剂失去活性。镍催化剂对硫化物十分敏感,无论是无机硫化物还是有机硫化物都能使催化剂中毒。H_2S 与金属镍作用生成硫化镍而使催化剂失活。有机硫能与氢气或水蒸气作用生成 H_2S 而使催化剂中毒。中毒后的催化剂可以用过量蒸汽处理,并使 H_2S 含量降到规定标准以下,催化剂的活性就可逐渐恢复。为确保催化剂的活性和使用寿命,要求原料气中的总硫含量(体积分数)小于 0.5×10^{-6}。

5.2.3 一氧化碳变换催化剂

由各种原料制得的合成气中含有不同含量的 CO (10%~50%),而 CO 是氨合成催化剂的毒物,必须脱除。脱除的方法是:将 CO 的混合气体在催化剂的作用下与水蒸气反应,变换为易吸收的 CO_2,同时得到相应量的 H_2,消耗的只是水蒸气。CO 变换反应为:

$$CO + H_2O \longrightarrow CO_2 + H_2 \qquad \Delta H_{298K}^{\ominus} = -41.2kJ/mol$$

CO 变换作为一个工业上的生产方法,许多国家都有大量的变换催化剂生产,品种型号很多,按催化剂的化学成分不同可分为 Fe-Cr 系、Cu-Zn 系、Fe-Mo 系、Co-Mo 系等。20 世纪 60 年代以前,一氧化碳变换的催化剂主要是 Fe-Cr 系中温变换催化剂,使用温度为 350~550℃,气体经变换后仍含有 3% (体积分数)左右的一氧化碳。60 年代以后,随着制氨原料、路线的改变和脱硫技术的发展,原料气中总硫含量(体积分数)可降低到 0.1×10^{-6} 以下,为使用低温下更具活性但抗毒性能差的 Cu-Zn 系低温变换催化剂提供了条件。Cu-Zn 系催化剂的操作温度为 200~280℃,残余一氧化碳可降到 0.3%左右。70 年代研制成功 Fe-Mo 系、Co-Mo 系耐硫宽温变换催化剂,并广泛用于各种类型的氨厂。

（1）Fe-Cr 系中温变换催化剂

Fe-Cr 系中温变换催化剂是以氧化铁为主体、氧化铬为主要促进剂的多组分催化剂，具有选择性高、抗毒能力强的特点。但存在操作温度高、蒸汽消耗量大的缺点。Fe-Cr 系催化剂的一般化学组成为 Fe_2O_3 80%～90%，Cr_2O_3 7%～11%，并含有少量的 K_2O、MgO、Al_2O_3 等。Fe_3O_4 是 Fe-Cr 系催化剂的活性组分，还原前以氧化铁的形态存在。氧化铬是重要的结构性促进剂。由于 Cr_2O_3 与 Fe_2O_3 具有相同的晶系，制成固溶体后，可高度分散于活性组分 Fe_3O_4 晶粒之间，稳定了 Fe_3O_4 的微晶结构，使催化剂具有更多的微孔和更大的比表面积，从而提高了催化剂的活性和耐热性以及机械强度。添加 K_2O 可提高催化剂的活性，添加 MgO 和 Al_2O_3 可提高催化剂的耐热性，且 MgO 具有良好的抗 H_2S 能力。

使用时，中温变换催化剂在水蒸气存在的条件下，用 H_2 或 CO 将 Fe_2O_3 还原成 Fe_3O_4 才有较高的活性，还原反应如下：

$$Fe_2O_3 + H_2 \longrightarrow 2FeO + H_2O \qquad \Delta H_{298K}^{\ominus} = -9.6kJ/mol$$

$$Fe_2O_3 + CO \longrightarrow 2FeO + CO_2 \qquad \Delta H_{298K}^{\ominus} = -50.8kJ/mol$$

Fe-Cr 系催化剂的活性温度较高，为 350～450℃；抗硫性能却较差，而且铬对生产及操作人员的身体健康和环境保护均有破坏。因此，中温变换催化剂最新发展方向是研制无铬的催化剂，这是一个世界性的难题。

与此同时，Fe-Cr 系催化剂还能使有机硫转化为无机硫，其反应为：

$$CS_2 + H_2O \rightleftharpoons COS + H_2S$$

$$CS_2 + H_2O \rightleftharpoons CO_2 + H_2S$$

对 COS 而言，转化率可达 90%以上。以煤为原料的中小型氨厂主要靠变换来完成有机硫转化为 H_2S 的过程。H_2S 使 Fe-Cr 系催化剂暂时性中毒，增大水蒸气用量或使原料气中 H_2S 含量低于规定指标，催化剂的活性可逐渐恢复。但是，这种暂时性中毒如果反复进行，也会引起催化剂的微晶结构发生变化，导致活性下降。

（2）Cu-Zn 系低温变换催化剂

金属铜具有高活性，使之成为特别适用于低温的催化物质。1963 年，铜基低温变换催化剂首先在美国应用于合成氨工业，我国于 1965 年也开发成功此类催化剂。Cu-Zn 系低温变换催化剂是以 CuO 为主体，以 ZnO、Cr_2O_3、Al_2O_3 为促进剂的催化剂，它具有低温活性好、蒸汽消耗量低的特点，但抗毒性能差，使用寿命短。

金属铜微晶是低温变换催化剂的活性组分，在使用前须将 CuO 还原为 Cu。显然，较高的铜含量和较小尺寸的微晶，对提高反应活性是有利的。单纯的铜微晶，在操作温度下极易烧结，导致微晶增大、比表面积减小、活性降低和寿命缩短。因此，需要添加适宜的添加物，使之均匀地分散于铜微晶的周围，将铜微晶有效地分隔开，提高其热稳定性。常用的添加物有 ZnO、Cr_2O_3、Al_2O_3 等。低温变换催化剂产品分为铜锌铝（Cu-Zn-Al）系和铜锌铬（Cu-Zn-Cr）系两大类。由于 Cr_2O_3 价格比 Al_2O_3 贵，对生产操作人员身体有害又污染环境，故国内外的低温变换催化剂发展趋势是用 Cu-Zn-Al 系取代 Cu-Zn-Cr 系，我国开发的产品大多也是 Cu-Zn-Al 系。

低温变换催化剂中的铜和氧化锌易受硫化物和氯化物的毒害。而活性铜对氨等毒物也非常敏感，所以在工艺中对硫、氯、氨等毒物的净化要求很高。

低温变换催化剂对温度比较敏感，其升温还原要求较严格，可用氮气、天然气或过热蒸汽作为惰性气体配入适量的还原气体进行还原。生产上使用的还原性气体是含氢或一氧化碳的气体，反应如下：

$$CuO + H_2 \rightleftharpoons Cu + H_2O \qquad \Delta H_{298K}^{\ominus} = -86.6 kJ/mol$$

实践证明，还原温度高会使催化剂的活性降低。因此，生产中一定要把好升温还原关，要严格控制好升温、恒温、配氢三个环节。一般升温速率为 20～30℃/h，从 100℃升至 180℃，可按 12℃/h 进行。为脱除催化剂中的水分，宜在 70～80℃和 120℃恒温脱水，在 180℃时催化剂已进入还原阶段，此时应恒温 2～4h，以缩小床层的径向和轴向温差，防止还原反应不均匀。氢气的配入量可从还原反应初期的 0.1%～0.5%，逐步增至 3%，还原后期可增至 10%～20%，以确保催化剂还原彻底。

（3）Co-Mo 系耐硫变换催化剂

当用劣质的褐煤或用含硫量较高的重油作为造气的原料时，原料气中硫含量很高。在这种情况下，Cu-Zn 系催化剂的耐硫能力有限，从 20 世纪 60 年代起，人们开始寻求具有耐硫性能的变换催化剂。

Co-Mo 系耐硫变换催化剂是以 CoO、MoO₃为主体的催化剂，它具有突出的耐硫与抗毒性，低温活性好，活性温区宽。在以重油、煤为原料的合成氨厂，使用 Co-Mo 系耐硫变换催化剂可以将含硫的原料气直接进行变换，再进行脱硫、脱碳，简化了流程，降低了能耗。Co-Mo 系耐硫变换催化剂的活性组分是 CoS、MoS₂，使用前必须硫化，为保持活性组分处于稳定状态，正常操作时，气体中应有一定的总硫含量，以避免反硫化现象。

对催化剂进行硫化，可用含氢的 CS₂，也可直接用 H₂S 或含硫化物的原料气。硫化反应如下：

$$CS_2 + 4H_2 \rightleftharpoons 2H_2S + CH_4 \qquad \Delta H_{298K}^{\ominus} = -240.6 kJ/mol$$

$$MoO_3 + 2H_2S + H_2 \rightleftharpoons MoS_2 + 3H_2O \qquad \Delta H_{298K}^{\ominus} = -48.1 kJ/mol$$

$$CoO + H_2S \rightleftharpoons CoS + H_2O \qquad \Delta H_{298K}^{\ominus} = -13.4 kJ/mol$$

5.2.4 甲烷化催化剂

合成氨催化剂一般要求原料气中一氧化碳（CO）和二氧化碳（CO₂）的总浓度小于 10×10^{-6}，过量部分必须除去，否则会导致催化剂的快速失活。甲烷化过程是脱除碳氧较好的方法。甲烷化是 CO 和 CO₂在催化剂的作用下深度加氢生成 CH₄和 H₂O 的过程：

$$CO + 3H_2 \longrightarrow CH_4 + H_2O \qquad （放热反应）$$

$$CO_2 + 4H_2 \longrightarrow CH_4 + 2H_2O \qquad （放热反应）$$

有水汽变换和 CO 歧化结炭反应。当原料气含微量 O₂时，也能在催化剂作用下与 H₂生成水。显然，两个主反应都是强烈放热的可逆反应。对 CO 甲烷化具有活性的元素对 CO₂甲烷化也同样有活性。不同元素的活性顺序为 Ni>Co>Fe>Cu>Mn>Cr>V。

Ni、Ru、Fe 是研究者感兴趣的活性组分。Ru 活性很高，但价格贵，且在正当条件下并不比普通镍催化剂活泼，故使用价值不大；Fe 系催化剂活性低，需要高温和高压操作，且选择性差、易结炭。所以，工业催化剂活性组分一般为 Ni，含量（质量分数）通常在 10%～30%之间，其制备方法不同，Ni 含量有较大的差异。通常甲烷化催化剂中的活性组分 Ni 都以 NiO 形式存在，使用前先用氢气或脱碳后的原料气将其还原为活性组分 Ni。Ni 基催化剂使用的合适温度范围是 200～280℃。但在用原料气还原时，催化剂在升温还原过程中的 130～180℃温度区间时，催化剂中的 Ni 容易与 CO 反应结合，生成毒性物质羰基镍，导致活性成分损失。该副反应化学方程式如下：

$$Ni+4CO \xrightarrow{180℃} Ni(CO)_4$$

还原过程中，为避免甲烷化剧烈放热而引起床层温升过大，要求控制还原气中（$CO+CO_2$）≤1%，同时，硫、砷、卤素是镍催化剂的毒物。在合成氨系统中最常见的毒物是硫，硫对甲烷化催化剂的毒害程度与其含量成正比。当催化剂吸附 0.1%～0.2%的硫（以催化剂质量计），其活性明显衰退，若吸附 0.5%的硫，催化剂的活性完全丧失。

所使用的载体主要是 γ-Al_2O_3，其他还有 SiO_2、高岭土、铝酸钙水泥。国内最新推出的 J107 催化剂改用 ZrO_2，其 Ni 含量仅为 J105 的 1/4，但催化性能明显优于 J105。一般而言，对 CO_2 甲烷化的顺序为 SiO_2>Al_2O_3>ZrO_2，而对 CO 甲烷化选择性的顺序刚好相反。研究表明，稀土作为助催化剂和 MgO 一样都可使催化剂在制备时增加镍晶粒的分散度，并抑制在热作用下镍晶粒长大，但稀土作用大于 MgO，而以同时添加稀土与 MgO 的催化剂性能最佳，两者在一起具有交互作用，可以加快 CO 脱附过程，从而提高了活性。在添加方式上，以 Ni-La 共沉淀方式再与掺有 Mg 的 γ-Al_2O_3 混合的方式最佳，采用浸渍法，则以 La-Mg 共浸再浸 Ni 的方法为好。

5.2.5　氨合成催化剂

1905 年德国的 A. Mittasch 和他的同事考察了元素周期表中几乎所有元素之后，开发了以铁为主体，以氯化铝、氯化钾为促进剂的铁系氨合成催化剂，并于 1913 年首次在 BASF 公司开发的氮和氢合成氨的 Haber-Bosch 过程中进行商业化生产，一直沿用至 20 世纪 50 年代且无较大的变化。

近几十年来，氨合成催化剂的开发有不少进展，甚至突破了铁系催化剂，相应的催化剂活性也大幅度提高。我国自 1953 年就能自己生产氨合成催化剂，并不断发展，目前已达到国际先进水平。现有氨合成催化剂 19 个型号，年生产能力达 1.5 万吨，年产量 9000 吨左右，不但能满足国内各大、中、小合成氨厂的需要，而且还有部分产品出口。

许多金属都对氨合成反应具有催化作用，其中铁系催化剂因价廉易得、活性良好、使用寿命长而得到广泛应用。根据是否被预还原，铁系氨合成催化剂可分为传统熔铁型催化剂和预还原型催化剂；而根据所添加催化助剂的类别，又可分为传统熔铁型催化剂、铁钴型催化剂、稀土型催化剂等。部分新型国产 A 系氨合成催化剂的组成和性能见表 5-9。

表 5-9　部分新型国产 A 系氨合成催化剂的组成和性能

型号	组成	规格/mm	堆密度/（kg/m³）	推荐操作条件	
				温度/℃	压力/MPa
A110-1	总 Fe 67%、Al_2O_3 2%～3%、K_2O 0.5%～1.5%、CaO 2%	颗粒，2.2～20	2700～2800	380～510	>15
A103	总 Fe 66.5%～68%	颗粒，1.5～3	2350	360～550	10～60
A103H	FeO 33%～38.5%、还原型 Fe 90%、Al_2O_3 2.6%～3.1%、K_2O 0.58%～0.72%、CaO 2.7%～3.1%、MgO≤1.3%、SiO_2≤1%	颗粒，3～10	2450～2650	360～550	10～60
A201	总 Fe 68%～70%、铁比 0.45～0.60、CoO		2600～3000	360～510	

型号	组成	规格/mm	堆密度/ （kg/m³）	推荐操作条件	
				温度/℃	压力/MPa
A202	总 Fe 68%～70%、铁比 0.45～0.60		2700～3000	360～510	
A203	总 Fe>65%、铁比 0.45～0.60、稀土		2700～3000	380～500	
A207（DNC A）	总 Fe>65%、铁比 0.45～0.60、CoO		2700～3000	350～500	
A301	$Fe_{1-x}O$	3.3～6.7	3000～3250	350～510	10～30

大多数铁催化剂都是用经过精选的天然磁铁矿通过熔融法制得。其活性组分为单质铁，未还原前为 FeO 和 Fe_2O_3，其中 FeO 占 24%～38%（质量分数），Fe^{2+}/Fe^{3+} 比约为 0.5，成分可视为 Fe_3O_4，具有尖晶石结构。纯铁作催化剂不但活性不高，而且寿命不长，必须加入促进剂才能成为有效的工业催化剂。Al_2O_3、K_2O、CaO、MgO、SiO_2 和 CeO_2 等作促进剂（即助催化剂），对催化活性、耐热性、抗毒性等都有很大影响。这些组分加在一起熔融后，形成了一个特殊新物质，在熔炼过程中发生了一连串的物理化学变化，在催化过程中又有扩散等物理过程和表面反应等化学过程发生。其中 Al_2O_3 是结构型助催化剂，能与 FeO 作用形成固溶体 $FeAl_2O_4$，同样具有尖晶石结构，当氧化铁被还原为 Fe 时，未被还原的 Al_2O_3 仍保持着尖晶石结构起到骨架作用，从而防止铁细晶长大，增大了催化剂的内表面积，提高了催化活性。K_2O 是电子型助催化剂，使金属的电子逸出功降低，能促进电子的转移过程，有利于氮分子的吸附和活化，也有利于氨的脱附。CaO 也是电子型助催化剂，在催化剂的制备过程中还能降低固溶体的熔点和黏度，有利于 Al_2O_3 和 Fe_3O_4 固溶体的生成，此外还可以提高催化剂的热稳定性。SiO_2 一般是磁铁矿中的杂质，具有中和 K_2O、CaO、MgO 等碱性组分的作用，SiO_2 还具有提高催化剂抗水毒化和耐烧结的性能。通常制得的铁催化剂为黑色不规则或球形颗粒，有金属光泽，堆密度为 2.5～3.0kg/L，孔隙率为 40%～50%。还原后的铁催化剂一般为多孔的海绵状结构，孔呈不规则的树枝状，内比表面积可达 4～16m²/g。

钴是工业氨合成催化剂的共催化剂。钴本身也具有催化作用，它的加入在熔融过程中与磁铁矿形成固溶体，使离子半径较小的钴离子取代离子半径较大的铁离子。尤其是还原晶粒度明显变小，晶格畸变，增加了活性中心数目，同时也改善了孔结构。因而使催化剂活性提高，特别在低温、低压下尤为显著。

工业氨合成催化剂在还原前是没有活性的，需要经过用氢气或氢/氮混合气将铁的氧化物还原成 α-Fe，它的功能是化学吸附分子氮，从而使 N≡N 减弱，以利于加成反应。这个过程中，催化剂将发生许多物理化学变化，这些变化对催化剂性能将起决定性影响。适当控制还原过程的各种因素，对获得性能优良的催化剂是十分重要的。

氨合成催化剂母体的 Fe^{2+}/Fe^{3+} 比不同，其还原情况不一样。还原后催化剂的孔隙体积约占催化剂颗粒体积的 50%。

氨合成催化剂一般寿命较长，在正常操作下，预期寿命 6～10 年。催化剂经长期使用后活性会下降，氨合成率降低。这种现象称为催化剂的衰老，其衰老的主要原因是 α-Fe 微晶逐渐长大，催化剂内表面变小，催化剂粉碎及长期慢性中毒。氨合成催化剂的毒物有多种，如 S、P、As、卤素等能与催化剂形成稳定的表面化合物，造成永久性中毒。某些氧化物如 CO、CO_2、H_2O 和 O_2 也会影响催化剂的活性。此外，某些油类以及重金属 Cu、Ni、Pb 等也是合成催化剂的毒物。为此，原料气送往合成工段之前应充分清除各类毒物，以保证原料气的纯度。一般大型氨厂进合成塔的原料气中的（CO+CO₂）<10×10⁻⁶（体积分数），小型氨厂（CO+CO₂）<30×10⁻⁶（体积分数）。

如上所述，氨合成催化剂的性能对合成氨生产有着直接且重要的影响，不断改进催化剂的性能，开发新型催化剂将具有重要的意义。新型催化剂的研制目前主要从两个方面进行，一方面是从降低催化剂的活性温度并提高催化剂的活性入手。研究发现，加入钴和稀土元素铈等，对降低催化剂的活性温度、提高催化剂的活性效果比较明显。加入钴后，可以起到双活性组分的作用，同时钴的加入可使铁催化剂的结构发生变化，还原态的铁微晶可减小10nm，比表面积增大3~6m²/g，从而促进催化剂活性的提高。比如我国研制的A201型催化剂，特别是英国的ICI74-1催化剂，操作压力8~10MPa，氨净值达12%~14%。KAAP技术就是当今世界实现工业化的钌基催化氨合成的成熟技术，其开发了以石墨化的炭为载体、以Ru₃(CO)₁₂为母体的新一代钌基催化剂。江苏宿迁禾友化工有限公司建设的年产20万吨的"铁钌接力"低温低压合成氨装置，利用新一代高性能钌基氨合成催化剂及"铁钌接力催化"合成氨成套技术，该装置在反应压力10.5~11.5MPa、钌催化剂床层出口温度410~420℃、氢氮比2.6~2.8、惰性气体含量11%~13%的操作条件下，氨净值达到14.5%~15.5%，装置运行平稳。与传统铁基催化剂合成氨技术相比，具有低反应温度、低反应压力、低氢氮比和高氨净值等优点。节能效果和经济效益显著。另外催化剂外形得以改进，可由原来的非规则形状加工成球形小颗粒，能有效地降低床层阻力，节省能耗。

5.2.6　制硝酸/硫酸催化剂

5.2.6.1　制硝酸催化剂

目前工业稀硝酸的生产均以氨为原料，采用催化氧化法，可制得45%~60%的稀硝酸。其总反应式为：

$$NH_3+2O_2 \rightleftharpoons HNO_3+H_2O$$

此反应可分为氨的催化氧化、一氧化氮氧化为二氧化氮、二氧化氮的吸收三个基本的分步反应。三个分步反应式如下：

$$4NH_3+5O_2 \rightleftharpoons 4NO+6H_2O$$

$$2NO+O_2 \rightleftharpoons 2NO_2$$

$$3NO_2+H_2O \rightleftharpoons 2HNO_3+NO$$

氨和氧可以进行下列三个反应：

$$4NH_3+5O_2 \rightleftharpoons 4NO+6H_2O \quad \Delta H=-907.2\,kJ$$

$$4NH_3+7O_2 \rightleftharpoons 4NO_2+6H_2O \quad \Delta H=-1104.9\,kJ$$

$$4NH_3+3O_2 \rightleftharpoons 2N_2+6H_2O \quad \Delta H=-1269.02\,kJ$$

除此之外，还有可能发生下列副反应：

$$2NH_3 \rightleftharpoons N_2+3H_2 \quad \Delta H=91.69\,kJ$$

$$2NO \rightleftharpoons N_2+O_2 \quad \Delta H=-180.6\,kJ$$

$$4NH_3+6NO \rightleftharpoons 5N_2+6H_2O \quad \Delta H=-1810.8\,kJ$$

目前，氨氧化使用的催化剂有两大类，一类是以金属铂为主体的铂系催化剂，另一类是以其他金属如铁、钴为主体的非铂系催化剂。非铂系催化剂虽然价格低廉，但相对于铂系催化剂节省下的费用往往抵消不了由氨氧化率低造成的氨消耗，因而非铂系催化剂未能在工业上大规模使用。故仅介绍工业用铂系催化剂。

（1）化学组成

纯铂具有较好的催化能力，但其机械强度较差，在高温下受到气体撞击后，表面变得疏松，铂微粒很容易被气体带走造成损失，因此工业上一般采用铂铑合金。即在铂中加入10%左右的铑，不仅能使机械强度增加，铂的损失减少，而且活性较纯铂要高。但由于铑价格更昂贵，有时也采用铂-铑-钯三元合金，常见的组成为铂93%、铑3%、钯4%。也可采用铂铱合金，铂99%、铱1%，其活性也很高。铂系催化剂中即使含有少量杂质（如铜、银、铅，尤其是铁），都会使氧化率降低，因此，用来制造催化剂的铂必须很纯净。

（2）物理形状

铂系催化剂不用载体，因为用了载体后，铂难以回收。为了使催化剂具有更大的接触面积，工业上将其做成丝网状。

（3）铂网的活化、中毒和再生

新铂网表面光滑而且具有弹性，活性较小。为了提高铂网活性，在使用之前需进行"活化"处理，其方法是用氢气火焰进行烘烤，使之变得疏松、粗糙，从而增大了接触表面积。

铂与其他催化剂一样，气体中许多杂质会降低其活性。空气中的灰尘（各种金属氧化物）和氨气中可能夹带的铁粉和油污等杂质，遮盖在铂网表面，会造成暂时中毒。H_2S也会使铂网暂时中毒，但水蒸气对铂网无毒害，仅会降低铂网的温度。为了保护铂催化剂，气体必须经过严格净化。虽然如此，铂网还是随着时间的增长而逐渐中毒，因而一般在使用3～6个月后就应进行再生处理。再生的方法是把铂网从氧化炉中取出，先浸在10%～15%的盐酸溶液中，加热到60～700℃，并在这个温度下保持1～2h，然后将网取出用蒸馏水洗涤到水呈中性为止，再将网干燥并在氢气火焰中加以灼烧。再生后的铂网，活性可恢复到正常。

（4）铂的损失与回收

铂网在使用中受到高温和气流的冲刷，表面会发生物理变化，细粒极易被气流带走，造成铂的损失。铂的损失量与反应温度、压力、网径、气流方向以及作用时间等因素有关。一般认为，当温度超过880℃，铂损失会急剧增加。在常压下氨氧化时铂网温度通常取800℃左右，加压下取880℃左右。铂网的使用期限一般在2年或更长一些时间。

由于铂是高价的贵金属，目前工业上常用机械过滤法、捕集网法和大理石不锈钢筐法将其回收降低损耗。机械过滤法是采用玻璃纤维作为过滤介质，将过滤器放置在废热锅炉之后，缺点是压降较大。也可以用ZrO_2、Al_2O_3、硅胶、白云石或沸石等混合物压制成5～8mm片层，共4层，置于铂网之后回收铂的微粒。捕集网法是采用与铂网直径相同的一张或数张钯-金网（含钯80%、金20%），作为捕集网置于铂网之后。在750～850℃下被气流带出的铂微粒通过捕集网时，铂被钯置换。铂的回收率与捕集网数、氨氧化的操作压力和生产负荷有关。常压时，用一张捕集网可回收60%～70%的铂；加压氧化时，用两张网可回收60%～70%的铂。大理石不锈钢筐法是将盛有3～5mm大理石的不锈钢筐置于铂网下，由于大理石（$CaCO_3$）在600℃下可分解成氧化钙（CaO），氧化钙在750～850℃能吸收铂微粒而形成淡绿色的$CaO \cdot PtO$，此法铂的回收率可达80%～97%。

5.2.6.2　制硫酸催化剂

硫酸是我国工业化进程中极为重要的化工原料之一，在金属冶炼、石油化工、化肥制造等领域有广泛应用。2000 年以来，硫酸行业得到快速发展，每年对硫酸的需求急剧加大，2021～2022 年我国硫酸产能基本保持在 1.22 亿～1.29 亿吨。二氧化硫（SO_2）催化氧化是实现硫酸生产的关键，目前硫酸工业中 SO_2 催化氧化反应所用催化剂主要是钒催化剂。钒催化剂以 V_2O_5 为主要活性组分，以碱金属（主要是钾）硫酸盐为助催化剂，以硅胶、硅藻土、硅酸铝等作载体。钒催化剂的化学组成一般为 V_2O_5 6%～8.6%、K_2O 9%～13%、Na_2O 1%～5%、SO_3 10%～20%、SiO_2 50%～70%，并含有少量 Fe_2O_3、Al_2O_3、CaO、MgO 及水分等。产品形状有圆柱状、球状和环状。该催化剂以价格低廉、耐砷与硒等毒性物质、使用寿命长等优点，逐渐成为硫酸生产中催化剂的主要应用产品。

近年来，部分厂家开发了低温铯催化剂，在传统催化剂基础上添加了少量铯元素，降低了起燃温度（360℃）和最低操作温度（390℃），拓宽了转化操作温度范围（390～410℃），金属铯的价格昂贵导致铯催化剂价格偏高，考虑到系统经济运行成本，铯催化剂的使用受到限制，无法实现全部填装，一般仅应用于转化器一层及末段反应层。

我国的钒催化剂主要有 S101、S106、S107、S108、S109 等型号。S101 为中温催化剂，操作温度为 425～600℃，各段均可使用，寿命达 10 年以上，活性达到国际先进水平；S105、S107、S108 为低温催化剂，起活温度为 380～390℃，操作温度为 400～550℃，一般装在一段上部和最后一段，以使反应能在低温下进行，这样不仅能提高总转化率和减小换热面积，还能提高转化器入口气体中 SO_2 含量。

钒催化剂的综合性能与助催化剂、载体类型、孔结构和组分含量等因素有关。碱金属硫酸盐作为助催化剂是硫酸生产用钒催化剂中不可或缺的部分，碱金属硫酸盐的加入对催化剂中活性钒的热稳定性、催化活性的提升起着重要的作用，尤其是在低温条件下对 V^{5+} 与低价态钒（V^{3+} 和 V^{4+}）相互转化过程具有一定的抑制作用，可大大减小体系中 V^{4+} 和 V^{3+} 化合物的析出速度，保证体系中具有催化活性的 V^{5+} 含量，从而提高钒催化剂在低温条件下的催化活性和延长了催化剂的使用寿命。载体在钒催化剂中主要起以下几方面的作用：①增加有效表面积和提供合适的孔结构以增强催化剂的活性和选择性；②提高催化剂的机械强度；③提高催化剂的热稳定性；④提供活性中心。硅藻土是一种导气性能优异、比表面积较大、渗透性能良好的被广泛用作催化剂载体的多孔结构材料。不同产地的硅藻土因成矿环境不同，微观结构、组分含量及物化性质也有所差异。硅藻土微孔结构与分布同样是硫酸生产用钒催化剂性能评价和发展过程中一个重要的指标，这是因为 SO_2、O_2 和 SO_3 进出催化体系都需要借助于催化剂中的微孔通道。催化剂孔隙率过高或过低都会对抗压强度、粉化及催化活性等性能产生严重影响。在催化剂制造过程中为获得适宜的孔结构和分布，可在催化剂制造过程中向原料中加入多醇类和季铵盐类表面活性剂来调节微孔的结构和分布，结果发现经改性后的催化剂在微孔结构和比表面积上有很大程度改善，且改性后的催化剂在选择性和催化活性方面得到明显提高。

5.3　羰基合成催化剂

羰基化反应就是将 CO 单独与其他化合物一道引入衍生物中的反应。最重要的"羰基合成"通常包括两类反应：一为烯烃与合成气（H_2/CO）催化加成制醛的反应。这类反应更确切的定义为"氢甲酰化"；二为称作 Reppe 的另一大类的反应，W. Reppe 在 20 世纪 30 年代末 40 年代初发现Ⅷ族金属的羰基配合物能够催化炔、烯或醇的羰基化反应，称为氧化羰基化反应。

5.3.1　氢甲酰化反应催化剂

在烯烃羰基化反应中，最重要的是羰基化过程，因为由此产生的醛和醇，在合成化学工业中具有重要地位。羰基化合成醛和醇的年生产量亦已超过 30 万吨。

自从 1938 年，德国鲁尔化学公司的 O. Roelen 发现羰基钴可以催化烯烃氢甲酰化反应以来，为了提高催化活性和选择性，缓和操作条件，催化剂的研究和开发从钴基催化剂到铑基催化剂，经历了以下发展阶段。

（1）羰基钴催化剂

$Co_2(CO)_8$ 催化剂的第一次工业应用是在 20 世纪 40 年代后期，迄今仍保留约 80%的丁辛醇生产能力。典型的温度范围为 110～180℃，合成气压力范围为 20～35MPa。羰基化过程羰基钴的制备，通常开始输入反应器的是钴盐（如碳酸钴、醋酸钴、环烷酸钴）或是金属钴，也可以先制成 $Co_2(CO)_8$。不管加入什么钴，在氢甲酰化反应条件下均被转化为真实的催化剂母体$[CoH(CO)_4]$。

使用羰基钴$[Co_2(CO)_8]$催化剂的羰基化过程，最重要的缺点是反应温度和压力高，能耗大；正构体是所需的目的产物，但正构、异构比的最佳结果为（3～4）∶1。

（2）叔膦改性羰基钴催化剂

20 世纪 60 年代初期，Slaugh 和 Mullineaux 发现经叔膦配体改性的羰基钴催化剂，其稳定性可以不依赖于高的 CO 分压，并且在该催化剂催化烯烃氢甲酰化反应中，正构醇顺反异构体比例可达 8∶1 以上。1966 年首先由 Shell 公司在美国休斯敦建厂投产，实际用的叔膦配体是由高沸点长链烷烃制成的，商用代号为 RM-17。典型反应条件为温度 160～200℃，合成气压力 5～10MPa，醇是主产物（约 80%），正构产物与异构产物之比一般为 8∶1。

改性的钴催化剂与未改性的对应物相比，其优点是反应条件温和，在温度 180℃、压力 8.0MPa 下运转，一步得到醇。缺点是催化活性低，部分烯烃被氢化为价值较低的烷烃。

（3）可溶性铑膦配体催化剂

铑基催化剂用于烯烃氢甲酰化反应在 20 世纪 50 年代中期被发现，虽然羰基铑催化剂的活性是钴的 10^2～10^4 倍，但其选择性低，故未工业化。叔膦改性的羰基铑催化剂通常以 $RhH(CO)(PPh_3)_3$ 为催化剂配体，由美国联碳公司（Union Carbide Corp）、英国戴维动力煤气公司（Davy International Ltd.）和英国约翰马休公司（Jonson Mattthey Corp）联合于 1975 年实现工业化。

可溶性铑膦配体催化剂的优点是活性和单程转化率高，省去母液循环，反应条件比叔膦改性的羰基钴催化剂更温和，温度 100℃，压力 2.0MPa，降低了投资和操作费用。缺点为铑催化剂成本高，回收和再生难度大，原料气纯度要求高。

（4）水溶性两相铑膦配体催化剂

1974 年，Emile G. Kuntz 改进了三苯基膦的磺化合成方法，合成了水溶性很好的 $P(m\text{-}C_6H_4SO_3Na)_3$（简称 TPPTS）。用 TPPTS 代替三苯基膦制成的催化剂 $RhH(CO)(TPPTS)_3$，

在烯烃氢甲酰化反应中表现出良好的催化活性和选择性。该法于 1983 年由法国 Rhone-Poulenc 公司和德国 Ruhrchemie 公司合作开发成功，并于 1984 年在德国 Oberhanson 建成 100kt/a 的工业装置。

与均相催化剂相比，该法的优点是：用水作溶剂，既安全又便宜；反应完成后静置分层，将产物与催化剂分离，无须加热，节约能源，减少铑的损失；选择性提高，降低原料消耗。

现将四种催化剂体系的操作条件及反应性能综合列入表 5-10 中。

表 5-10　四种催化剂体系的操作条件及反应性能

催化反应条件	催化剂			
	$CoH(CO)_4$	$CoH(CO)_3(RM-17)$	$RhH(CO)(PPh_3)_3$	$Rh(CO)(TPPTS)_3$
工业化时间	1946 年	1964 年	1976 年	1984 年
$T/℃$	100~180	160~200	85~115	50~130
p（总压）/MPa	20~35	5~10	1.5~2.0	1~10
活性金属含量/%	0.1~1.0	0.5~1.0	$10^{-3}~10^{-2}$	约 10^{-3}
正构/异构产物之比	80/20	88/12	92/8	95/5
醛含量/%	80	10	96	96
醇含量/%	10	80	—	1.8
烷含量/%	1	5	2	0.6
其他物质含量/%	9	5	2	1

5.3.2　炔烃羰基化催化剂

乙炔水溶液在 150℃、3MPa、催化剂 $Ni(CO)_4$ 存在下与 CO 反应生成丙烯酸，其选择性约 90%，在醇存在时，则生成丙烯酸酯，其选择性为 85%。优先考虑选择的催化剂是基于金属镍的，虽然其他的Ⅷ族金属配合物[如 $Fe(CO)_5$]也可催化这类反应。

生产丙烯酸的主要方法是催化的 BASF 工艺（在德国，工厂生产能力为 13 万吨/年）和半催化的 Rohm-Hass 工艺（在美国 Deer Park 工厂，生产能力为 18 万吨/年）。在 BASF 工艺中，催化剂系统由 $NiBr_2$ 和 CuI 构成，由于催化剂用量非常少而不再回收。在 Rohm-Hass 工艺过程中，乙炔、水和催化剂 $Ni(CO)_4$ 按化学计量相互作用，加入乙炔、水和 CO 使催化反应开始进行，仅 65%~85% 的气态 CO 用于丙烯酸的合成，其余的来自 $Ni(CO)_4$。添加三苯基膦烷基化合物、三苯基膦、乙酰丙酮等配体能提高丙烯酸的选择性，但乙炔的转化率会有所下降。

5.3.3　烯烃的羰基化催化剂

烯烃羰基化的催化剂主要基于钴、铑、铁、钌、钯等金属，中间物是配位体的迁移而形成的酰基-金属物种。可以想象反应产物是通过亲核试剂（H_2O、HOR、H_2NR 等）对酰基-金属物种的羰基碳原子的进攻而形成的，同时再生出金属氢化物种。

对大规模的工业生产，主要的 Reppe 型烯烃羰基化过程是为了从乙烯生产丙烯。如 BASF 工艺（有 3 万吨/年的工厂），反应是在 24MPa、280℃、$Ni(CO)_4$ 催化剂存在下进行的。在 Monsanto 公司有一用铑为催化剂的过程在生产运行中，其操作条件较为温和。

5.3.4 甲醇羰基化制醋酸催化剂

甲醇羰基化制醋酸（乙酸）分为高压法和低压法。1960 年 BASF 公司开发成功甲醇高压羰基化生产醋酸的工业化方法，20 世纪 70 年代美国 Monsanto 公司开发成功低压羰基合成醋酸的工业化技术。由于低压羰基化制醋酸技术经济先进，从 20 世纪 70 年代中期起新建的大厂基本采用 Monsanto 公司的甲醇低压羰基化技术，目前采用此法生产醋酸的能力已占醋酸总生产能力的 64%。随着研究的进行，甲醇羰基化制醋酸的工艺和催化剂得到不断的改进和发展，各种催化剂体系不断出现，但现在还没有另一种催化体系能超过铑系催化剂的性能，见表 5-11。

表 5-11　甲醇羰基化制醋酸催化剂体系的性能比较

催化体系	反应体系	催化剂	反应温度/℃	反应压力/MPa	醋酸收率/%	催化剂特点
Co 系	均相	Co-CH$_3$I	200～250	50.0～70.0	87	高压法
Rh 系	均相	Rh-CH$_3$I	150～220	0.1～3.0	99	低压法
Ir 系	均相	Ir-CH$_3$I	150～220	1.0～7.0	99	活性与 Rh 相当
Ni 系	均相	Ni-CH$_3$I	150～220	3.0～30.0	50～95	

（1）BASF 高压法羰基钴催化剂

BASF 公司的 W. Reppe 在 1941 年发表Ⅷ族金属元素对羰基化和氢甲酰化反应的有效催化作用后，成功地开发了羰基钴-碘催化剂的甲醇高压羰基化制醋酸工艺，反应条件为 250℃、70MPa，产物收率以甲醇计为 90%，以 CO 计为 70%。反应采用的主体催化剂羰基钴和助催化剂碘甲烷，在反应过程中可循环使用。BASF 公司于 1960 年在德国的 Ludwigshafen 建成 3600t/a 的生产装置，反应器材质采用新型高镍合金（即 Hastelloy B），解决了耐腐蚀的问题，后陆续扩大生产能力达到 45kt/a，并以此规模向罗马尼亚和美国转让技术。

（2）Monsanto 低压羰基化催化剂

20 世纪 60 年代末，Monsanto 公司提出的以可溶性羰基铑为催化剂，以碘化合物为助催化剂的低压液相法，对甲醇低压羰基化制醋酸具有更高的催化活性，催化速率为 $1.1×10^3$mol/（mol·h），羰基化选择性大于 99%，催化剂体系包括主催化剂铑化合物和助催化剂碘化合物两部分。一般选用 RhI$_3$-CH$_3$I 在醋酸-水混合溶剂中与 CO 反应后生成的均相催化体系，生成的二碘二羰基铑配合物以[Rh(CO)$_2$I$_2$]$^-$的形式存在于溶液中。

人们对甲醇羰基化制醋酸的反应动力学、催化剂、原料组成和反应条件对反应的影响以及催化作用机理都进行过详细研究。在正常条件下，甲醇羰基化制醋酸的反应动力学特征见表 5-12。

表 5-12　甲醇羰基化制醋酸反应动力学特征

反应物		反应级数	
BASF 高压法	Monsanto 低压法	BASF 高压法	Monsanto 低压法
CH$_3$OH	CH$_3$OH	1	0
CO	CO	2	0
I	I	1	1
Co	Rh	特殊	1

（3）BP 羰基化制醋酸铱催化剂

英国 BP 公司研究开发了新的制醋酸催化剂——Cativa，于 1995 年 11 月在美国得克萨斯州的装置上首次使用，现正在韩国三星-BP 合资装置上应用。Cativa 催化剂的主要组成便是铱化合物，另需添加少量助催化剂如 Cd、Os 化合物等，该催化剂体系（Ir-CH₃I）的特点为稳定性强、副产物少、含水量低、反应收率高等。也可将其用于改造现有生产装置，以降低生产成本。

（4）甲醇非均相羰基化制醋酸催化剂

针对液相羰基化存在的问题，在 Rh-I 均相催化体系开发的同时，许多研究人员开始进行负载型非均相催化剂的研制，典型的载体有 C、SiO₂、TiO₂、Al₂O₃、高分子聚合物等。用这种催化剂进行气相羰基化反应，具有可改善设备材质的腐蚀、减少贵金属铑的损耗、简化控制系统等优点。

近年来，美国 UOP/日本 CHIYODA 公司开发了一种高分子聚合物载铑催化剂，用于甲醇非均相羰基化制醋酸具有很好的性能，现正在进行工业化开发。

20 世纪 80 年代以来，对于非铑催化剂体系常压气相羰基化工艺的研究十分活跃，催化剂的活性顺序为 Ni>Co>Fe，Ni 是甲醇气相常压羰基化制醋酸最佳的活性组分，而活性炭为最佳的催化剂载体。

5.3.5　醋酸甲酯羰基化制醋酐催化剂

自 20 世纪 70 年代石油危机后，许多公司竞相研究由醋酸甲酯羰基化制醋酐的新工艺。1980 年美国 Halcon 公司与 Eastman 达成协议，将各自优点结合起来而形成的最佳技术推向工业化，1983 年在 Eastman 所在地 Kingsport 建成了一座 22.5 万吨/年的醋酐厂。

醋酸甲酯羰基化催化剂体系除铑化合物和碘甲烷外，还需要金属助催化剂（以锂的衍生物为最好）及 N、P 有机物促进剂，而且原料 CO 中还须含少量 H₂。不同锂化合物对醋酸甲酯羰基化的影响见表 5-13。

表 5-13　不同锂化合物对醋酸甲酯羰基化的影响[①]

锂化合物（0.4mol/L）	MeOAc 转化率/%	Ac₂O 选择性/%	反应速率/[mol/(mol·h)]
无	47.9	66.5	116
LiNO₃	0	0	0
LiCl	57.0	70.0	141
LiI	81.1	81.1	230
LiOAc	64.1	117[②]	260

① 催化体系：RhCl₂-CH₃I-Li 化合物，[RhCl₂]=0.01mol/L，[CH₃I]=3.0mol/L，[HOAc]=4.0mol/L，[MeOAc]=7.0mol/L。
② 包括 LiOAc 与 CH₃COI 反应生成的醋酐。

由表 5-13 可见，对于不同 Li 化合物，Li 与 LiOAc 效果最好，前者主要提高 MeOAc 的转化活性，后者提高醋酐的生成速率。LiCl 的作用不显著，LiNO₃ 则完全抑制反应。

5.3.6　甲醇氧化羰基化合成碳酸酯催化剂

甲醇氧化羰基化合成碳酸酯是在约 100℃、6MPa、铜盐存在下进行的，其主要反应如下：

$$2CH_3OH+CO+\frac{1}{2}O_2 \longrightarrow (CH_3O)_2C\!=\!O+H_2O$$

当使用氯化铜（$CuCl_2$）为催化剂时，通常反应选择性不高，有大量副产物如甲醚和氯甲烷生成。如添加各种助催化剂时，可以提高活性及选择性，Ce/Cu 比为 1 时碳酸酯收率最高。当使用氯化亚铜（CuCl）为催化剂时，以 CuCl 为催化剂的甲醇氧化羰基化反应实际上是一个氧化-还原反应，在氧化阶段 CuCl 在甲醇溶液中被氧化为甲氧基氯化铜，在还原阶段甲氧基氯化铜被 CO 还原而生成碳酸酯。

5.3.7　硝基化合物的还原羰基化催化剂

在钯、铑和钌等Ⅷ族过渡金属配合物催化剂的存在下，硝基化合物与 CO 可以直接发生还原羰基化反应，生成相应的异氰酸酯或氨基甲酸酯。近 40 年来聚氨酯工业得到迅速发展，但到目前为止，异氰酸酯的工业化生产方法主要还是传统的光气法。对比光气法，用 CO 代替光气作原料的还原羰基化法具有很多优点，将是异氰酸酯工业生产方法的发展方向。

5.4　石油炼制催化剂

石油炼制工业是把原油通过石油炼制过程加工成各种石油产品的工业。石油产品的用途非常广泛。石油液体燃料是各种现代交通运输工具目前尚不可替代的燃料。各行各业所使用的机械、仪表，都离不开从石油中制取的润滑油和润滑脂。石蜡、沥青、溶剂等石油产品是许多工业部门不可缺少的材料。石油产品也是生产各种石油化工产品的基本原料，如合成树脂、合成橡胶、合成纤维等。可以说国民经济、国防建设和人民生活的各个方面，都离不开石油产品。

原油炼制技术主要分为无催化剂的热加工和有催化剂存在的催化加工两大类。无催化剂的热加工主要包括蒸馏、延迟焦化、热裂化、减黏、分子筛脱蜡、氧化沥青和溶剂精制等。其中蒸馏、分子筛脱蜡和溶剂精制主要是物理变化过程。

有催化剂存在的催化过程主要包括催化裂化、催化重整、催化加氢（包括加氢精制、加氢裂化等），以及轻烃的烷基化、异构化和醚化等，以化学反应为主，也伴有物理过程。催化加工装置是现代炼油厂的主体，而催化剂则是催化加工技术的核心。本节介绍在石油催化加工中所使用的各种催化剂，包括它们的组成、性质、作用机理和工业应用。

5.4.1　催化裂化催化剂

流化催化裂化（FCC）是重要的原油二次加工过程之一。它是在催化剂的作用下，对重质油或残油直接进行裂化、异构化、环化和芳构化等反应，使重质油轻质化，并提高汽油辛烷值的核心技术。FCC 的原料可以是减压馏分油、焦化重馏分油、蜡油、蜡下油、加氢预处理油以及渣油等。其产品主要是汽油、柴油和液化石油气等。因此，催化裂化是炼油工业中重要的技术。

我国车用汽油组分 80% 以上来自 FCC 汽油；美国销售的汽油中 1/3 来自 FCC 汽油组分，还有 1/3 的汽油则是由 FCC 副产的 C_4（异丁烷、丁烯）烃类为原料生产的，即美国 2/3 的汽油组分来自 FCC 或与 FCC 有关。可见 FCC 在炼油工业中占有重要地位。

5.4.2　催化裂化反应机理和烃类的主要反应

裂化反应时 C—C 键的断裂反应，分为热裂化与催化裂化两大类。裂化反应从热力学观点看，高温是有利的，因为该反应是吸热反应，此反应亦可看成是烷基化反应与聚合反应的逆过程。催化裂化与热裂化的机理不同，烃类的热裂化按自由基机理进行，而催化裂化按正碳离子反应机理进行。

裂化所用的原料油由烷烃、烯烃和芳烃等组成，因此主反应包括

烷烃裂化：$C_nH_{2n+2} \longrightarrow C_mH_{2m} + C_pH_{2p+2}$

烯烃裂化：$C_nH_{2n} \longrightarrow C_mH_{2m} + C_pH_{2p}$

芳烃裂化：$ArC_nH_{2n+1} \longrightarrow ArH + C_nH_{2n}$

其中，$n=m+p$。

在催化裂化过程中还明显地发生异构化、氢转移、芳构化、烷基化、叠合和缩聚等副反应，后三类副反应会引起催化剂结焦，导致催化剂过早失活。

5.4.3　催化裂化催化剂及其发展

FCC 早期使用的催化剂是硅酸铝催化剂，20 世纪 60 年代初发明的 X 型、Y 型沸石，特别是 Y 型沸石用于烃类催化裂化具有更高的活性和选择性，至今 Y 型沸石一直是 FCC 催化剂的主要活性组分。当然 Y 型沸石的改性及催化剂制备方法的改进研究一直没有停止过。20 世纪 60 年代初使用的 Y 型沸石是用稀土元素改性的 REY 型沸石，后来发现经过稳定化处理的超稳 Y 型沸石即 USY 型沸石催化性能更好。继 Y 型沸石之后，研究开发成功的 ZSM-5 沸石及 β 沸石等对烃类化合物的催化反应具有一些独特的性能，这些沸石也作为 FCC 催化剂的活性组分用于实际生产中。

(1) 无定形硅酸铝催化剂

SiO_2、Al_2O_3 及二者的简单混合物均没有足够的裂化活性。用共凝胶法制得的以 SiO_2 为主体的 SiO_2 和 Al_2O_3 的合成凝胶有相当高的催化活性。合成硅酸铝是由 Na_2SiO_3 和 $Al_2(SO_4)_3$ 溶液按一定比例配合生成凝胶，再经过水洗、过滤、成型、干燥、活化等步骤制成。用在流化床反应器中的合成硅酸铝催化剂是微球状的，粒径集中在 20～100μm。合成硅酸铝催化剂（简称硅铝催化剂）中 Al_2O_3 含量在 13%左右的称为低铝催化剂，25%左右的称为高铝催化剂。无定形硅酸铝催化剂具有许多不规则的微孔，其颗粒密度约为 $1g/cm^3$，孔容为 0.4～0.7cm^3/g，平均孔径为 4～7nm，比表面积为 500～700m^2/g。

(2) 分子筛催化剂

1) 分子筛的催化特性

① 高活性源于分子筛的巨大比表面积。裂化催化剂活性来源于 B 酸、L 酸的酸性中心，而分子筛中的酸性中心密度大，酸强度适宜，并且大部分酸性中心能被反应物分子接近。

② 高选择性源于分子筛结构的规整性。

③ 热稳定性比无定形催化剂高，由晶体骨架结构稳定性决定。

2) 分子筛裂化催化剂

① REY 或 REHY 分子筛。前者是稀土金属（如 Ce、La、Pr 等）离子置换得到的稀土-Y

型分子筛，后者是兼用 H⁺ 和稀土金属离子置换得到。由于它们的催化活性要比无定形硅铝高 4 个数量级，远远超出工艺过程可以接受的水平，所以一般采用无定形硅铝胶或改性高岭土作为载体，分子筛含量在 10%～20%。

② 超稳 Y 型分子筛（USY）。这是一种经脱铝改性的 Y 型分子筛，由 NH₄Y 型经超稳化处理制得。超稳化处理是在水蒸气气氛下通过 500～550℃ 的热处理，使分子筛部分脱铝，硅铝比提高，在脱铝空位附近骨架重排。使用 USY 催化裂化催化剂，因硅铝比提高和酸性中心密度减小，其裂化活性比 REY 有所降低，使得它在催化裂化反应中的氢转移反应活性有显著降低，即环烷烃与烯烃进一步反应生成芳环和烷烃的反应减少，这样催化裂化汽油中的烯烃含量增加，辛烷值提高，焦炭产率相应降低。所以，USY 具有良好的反应选择性和更好的热稳定性。

③ 载体。分子筛与载体的结合有两种途径：一种是先将分子筛进行离子交换，然后负载在载体上；另一种是先将 Na⁺ 分子筛载于载体上然后再进行离子交换。

④ 助剂。为了配合催化裂化催化剂的使用，开发了多种催化裂化助剂，如助燃剂、钝化剂、辛烷值助剂和降低烯烃助剂等。

5.4.4　催化裂化催化剂的制备

（1）微球硅铝催化剂的制备

微球硅铝催化剂是用于流化床催化裂化装置的一种催化剂。在制备工艺上有间断成胶分步沉淀法、连续成胶分步沉淀法和共沉淀法三种工艺流程。

① 间断成胶分步沉淀法。间断成胶分步沉淀法采用水玻璃和稀硫酸溶液进行中和反应，生成硅凝胶。然后再向反应物料中加入硫酸铝和氨水溶液，进行中和反应，与硅胶结合，生成硅酸铝胶体。经真空过滤、喷雾干燥成型、洗涤和气流干燥，就可获得微球硅铝催化剂成品。

② 连续成胶分步沉淀法。连续成胶分步沉淀法是水玻璃和硫酸溶液同时进入混合器连续混合，连续流过溶胶罐，形成硅溶胶，在凝胶罐和老化罐中经打浆、老化，最后流入成胶罐中，加硫酸铝和氨水溶液生成硅酸铝胶体，其后，即与间断成胶分步沉淀法一样，经真空过滤、喷雾干燥成型、洗涤和气流干燥，即得催化剂成品。

③ 共沉淀法。共沉淀法是用水玻璃和酸化硫酸铝进行中和反应，使硅胶和铝胶同时反应生成硅铝溶胶，通过油柱成型，变成凝胶小球。然后进行热处理、活化和水洗等过程，这些过程与小球硅铝催化剂的生产过程相同。水洗后的小球，经破碎打浆，再经喷雾成型和最后的气流干燥，得到催化剂成品。

（2）全合成稀土-Y 型沸石裂化催化剂的制备

① 全合成低铝稀土-Y 型沸石裂化催化剂。全合成低铝稀土-Y 型沸石裂化催化剂是一种中等活性的裂化催化剂，主要用于床层式反应装置上，是采用全合成的无定形硅铝为载体，在适当位置加入一定量的稀土-Y 型沸石而制成。这类催化剂随着我国提升管催化裂化装置的不断发展，用量日渐减少。

② 全合成高铝稀土-Y 型沸石裂化催化剂。沸石催化剂随着载体硅酸铝中氧化铝含量的提高，催化剂的稳定性显著提高。当催化剂中含有相同的沸石时，含氧化铝 25%～30% 的催化剂比含氧化铝 13%～15% 的催化剂的反应活性高，老化后比表面和孔容积的保留值也高。

这种催化剂主要用于短接触时间的提升管催化裂化装置。由于载体的合成方法及稀土含量不同，我国高铝稀土-Y 型沸石裂化催化剂也有不同的催化性能。

(3) 半合成稀土-Y 型沸石裂化催化剂的制备

半合成稀土-Y 型沸石裂化催化剂是我国 20 世纪 80 年代发展的一种新型催化剂。它与凝胶法制备催化剂的工艺有很大差别，是采用铝或硅溶胶作胶黏剂，将沸石和高岭土等组分黏合而成。制成的催化剂具有高密度、高耐磨、低比表面积、小孔容、大孔径等特点。由于高密度耐磨损，降低了使用中催化剂的损耗，减少了粉尘的污染；催化剂的低比表面积有利于反应分子的扩散，减少二次裂化，改善了汽提性能和再生性能，提高了裂化选择性和汽油收率。这种催化剂与全合成裂化催化剂的制备工艺相比，简化了制备流程，能耗低，废水等污染物排放少。

半合成沸石裂化催化剂已经被国内广泛应用。采用这种催化剂后，轻质油收率提高，干气和焦炭收率降低，催化过程能耗明显下降。

(4) 全白土稀土-Y 型沸石裂化催化剂的制备

20 世纪 80 年代初我国发展了 LB-1 全白土型沸石裂化催化剂，它是以高岭土为原料，经喷雾成微球，焙烧后在一定热条件下使高岭土微粒进行晶化，部分转化成 Y 型沸石，剩余部分作为基质。再经离子交换，即得沸石催化剂。这类催化剂的制备特点是原料单一，将活性组分和基质的制备合为一个流程，简化生产步骤。在催化剂的性能上具有磨损指数低、堆积密度大、孔径大、活性指数高、水热稳定性好、结构稳定性好和抗重金属污染能力强等特点。

(5) 超稳 Y 型沸石渣油裂化催化剂的制备

为了满足渣油催化裂化加工和提高汽油辛烷值的需要，我国成功开发了一系列超稳 Y 型沸石以及 USY 裂化催化剂。

① 超稳 Y 型沸石的制备。NaY 沸石经水热处理，分子骨架发生脱铝等过程即生成热稳定性更好的 USY 沸石。USY 沸石的制备方法很多，有的只经过一次交换、一次焙烧即可制成；有的则需经过几次交换、几次焙烧；有的还使用其他处理方法。

② 超稳 Y 型沸石渣油裂化催化剂的制备。与 REY 型沸石裂化催化剂的制备流程类似，由于很多 USY 催化剂不是单一沸石的催化剂，载体也会有改性处理等，因此，实际生产流程可能还会更复杂一些。

5.4.5　催化裂化催化剂的失活与再生

(1) 焦炭沉积

催化裂化反应过程中会产生焦炭沉积使催化剂活性下降，所以应将结焦的催化剂及时移出反应器，进入再生器进行空气烧焦再生。多次反应再生循环后，催化剂活性和选择性逐渐下降并达到一个接近平衡的水平。通常离开反应器的待再生催化剂含碳约 1%，主要成分是碳和氢，当裂化原料含硫和氮时，焦炭中也含有硫和氮。对于硅铝催化剂，要求再生后含碳量<0.5%；而分子筛催化剂因积炭对选择性影响较大，要求含碳量<0.2%。再生反应产物有 CO_2、CO、H_2O，以及 SO_x（SO_2、SO_3）和 NO_x（NO、NO_2）。

(2) 原料油中的氮化合物

原料油中的氮化合物尤其是碱性氮化物会吸附在裂化催化剂的部分酸性中心上，使其被暂时毒化丧失活性，可通过烧炭作业恢复活性。

（3）原料油中的重金属

重金属如 Ni、V、Fe、Cu 等沉积在裂化催化剂表面上，使其活性下降，选择性变差。重金属对催化剂的影响是累积性的，烧焦再生对其无效。其中毒效应主要表现为：转化率和液体产品收率下降，产品不饱和度、干气中 H_2 比例与焦炭收率增加。各种重金属元素中，Ni、V 影响最大。Ni 增强了催化剂的脱氮活性。V 在低含量时，影响比 Ni 稍小，但含量高时，对催化剂活性的影响为 Ni 的 3～4 倍，它在再生的分子筛表面形成低熔点的 V_2O_5，使分子筛结晶受到破坏。重金属污染问题在渣油催化裂化中尤为突出。

分子筛催化剂比硅铝催化剂的抗重金属污染的性能要好，重金属污染水平相同时，前者活性下降得少一些。在馏分油催化裂化时，平衡催化剂的 Ni、V 总含量在 100～1000μg/g，但渣油催化裂化时，则可达到 1000～10000μg/g。解决重金属污染问题主要有三种途径：降低原料油中重金属的含量；选用对重金属容纳能力较强的催化剂；在原料中加入少量能减轻重金属对催化剂中毒效应的药剂，即金属钝化剂。

（4）原料油中的 Na^+

Na^+ 会影响分子筛裂化催化剂的活性和稳定性。

5.4.6　催化裂化催化剂的进展与展望

近年来由于原油的质量变重，一些炼厂为增加其经济效益，将原料范围扩大到重质原料，如焦化和减黏裂化的馏出油，减压渣油经溶剂抽提得到的抽出油，经加氢处理的常压重油或减压渣油，甚至常压重油和减压渣油本身。一般来说，随着原料干点的上升，原料中的硫、氮、金属、沥青等杂质含量也随之上升。在渣油中这些有害杂质的含量更高，给催化剂带来更高的要求。国外一些催化裂化生产厂商纷纷开发了渣油催化裂化工艺及相关的催化剂。如凯洛格（Kellogg）公司的重油裂化工艺（heavy oil cracking，HOC）、阿希兰德（Ashland）公司和环球油品公司（UOP）的渣油流化催化裂化工艺（resid fluid catalytic cracking）等。各知名的催化剂公司也不断推出新的裂化催化剂。

我国重油裂化催化剂的开发也取得了较大进展。石油化工科学研究院和齐鲁、长岭、兰炼催化剂厂协作开发了许多量体裁衣的重油裂化催化剂。例如 CHZ-3、Comet-400、Lanet-35 等牌号的催化剂。

今后在我国，由于低硫、石蜡基原油的供应量满足不了国内经济发展对轻质油品的需求，含硫和其他劣质油的开发和进口将占越来越大的比例。因而，除了原料的预精制需进一步发展外，对催化剂也提出了更高的要求。另外，从环保对车用燃料的要求看，不希望汽油中含较多的烯烃和芳烃，也不希望柴油中有太多的芳烃而降低十六烷值，因而希望催化裂化过程中具有必要的异构化、烷基转移、侧链化等二次反应，从而对催化剂又提出新的要求。所以，未来催化剂研究创新的空间将会进一步得以开拓，并推动催化裂化及其相关工艺技术的进步和发展。

5.5　催化重整催化剂

重整是指烃类分子重新排列成新的分子结构。在有催化剂作用的条件下，将低辛烷值（40～60）的直馏石脑油转化为高产率、高辛烷值的汽油馏分进行的重整叫催化重整。采用铂催化剂称为"铂重整"，采用铂铼催化剂或多金属催化剂的称为"铂铼重整"或"多金属重整"。催化重整通过异构化、加氢、脱氢环化和脱氢等反应，使直馏汽油的分子，其中包括由裂解获得的较大分子烃，转化为芳烃和异构烃以改善燃料的质量。因而其不只与高级汽油的生产有关，亦关系到石油化工基础原料的生产。由催化重整提供的苯、甲苯、二甲苯等芳烃经过各种催化反应过程制成的各类产品，广泛用于塑料、橡胶、合成纤维、油漆、树脂、医药、燃料、杀虫剂、除锈剂、洗涤剂、溶剂等的生产中。无论是生产高辛烷值汽油或芳烃，在催化重整过程中，还副产大量氢气，用来作为重整原料或用于加氢裂化及生产合成氨。重整所生产的丙烷可作为液化气，异丁烷可用来供给烷基化装置。

5.5.1　催化重整反应机理和主要反应

催化重整的原料油是汽油馏分。其中含有烷烃、环烷烃及少量芳烃，碳原子数一般都在 4～9 个。有一些原料烷烃含量特别高，称烷基原料油；另一些原料环烷烃含量比较高，称为环烷基原料油。显然，重整原料是一种复杂的混合物，故重整过程的化学反应是由几种反应类型组成的复杂反应，主要的反应如下。

（1）六元环烷烃脱氢反应

这是速率较快的吸热反应，称为芳构化反应，反应后环烷烃转化成芳烃。大多数环烷烃脱氢反应是在重整装置的第一个反应器中完成的，反应是被贵金属所催化的。例如：

$$\text{环己烷} \rightleftharpoons \text{苯} + 3H_2$$

$$\text{甲基环己烷} \rightleftharpoons \text{甲苯} + 3H_2$$

（2）五元环烷烃异构化脱氢反应

这类反应的进行主要是靠催化剂的酸性（卤素）部分的作用，少部分是靠催化剂的贵金属部分的作用。五碳环的芳构化首先是部分脱氢，然后是扩环，由五碳环变为六碳的环烷烃，最后是脱氢芳构化，变成芳烃。例如：

$$\text{甲基环戊烷} \rightleftharpoons \text{苯} + 3H_2$$

（3）烷烃脱氢环化反应

这类反应是由催化剂中的贵金属及酸性部分所催化，反应进行得相对较慢，它将石蜡烃转化成芳烃，是一种提高辛烷值的重要反应。这一吸热反应经常发生在重整装置的中部至后部的反应器中。例如：

$$\text{正庚烷} \rightleftharpoons \text{甲苯} + 4H_2$$

（4）正构烷烃异构化反应

这类反应主要靠催化剂酸性功能的作用，反应进行得相对较快。它在氢气产量不发生变化的情况下，产生分子结构重排，生成辛烷值较高的异构烷烃。例如：

185

$$CH_3-CH_2-CH_2-CH_2-CH_2-CH_2-CH_3 \Longleftrightarrow CH_3-\overset{\overset{\displaystyle CH_3}{|}}{CH}-\overset{\overset{\displaystyle CH_3}{|}}{CH}-CH_2-CH_3$$

(5) 烃类加氢裂解反应

这类反应主要靠催化剂酸性功能的作用。这种相对较慢的反应通常不希望发生，因为它产生过多的 C_4 及更轻的轻质烃类，并不产生焦油和消耗氢气。加氢裂解是放热反应，一般发生在最末反应器内。例如：

$$CH_3-CH_2-CH_2-CH_2-CH_2-CH_2-CH_3 + H_2 \longrightarrow CH_3-CH_2-CH_3+CH_3-\overset{\overset{\displaystyle CH_3}{|}}{CH}-CH_3$$

上述五类反应中前三类反应都生成芳烃，五元环烷烃的异构脱氢也能生产芳烃；烷烃异构化能提高汽油辛烷值，加氢裂化反应不利于芳烃生成，且使液体产物收率降低，故要适当控制。

5.5.2 催化重整催化剂的组成和种类

重整催化剂是双功能催化剂，金属组分提供脱氢活性，卤素及载体提供酸性中心，能催化异构化反应涉及分子中碳骨架变化的化学反应。工业重整催化剂分为非贵金属催化剂和贵金属催化剂两大类。前者有 Cr_2O_3/Al_2O_3、MoO_3/Al_2O_3 等，其主要活性组分多属ⅥB族元素的氧化物，它们的活性较差，目前基本上已被淘汰；后者的主要活性组分多为Ⅷ族金属元素，如 Pt、Pd、Ir、Rh 等，工业上广泛应用的是 Pt。

(1) 金属组分

重整催化剂中以 Pt 催化剂的脱氢活性最高。Pt 很昂贵，故在 Pt 催化剂中 Pt 是处于高度分散的状态，其含量为 0.20%~0.75%，以晶体状态存在，Pt 晶粒平均直径 0.8~10mm。晶粒越小，Pt 与载体的接触面积越大，催化剂的活性和选择性越高。为制备高度分散的 Pt 催化剂，Pt 常以 H_2PtCl_6 溶液的形式浸渍到 Al_2O_3 中或以 $[Pt(NH_3)_4]^{2+}$ 的形式交换到 Al_2O_3 中。制备工艺亦影响晶粒大小，如焙烧温度过高使晶粒变大。晶粒大小可用金属分散度间接反映，Pt 分散度定义为：

分散度=吸附的 H 原子的物质的量/总的 Pt 原子的物质的量

优良的重整催化剂中 Pt 的分散度可达到 0.95。单 Pt 催化剂中 Pt 分散度随着催化剂使用时间延长而逐步减小，加入 Re、Ir、Pd、Sn、Ti、Al 等元素有利于 Pt 保持原来的高度分散状态。

(2) 载体

重整催化剂常用 Al_2O_3 作载体。早期的重整催化剂采用 $\eta\text{-}Al_2O_3$、$\gamma\text{-}Al_2O_3$ 作载体，因前者热稳定性和抗水性能较差，现代重整催化剂的载体一般采用后者。为保证催化剂有较好的动力学特性和容焦能力，Al_2O_3 载体应有足够的孔容和合适的比表面积，以提高 Pt 的有效利用率并保证反应物、产物在催化剂颗粒内的良好扩散。孔径在 3~10nm 范围的孔有明显优势。

(3) 卤素

卤素即 Cl 和 F，可在催化剂制备时加入或生产过程中补入，催化剂中卤素含量以 0.4%~1.5%为宜。卤素强化载体酸性，加速五元环烷烃异构脱氢。

(4) 种类

① Pt-Re 系列重整催化剂。Pt-Re 系列重整催化剂的优点是稳定性好，容炭能力强，最

适合用于半再生重整装置。在 Pt-Re 催化剂中，Pt 的含量可降低到 0.2%左右，$n(Re)/n(Pt)>2$。Re 含量高的目的是增加催化剂的容炭能力。Re 是一种活性剂，Pt-Re 合金调变 Pt 的电子性质，使 Pt 的成键能力增强，新鲜催化剂进料时，加氢裂化能力强，需要小心掌握开工技术。

② Pt-Ir 系列重整催化剂。在 Pt 催化剂中引入 Ir 可以大幅度提高催化剂的脱氢环化能力，Ir 在这里应看成是活性组分。它的脱氢环化能力强，但氢解能力也强，所以在 Pt-Ir 催化剂中，常常加入第三组分作为抑制剂，改善其选择性。

③ Pt-Sn 系列重整催化剂。在 Pt-Sn 系列重整催化剂中，Sn 是一种抑制剂，在 Pt 含量相同的情况下，Pt-Sn 催化剂的活性低于 Pt-Re 催化剂。Sn 的引入，使催化剂的裂解活性下降，异构化反应选择性提高，尤其是在高温和低压条件下，Pt-Sn 催化剂表现出较好的烷烃芳构化性能，所以 Pt-Sn 催化剂可用于连续重整装置。在 Pt-Sn 催化剂中，Pt 含量>0.3%，$n(Pt)/n(Sn)$ 接近 1。

5.5.3　催化重整催化剂的制备

① 催化剂的制备。重整催化剂一般选用 Al_2O_3 为载体，铂的含量（质量分数）一般为 0.25%～0.6%，卤素常用 Cl 元素，含量（质量分数）一般为 0.4%～1.0%。

工业用重整催化剂包括活性组分、助催化剂和酸性载体三个部分。载体氧化铝过去用 η-Al_2O_3，现在采用 γ-Al_2O_3。这是因为 η-Al_2O_3 比表面积大、酸性强，但孔径小、热稳定性差。选用这种载体虽然初活性较高，但在苛刻条件下操作，催化剂失活较快。改用 γ-Al_2O_3 后，比表面积稍小，但孔径大、热稳定性好，能够满足苛刻条件下的操作要求。

载体选定后，要使金属组分按需要状态高度分散在载体上。贵金属组分的引入常采用浸渍法。例如在 Pt/Al_2O_3 制备中，将 Al_2O_3 载体直接放在 H_2PtCl_6 溶液中进行浸渍，H_2PtCl_6 吸附速率极快，主要吸附在载体孔道入口处，要使其脱附并重新在载体内表面上达到新的吸附平衡，需要相当长的时间。在这种情况下，可考虑在浸渍液中加入竞争吸附剂，如醋酸、盐酸或三氯乙酸等，以促使 H_2PtCl_6 进入孔内吸附，有利于吸附均匀。

浸渍干燥后的催化剂还要进一步活化还原。在活化焙烧过程中可以进行卤素的调节。水氯处理实际上是设法调节催化剂的卤素含量，并在此过程中能有更多铂转化成 Pt-Cl-Al-O 复合物相，来达到铂金属的高度分散。为了防止铂晶粒因凝聚作用而长大，从而导致活性下降，通常加入 Re、Sn、Ir 等第二组分作助催化剂。

载体 γ-Al_2O_3 的制备过程：将氢氧化铝干胶粉和净水按一定配比投料，先将氢氧化铝粉用净水混合投入酸化罐，打浆搅拌，加入配好的无机酸，进行酸化；调整浆液黏度到工艺要求值，然后将浆液压至高位罐，浆液经过滴球盘滴入油氨柱中成球，湿球经干燥带干燥后过筛，干球移至箱式电炉焙烧成 γ-Al_2O_3。

催化剂生成流程：将干燥的基质材料投入 Al_2O_3 浸渍罐中，抽空一定时间，再将按工艺要求计算配制的浸渍液分上、中、下三路放入浸渍罐中；在浸渍过程中多次进行浸渍液循环；浸渍到规定时间后，放出剩余液（循环使用），然后放入干燥罐进行干燥；在干燥过程中，要严格控制操作温度，防止超温；干燥后催化剂放入立式活化炉，在一定温度下进行活化；活化后催化剂成品在干燥空气流中冷却后，装桶包装。

② 重整原料及其预处理。重整催化剂比较昂贵和"娇贵"，易被多种金属及非金属杂质毒害而失去催化活性。为了保证重整装置能够长周期运转，目的产品收率高，必须适当选择

重整原料并进行预处理。

对于重整材料，主要从馏分组成、族组成和毒物及杂质含量等方面考虑。其中一般以直馏汽油为原料，但由于其来源有限，含环烷烃多的原料也是良好的重整材料，含环烷烃多的原料不仅在重整时可以得到较高的芳烃产率和氢气产率，而且可以采用较大的空速，催化剂积炭少，运转周期较长。当砷、铅、铜、铁、硫、氮等杂质少量存在于催化剂中时，会使催化剂中毒失活，同时也要控制水和氯的含量。

对重整原料的预处理，主要包括预分馏、预加氢、预脱砷、脱氮和脱水等单元。其中，预分馏的作用是根据重整产物的要求取适宜的馏分作为重整原料，根据其与预加氢先后位置，可分为前分馏流程和后分馏流程。预加氢的作用是脱除原料油中对催化剂有害的物质，使杂质含量达到限值要求，同时也使烯烃饱和，减少催化剂的积炭，延长运转周期，预加氢催化剂在铂重整中常用硝酸钴和硝酸镍。工业上使用的预脱砷方法包括吸附法、氧化法和加氢法。

5.5.4 催化重整催化剂的失活与再生

(1) 重整催化剂的失活

① 积炭引起的失活。对一般 Pt 催化剂，积炭 3%～10%，活性大半丧失；对 Pt-Re 催化剂，积炭约 20%时才丧失大半活性。催化剂上积炭的速度与原料性质、操作条件有关。原料的终馏点高、不饱和烃含量高时，积炭速度快，必须恰当地选择原料终馏点并限制其溴价≤1g 溴/100g 油。反应条件苛刻，如高温、低压、低空速和低氢油比等也会加速积炭。在重整过程中，烯烃、芳烃类物质首先在金属中心上缓慢地生成积炭，并通过气相扩散和表面转移传递到酸中心上，生成更稳定的积炭。金属中心上的积炭在氢气作用下可以解聚清除，但酸中心上的积炭在氢气作用下则较难除去。

催化剂因积炭引起的活性降低，可采用提高反应温度来恢复，但活性恢复有限。重整装置一般限制反应温度≤520℃，有的装置最高可达 540℃左右。当反应温度已升至最高而催化剂活性仍得不到恢复时，可采用烧炭作业恢复催化剂活性。再生性能好的催化剂经再生后其活性基本上可以恢复到原有水平。

② 中毒失活。As、Pb、Cu、Fe、Ni、Hg 和 Na 等是 Pt 催化剂的永久性毒物，S、N 和 O 等属非永久性毒物。

a. As。As 可与 Pt 生成合金，造成催化剂永久失活。我国大庆原油的 As 含量特别高，轻石脑油中的 As 含量约 0.1μg/g，作为重整原料油应该脱 As。规定重整原料油中 As 含量<0.001μg/g，脱 As 可以用吸附法和预加氢精制等方法。

b. Pb。原油中含 Pb 量极少，重整原料油可能因为装加 Pb 汽油的油罐而受到 Pb 污染。对双金属重整催化剂，原料中允许的 Pb 含量<0.01μg/g。

c. Cu、Fe、Co 等毒物。主要来源于检修不慎使这些杂质进入管线系统。

d. Na。是 Pt 催化剂的毒物，故禁用 NaOH 处理过程原料。

e. S。对重整催化剂中的金属元素有一定的毒化作用，特别对双金属催化剂的影响尤为严重，因此要求精制原料油中 S 含量<0.5μg/g。

f. N。在重整条件下生成 NH_3 影响催化剂酸中心，原料油中 N 含量应<0.5μg/g。

g. CO 和 CO_2。CO_2 能还原成 CO，CO 和 Pt 形成配合物，造成 Pt 催化剂永久性中毒。重整反应器中 CO 和 CO_2 源于 Pt 催化剂再生产生和开工时引入系统中的工业 H_2、N_2，一般限制使用的气体中 CO<0.1%、CO$_2$<0.2%。

（2）重整催化剂的再生和更新

① 再生。再生是用含氧气体烧去催化剂上的积炭，从而恢复其活性的过程。再生之前，反应器应降温、停止进料，并用 N$_2$ 循环置换系统中的 H$_2$ 直到爆炸试验合格。再生在 5～7kPa、循环气量（标准状况）500～1000m^3/m^3、催化剂存在的条件下进行，循环气是 N$_2$，其中含氧 0.2%～0.5%，通常按温度分成几个阶段来烧焦。

催化剂的积炭是 H/C（原子比）为 0.5～1.0 的缩合产物，烧焦产生的水会使循环中含水量增加。为保护催化剂（尤其是 Pt-Re 催化剂），应在再生系统中设置硅胶或分子筛干燥器，当再生时产生的 CO$_2$ 在循环气中含量>10%时，应用 N$_2$ 置换。此外，控制再生温度也极为重要。再生温度过高和床层局部过热会使催化剂结构破坏，引起永久失活。控制循环气量及其中的含氧量对控制床层温度有重要作用。实践表明，在较缓和条件下再生时，催化剂的活性恢复得比较好，国内各重整装置一般都规定床层的最高再生温度为 500℃。

② 更新。在使用过程中特别是在烧焦时，Pt 晶粒会逐渐长大、分散度降低，烧焦产生的水会使催化剂上的 Cl 流失。氯化就是在烧焦之后，用含 Cl 气体在一定的温度下处理催化剂，使 Pt 晶粒重新分散，提高催化剂活性，氯化同时还可以对催化剂补充一部分氯。更新是在氯化之后，用干空气在高温下处理催化剂，使 Pt 的表面再氧化以防止 Pt 晶粒聚结，保持催化剂表面积和活性。例如，某新鲜催化剂的 Pt 晶粒直径平均为 5nm，烧焦后为 14.5nm，氯化更新后恢复到 5nm。

5.5.5　催化重整催化剂的研究进展

随着各国对环境保护规定日益严格的要求，加快了石油低铅和无铅化进展。从 20 世纪 80 年代起，为适应催化重整反应苛刻度不断提高的需要，国外有关厂商相继开发了性能更为优异的重整催化剂，其主要特点是提高催化剂的稳定性。例如 UOP 在 1992 年工业化的 R-132Pt-Sn 连续重整催化剂的组成与 R-32 几乎相同，但使用总寿命提高了近一倍。R-132 可以连续操作 300 个循环周期。Chevron 公司开发的 H 型催化剂，其稳定性为早期 B 型催化剂的 2.4 倍。

未来催化重整的主要发展趋势是：仍以半再生形式为主，连续重整将得到广泛应用；装置处理量日益增长，并趋向于大型化；装置操作条件趋向于低压反应及加压再生；重整装置将为顺应新配方汽油的要求做相应的改变。而重整催化剂的开发则在这种发展趋势中起到积极而至关重要的作用。

我国从半再生重整到连续重整一代一代地开发出与工艺技术相匹配的具有较高水平的重整催化剂。在半再生重整催化剂方面，近年来开发的新一代低铂铼系列重整催化剂，采用高纯氧化铝为载体，具有活性高、选择性好、容炭量大、稳定性优异和再生性能良好等优点。例如 CB-7 催化剂，其铼铂比为 0.42/0.21，已在 14 套半再生工业装置上应用；CB-8 是目前国际上铂含量最低的重整催化剂，铼铂比为 0.3/0.15，已在 4 套工业装置上应用。

5.6　催化加氢催化剂

催化加氢是指石油馏分在氢气存在下催化加工过程的统称，包括加氢精制和加氢裂化。

加氢精制主要用于油品的精制，以除去油品中的 S、O、N 杂原子及金属杂质（主要是 Ni 和 V），并通过加氢反应减少烯烃含量和部分芳烃含量，改善油品质量，提高轻质油收率，改善油品的使用性能。

加氢裂化是在较高压力下，烃分子与 H_2 在催化剂表面进行裂化和加氢反应生成较小分子的转化过程，是炼厂中提高轻质油收率、提高产品质量的重要手段。在市场对中间馏分的需求日益增长的情况下，加氢裂化工艺显得更为重要。

加氢处理是通过部分加氢裂化和加氢精制反应使原料油质量符合下一个工序的要求。炼油厂中的许多油品都必须进行加氢处理。加氢处理催化剂的年销售总额约占世界催化剂市场总份额的 10%，仅次于废气转化催化剂及 FCC 催化剂。

5.6.1 催化加氢的主要反应和反应机理

5.6.1.1 加氢精制过程

（1）加氢脱硫反应

石油中的硫化合物有硫醇、硫醚、二硫化物、硫化物、噻吩、苯并噻吩及二苯并噻吩等几类。硫醇常在石油的低馏分中出现，二苯并噻吩则常在高馏分中出现。在加氢催化剂的存在下，石油馏分中的硫化物与氢反应，目标反应是 C—S 键断裂的氢解反应。

$$R-SH+H_2 \longrightarrow RH+H_2S$$
$$R-SS-R'+3H_2 \longrightarrow RH+R'H+2H_2S$$
$$R-S-R'+2H_2 \longrightarrow RH+R'H+H_2S$$

（2）加氢脱氮反应

加氢脱氮反应是重油和渣油深度加工的重要工艺，是馏分油中的含氮化合物在催化剂和氢气的作用下进行氢解反应，转化为不含氮的相应烃类和 NH_3。

石油馏分中有机含氮化合物主要分为非杂环和杂环化合物两类。非杂环化合物包括脂肪胺、苯胺和腈类化合物；杂环化合物又分为碱性和非碱性杂环化合物。碱性杂环化合物包括吡啶、喹啉、异喹啉、吖啶、菲啶、苯并喹啉等六元杂环化合物；非碱性杂环化合物包括吡咯、吲哚、咔唑等五元杂环化合物。在加氢脱氮反应条件下，脱氮过程如下：

烷基氨：$R-CH_2NH_2+H_2 \longrightarrow RCH_3+NH_3$

吡咯： $+4H_2 \longrightarrow C_4H_{10}+NH_3$

吲哚： $+6H_2 \longrightarrow$ $+NH_3$

吡啶：　＋5H$_2$ —→ C$_5$H$_{12}$＋NH$_3$

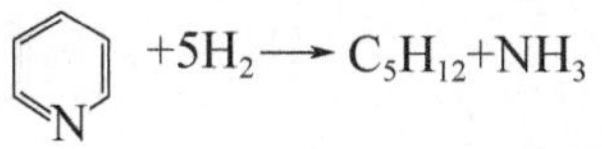

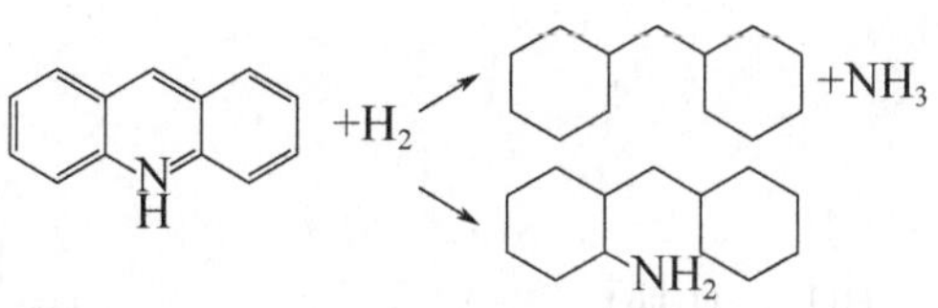

咔唑：　＋H$_2$ —→ ...＋NH$_3$（C$_2$H$_5$）／...＋NH$_3$（C$_6$H$_{13}$）

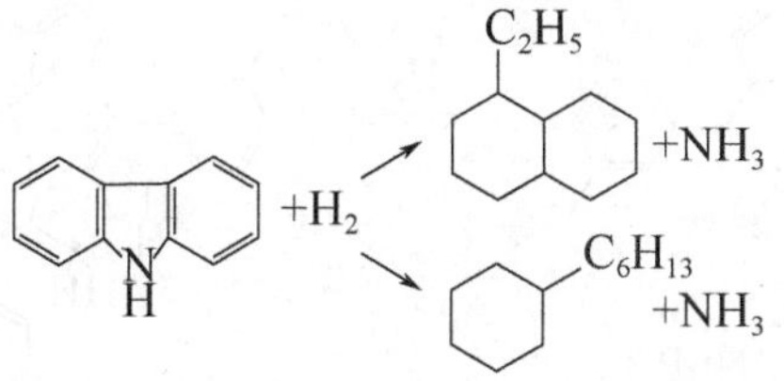

吖啶：　＋H$_2$ —→ ...＋NH$_3$／...（NH$_2$）

喹啉：　＋4H$_2$ —→ ...C$_3$H$_7$＋NH$_3$

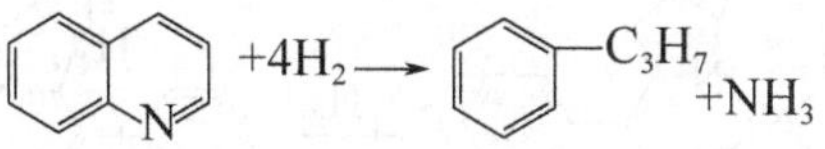

（3）加氢脱氧反应

石油的氧质量分数在 0.1%～1.0%。石油中的含氧化合物分为酸性氧化物和中性氧化物两类。中性氧化物在石油中的含量极少，石油中的氧化物以酸性氧化物为主。酸性氧化物又被称为石油酸，包括羧酸（如环烷酸、脂肪酸和芳香酸）和酚类。

含氧化合物的加氢反应包括环的加氢饱和及 C—O 键的氢解。加氢反应历程如下：

环烷酸：　...—COOH $\xrightarrow{3H_2}$ ...—CH$_3$＋2H$_2$O

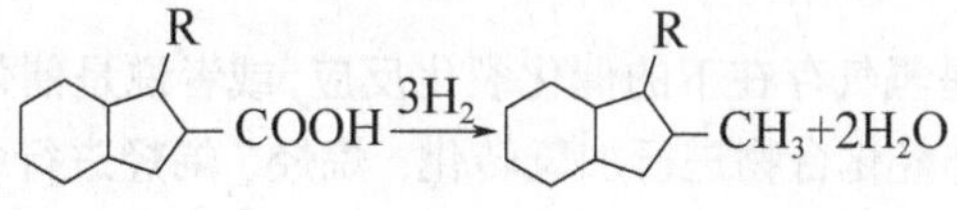

酚类：　...OH（CH$_3$）$\xrightarrow{+6H}$ ...OH（CH$_3$）$\xrightarrow{+H}$ ...（CH$_3$）＋H$_2$O

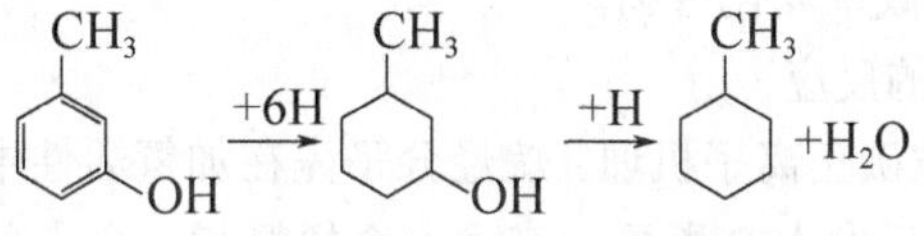

（4）加氢脱金属反应

原油重质化和劣质化程度加深，在渣油加氢方面，加氢脱金属问题日益突出。渣油中的金属分别以卟啉化合物和非卟啉化合物两种形式存在。其中，油溶性的金属环烷酸盐反应活性很高，易以硫化物形式沉积于催化剂孔口，堵塞孔道。而渣油中主要的杂质 Ni 和 V 以宽范围分子量分布的卟啉形式存在。

在加氢条件下，渣油中的脱 V 和脱 Ni 反应历程如下：

脱V：　V＝O ＋2H$_2$S —→ VS$_2$＋ ... ＋H$_2$O

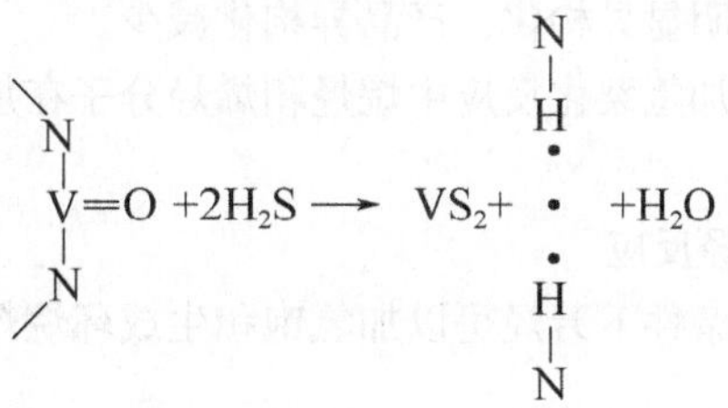

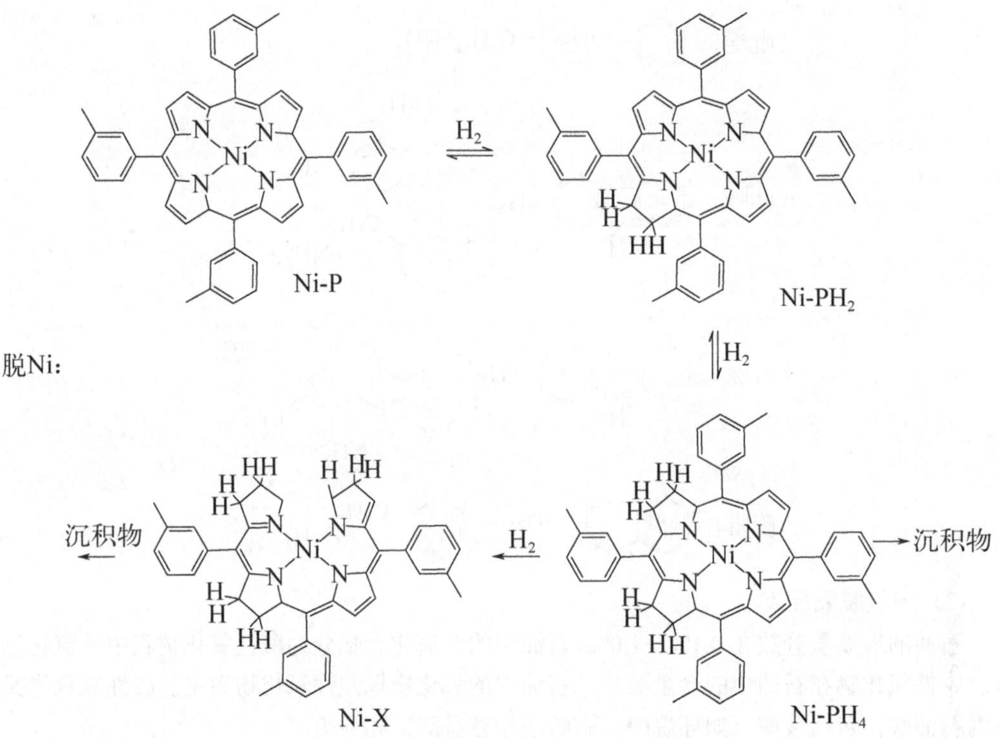

脱Ni:

Ni-P　　Ni-PH₂

Ni-X　　Ni-PH₄

沉积物　　沉积物

5.6.1.2 加氢裂化过程

加氢裂化反应是氢气存在下的催化裂化反应,或者说是催化裂化反应和加氢反应的总和。在催化剂作用下,非烃化合物进行加氢转化,烷烃、烯烃进行裂化、异构化和少量环化反应,多环化合物最终转化成单环化合物。

(1) 烷烃和烯烃的反应

① 裂化反应。按碳正离子机理,烷烃分子先在加氢活性中心生成烯烃,烯烃在酸性中心上生成碳正离子,然后发生 B 断裂,产生一个烯烃和一个小分子的仲(叔)碳离子。一次裂化所得到的碳正离子,可进一步裂化成二次裂化产品。如果烯烃和较小的碳正离子都被饱和,则反应终止。

② 异构化反应。异构化反应也是碳正离子反应的模式,碳正离子的稳定性顺序是:叔碳离子>仲碳离子>伯碳离子。因此加氢裂化反应生成的碳正离子趋于异构成叔碳离子,而使产品中的异构烷烃/正构烷烃比值较高,往往超过热力学平衡值。异构化反应包括原料异构化和产品异构化两部分。当催化剂加氢活性低而酸性强时,主要发生的是产品分子异构化;若相反则是原料分子发生明显异构化,产品异构化减少。

③ 环化反应。在加氢裂化反应中烷烃和烯烃分子在加氢活性中心上脱氢而发生少量环化反应。

(2) 环烷烃和芳烃反应

在加氢裂化反应条件下芳烃可以加氢饱和生成环烷烃,而环烷烃主要发生断侧链、开环和异构化反应。

① 单环化合物。单环化合物很稳定,不易开环,带侧链的主要发生断侧链反应。但是烷基苯与烷基环烷烃的反应有较大的区别:前者是先开环后异构化,而后者首先是断链异构,

然后裂化，这样其产物也不同。当烷基苯的侧链较长时还可生成双环化合物，而烷基环烷烃则不能环化。

② 多环化合物。双环化合物加氢裂化的产物随催化剂加氢功能与酸性功能的匹配度而变化。首先，饱和其中一环，然后当加氢功能较强、温度较低时，主要通过生成十氢萘的烃加氢裂化。当酸性功能强、温度较高时，主要按照加氢异构化生成甲基茚满途径进行反应。

稠环芳烃的加氢裂化反应是逐个环加氢、开环（异构）的平行、串联反应。稠环芳烃很快就被部分氧化成稠环烷烃，其中的环烷烃较易开环，随之发生异构化、断侧链反应。若分子中有两个以上的芳环加氢饱和，则其开环断侧链较容易进行。若只有一个芳环加氢饱和，则此芳环加氢很慢，但环烷烃的开环和断侧链反应仍然很快，这样芳烃和稠环化合物加氢裂化的主要产物是单环芳烃。

从加氢裂化反应的基本原理可以归纳以下特点：产品中 S、N 及烯烃含量极低；异构烷烃含量高，裂解气体以 C_4 产物为主，干气少；稠环芳烃深度转化进入裂解产物；改变催化剂及操作条件，可改变产品分布；反应过程需要较高压力和较高氢耗。

加氢裂化过程优点是原料适应性强，产品质量高并可根据需要调整产品分布，这些都是催化裂化或热裂化无法达到的，但加氢裂化投资和操作费用较高。

5.6.2　催化加氢催化剂的分类和组成

（1）加氢精制催化剂

加氢精制过程的作用是加氢脱除 S、O、N、重金属以及多环芳烃加氢饱和。该过程原料的分子结构变化不大，根据各种反应需要，伴随有加氢裂化反应，但转化深度不深，转化率一般在 10% 左右。表明加氢精制催化需要加氢和氢解双功能，而氢解对所需的酸度要求不高。

① 加氢精制催化剂的活性组分。金属组分是加氢精制催化剂加氢活性的主要来源，通常是过渡金属，包括非贵金属如 Mo、W、Fe、Ni、Co 等，以及贵金属如 Pt 和 Pd 等。由于贵金属催化剂容易被有机 S、N 组分和 H_2S 毒害而失去活性，所以只能用于低 S 或不含 S 的原料中，且价格昂贵，使用受限。

在工业催化剂中，常常配合使用不同的活性组分来达到加氢活性效果最优化的目的。常用的加氢精制催化剂金属组分为 Co-Mo、Ni-Mo、Co-W、Ni-W 等，此外还有三元、四元活性组分组合型催化剂，如 Ni-Mo-W、Co-Ni-Mo、Ni-Co-Mo-W 等，这些催化剂兼具加氢脱硫（HDS）、加氢脱氮（HDN）、加氢脱芳（HAD）等优异的加氢性能。选用哪种金属组分搭配，取决于原料性质及要求达到的主要目的。在一定范围内，活性金属含量越高，加氢活性越高。综合生产成本和催化剂活性增加幅度以金属氧化物质量分数计，目前加氢精制催化剂活性组分质量分数一般为 15%～35%。

② 加氢精制催化剂的助催化剂。为了改善加氢精制催化剂活性、选择性、稳定性、机械强度等方面的性能，在催化剂中添加金属或非金属助剂，作为结构型助剂或者电子型助剂。

常用的助剂有 P、B、F、Si、Ti、Zr、K、Li 等。其中，P、B、F、Si 等助剂有利于提高载体表面的表面性质、表面酸性、活性组分的分散，减少活性金属与载体之间的相互作用。Ti、Zr 有利于调节载体的电表面性质和减少活性金属与载体之间的相互作用。K、Li 等有利于降低载体的表面酸性，提高活性组分的分散度。

③ 加氢精制催化剂的载体。加氢精制催化剂的载体有中性载体和酸性载体两大类。中性

载体有活性 Al_2O_3、活性炭、硅藻土等。酸性载体有硅酸铝、硅酸镁、分子筛等。目前，最广泛使用的载体是 $\gamma-Al_2O_3$。因为其原料来源广泛，价格便宜且具有较高的抗破碎强度和热稳定性，催化剂氧化再生时稳定、黏结性好，易于制成粒度较小的异形条，有利于扩散，提高堆密度，增加活性，降低压降；此外，其比表面积适中，孔径与孔径分布可调节，添加某些助剂可调节酸度、控制孔结构。

（2）加氢裂化催化剂

加氢裂化催化剂是由金属加氢组分和酸性载体组成的双功能催化剂。这种催化剂不但具有加氢活性，而且具有裂解活性及异构化活性。根据产品的需要，改变催化剂加氢组分和酸性载体的配比关系，可以得到不同加氢/脱氢活性和裂化活性的催化剂。一般要根据原料的性质、生产目的等实际情况来选择催化剂。

① 加氢裂化催化剂的加氢活性组分。加氢裂化催化剂的加氢活性组分主要是过渡金属元素的氧化物、硫化物或金属，如 V、Mo、W 等。其中，非贵金属有 W、Mo、Cr、Fe、Co、Ni 等，贵金属有 Pt、Pd、Rh、Ru 等。一般认为活性物种为 WS、MoS_2、Pt、Pd 等。金属或金属硫化物在活性上有区别，各种金属间匹配也有不同活性，大致顺序为贵金属>过渡金属硫化物>贵金属硫化物。由于贵金属催化剂容易被有机硫和硫化氢毒害而失活，只适用于不含硫的原料，也有将部分贵金属加到非贵金属中，如 $Ni-Ru/Al_2O_3$、$Ru-Co-Mo/Al_2O_3$ 等催化剂。研究表明双金属组分催化剂的活性比单金属组分活性好，目前石油馏分加氢催化剂常用 ⅤB 和ⅧB 族金属元素搭配。各种组分组合后加氢活性顺序为 Ni-W>Ni-Mo>Co-Mo>Co-W。

② 加氢裂化催化剂的助催化剂。加氢裂化催化剂曾使用过少量助催化剂，如 P、F、Sn、Ti、Zr、La 等作为结构型助剂或电子型助剂。目的是调变载体的性质，减弱活性组分与载体之间、活性组分与助催化剂之间强的相互作用，改善负载型催化剂的表面结构，提高金属的还原能力，促使还原为低价态，以提高金属的加氢性能。另一目的是将助剂引入载体分子筛，促使活性组分与助催化剂金属结合，生成活性相（Ni-Mo-S、Ni-W-S）的基质或前驱物（如 Ni-W-O、Ni-Mo-O），另外助剂交换到分子筛阳离子位置，由于电荷密度不同，改变了原有 H^+ 的电荷密度，影响酸强度变化，改善了分子筛的裂化性能和耐氮性能。

③ 加氢裂化催化剂的载体。加氢裂化催化剂的载体除了具有一般载体的功能外，还担负催化剂裂解活性中心的作用，这是加氢裂化催化剂载体最重要的作用。加氢裂化反应中的裂化和异构化性能，主要靠酸性载体提供的固体酸中心。加氢裂化催化剂的载体有酸性和弱酸性两种。酸性载体为硅酸铝、硅酸镁、分子筛等；弱酸性载体为 Al_2O_3、活性炭等。常用的载体是无定形硅酸铝、硅酸镁以及各种分子筛，近年来主要使用各种分子筛。

5.6.3　催化加氢催化剂的制备

5.6.3.1　加氢精制催化剂的制备

工业用石油馏分加氢精制催化剂一般是负载型催化剂，即将活性组分 Ni、Co、Mo 和 W 的氧化物负载于多孔载体上，制备方法有混合法和浸渍法两种。

（1）混合法

混合法是较早使用的加氢处理催化剂的制备方法，可分为干混法或者湿混法。目前仅有少部分加氢精制催化剂采用混合法。

（2）浸渍法

包括"分步浸渍法"和"共浸渍法"两种。两种方法均需要先制备载体（γ-Al_2O_3 或 SiO_2-Al_2O_3），然后用含活性组分溶液浸渍该载体，经干燥、焙烧等步骤，最后制成催化剂。由于活性金属组分是通过与载体之间的相互作用而分散在载体表面上，因此制备表面性质优良的载体是浸渍法的关键和前提。其优点是活性组分分布均匀，缺点是制备工艺比较复杂。

① 分步浸渍法。以含 Mo（或 W）溶液浸渍载体（例如 γ-Al_2O_3），经干燥、焙烧，制成 $Mo(W)/Al_2O_3$；再用含 Ni（或 Co）溶液浸渍该 $Mo(W)/Al_2O_3$，经干燥、焙烧，制成 $Mo(W)Ni(Co)/Al_2O_3$ 加氢处理催化剂。

② 共浸渍法。首先将氧化镍或硝酸镍（或碱式碳酸镍）和硝酸钴（或碱式碳酸钴）一起配制成含双活性组分（或含多活性组分）溶液，然后用该溶液浸渍 γ-Al_2O_3，经干燥、焙烧等步骤，制成 $MoNi(Co)/Al_2O_3$ 加氢处理催化剂。配制高浓度而且稳定的浸渍溶液是共浸渍法的另一关键问题。含 Mo-Ni（Co）溶液可以在碱性（含高浓度氨）介质中配制，但是该溶液的稳定性较差。此外，在工业生产过程中，高浓度的氨水会严重污染环境。现在更多的是采用加入 P，以制成含有三种组分的 Mo-Ni(Co)-P 溶液的方法。含磷化合物可以采用 $(NH_4)_3PO_4$ 或 H_3PO_4，引入 P 的目的是通过生成磷酸盐配合物以加速溶解并使溶液稳定。研究表明，当溶液（含 Mo、P）中含有一定量的 Ni 时，溶液可以更加稳定。

5.6.3.2　加氢裂化催化剂的制备

加氢裂化催化剂也是负载型催化剂，其制备方法与加氢精制催化剂相似。但需注意：加氢裂化催化剂在制备过程中必须加入较多的酸性载体组分，如分子筛等裂化活性组分。所采用的分子筛必须经过改性，如与 H^+、NH_4^+ 或者稀土离子等阳离子交换获得较强的酸性，还要经过稀酸或者高温水蒸气进行扩孔处理，可以产生更多的二次孔，这样有利于大分子的扩散和裂化反应，提高分子筛的活性和稳定性。

5.6.4　催化加氢催化剂的失活与再生

（1）加氢催化剂的失活

加氢催化剂失活的主要原因是积炭和重金属沉积。

在加氢催化过程中，由于部分原料的裂解和缩合反应，催化剂因表面逐渐被积炭覆盖而失活。通常与组成和操作条件有关，原料分子量越大，氢分压越低，反应温度越高，失活速度越快。与此同时，溶存于油品中的 Pb、As 等金属毒物的沉积会使催化剂活性减弱而永久中毒，而加氢脱硫原料中的 Ni、V 则是造成催化剂孔隙堵塞进而床层堵塞的原因之一。此外，反应器顶部的各种机械沉积物，也会导致反应物在床层内分布不良，引起床层压降过大。

上述引起催化剂失活的各种原因带来的后果各异，因结焦而失活的催化剂可用烧焦办法再生，被金属毒害的催化剂不能再生，顶部有沉积物的催化剂可卸出过筛。

（2）加氢催化剂的再生

催化剂再生采用烧炭作业，分为器内再生和器外再生。两种方式都采用在惰性气体中加入适量空气进行逐步烧焦，用水蒸气或 N_2 作惰性气体并充当热载体。采用水蒸气再生时过程简单，容易进行；但是水蒸气处理时间过长会使 Al_2O_3 载体的结晶状态发生变化，造成表面损失、催化剂活性下降及机械性能受损，在正常操作条件下催化剂可以经受住 7～10 次这种类型再生。用 N_2 作稀释剂的再生过程，在经济上比水蒸气法要贵，但对催化剂的保护效果较好且污染较少。目前许多工厂倾向于采用 N_2 再生，有的催化剂规定只能用 N_2 再生。

催化剂再生时燃烧速度与混合气中 O_2 浓度成正比，必须严格控制进入反应器中 O_2 浓度，以此来控制催化床层中所有点的温度即再生温度，否则烧炭时会放出大量焦炭燃烧热和硫化物的氧化反应热，导致床层温度剧烈上升而过热，最后损坏催化剂。实践表明，在反应器入口气体中 O_2 含量为 1% 时，可以产生 110℃ 的温升，若反应器入口温度为 316℃，气体中 O_2 含量依次为 0.5%、1%，则床层内燃烧段的最高温度可分别达到 371℃ 和 427℃。对于大多数催化剂，燃烧段最高温度应不高于 550℃，否则 MoO_3 会蒸发，$\gamma\text{-}Al_2O_3$ 也会烧结和再结晶。催化剂在高于 470℃ 下暴露在水蒸气中，会发生一定的活性损失。

如果催化剂失活是由于金属沉积，则不能用烧焦方法复活，操作周期将随金属沉积物前沿的移动而缩短，在这个前沿还没到达催化剂床层底部之前，就需要更换催化剂。若装置因炭沉积和硫化铁锈在床层顶部的沉积而引起床层压降增大而停工，则必须全部或部分取出催化剂过筛。然而，为防止活性硫化物和沉积在反应器顶部的硫化物与空气接触后自燃，可在催化剂卸出之前将其烧焦再生或在 N_2 保护下将催化剂卸出反应器。

5.7 加氢裂化催化剂

催化裂化是石油炼制的重要工艺过程，是借助催化剂的作用在一定温度（460～550℃）条件下，使重馏分油或残渣油直接进行裂化、异构化、环化和芳构化等一系列化学反应裂化成轻质油产品的核心技术。它具有装置生产效率高、汽油辛烷值高、副产气中含 C_3～C_4 组分多等特点。

催化裂化起初采用固定床的方法，反应和再生过程交替地在同一设备中进行，由于生产操作烦琐，能力又小，因此很早就被淘汰。20 世纪 40 年代出现了移动床的方法，催化剂改用小球形，生产能力比固定床有明显提高，但对处理量在 80 万吨/年以上的大型装置，移动床在经济上远不如流化床优越。因此，现代的大型催化裂化装置都采用流化床技术，采用直径为 20～100nm 的微球状催化剂。

原料油在催化剂上进行催化裂化时，一方面通过分解等反应生成气体、汽油等较小分子的产物，另一方面同时发生缩合反应生成焦炭。这些焦炭沉积在催化剂表面，使催化剂活性降低。因此，经过一段时间的反应后，必须烧去催化剂上的焦炭以恢复催化剂的活性。这种空气烧去积炭的过程称为"再生"。一个工业催化裂化装置必须包含反应和再生两个部分。

加氢裂化实质上是催化加氢和催化裂化两种反应的综合。这种工艺具有原料适应性强、产品灵活性大、产品质量好、产品收率高等特点。因此是炼厂中提高轻质油收率、提高产品质量的重要手段。

现代加氢裂化技术是在 20 世纪 20 年代煤糊或煤焦油三段加氢基础上发展起来的。现代加氢裂化技术始于 1959 年美国 Chevron 公司在里奇蒙炼厂的第一套工业化装置，到 2000 年全世界加氢裂化总加工能力已超过 2 亿吨。加氢裂化技术的关键之一是催化剂。正是由于催化剂的发展，才开发出多种裂化模式。提供酸性的载体主要有 $SiO_2\text{-}Al_2O_3$、$SiO_2\text{-}MgO$ 等无定形载体和分子筛。而加氢性能主要由Ⅷ族金属提供，如 Fe、Co、Ni 等。除了上述主要成分以外，还常常含有黏结剂、助剂等辅助成分。

一般认为，金属组分是加氢活性的主要来源，酸性载体保持催化剂具有裂化和异构化活性，也可以认为催化剂金属组分的主要功能是使容易结焦的物质迅速加氢而使酸性活性中心保持稳定。

一段加氢裂化的目的是生产中间馏分，要求催化剂对多环芳烃有较高的加氢活性，对原料中的 S、N 化合物有较好的抗毒性和中间裂解活性。两段加氢裂化希望最大限度地生产汽油（或汽油和中间馏分），所用原料较重，含 S、N 较多。第一段加氢是为第二段加氢裂化准备原料，要求一段催化剂同时具有脱 S、脱 N 活性。其主要成分是 Ni、Mo、Co、W 的氧化物或硫化物作加氢成分，无定形硅酸铝作载体。

二段加氢裂化催化剂是由酸性载体制成的裂解和异构活性都很强的催化剂。采用加氢裂化制取航空煤油时，要求催化剂具有较高的脱芳活性；$C_1 \sim C_5$ 的深度加氢裂化则要求催化剂具有强的裂解活性；为制取汽油的异构组分，催化剂应具有中等裂解活性和较强的异构活性；选择加氢裂化则要求催化剂对正构烷烃有较强的裂解活性，而不破坏其他烃类。此外，二段催化剂还应具有较高的稳定性、再生性和抗毒性。第二段催化剂的组成：以酸性载体为主体，加氢成分 Ni、Pt、Pd 含量可达 5%，而 Pt、Pd 含量仅为 0.5%～1.0%。

分子筛加氢裂化催化剂的特点是：其酸中心强度和类型与无定形铝相似，但其酸性中心的数量为后者的 10 倍，可以广泛地调节阳离子组成和骨架中的硅铝比来控制其酸性。制备这类催化剂时，可采用不同的阳离子和各种结构类型的分子筛，同时可采用不同方法把分子筛添加到催化剂中去。通过这些手段可以制造出适应不同原料和生产目的的催化剂，它们具有稳定性高、裂解活性高和抗毒性强等特点。

5.7.1　加氢裂化催化剂的制备

如前文所述，适宜作加氢裂化催化剂加氢活性组分的ⅥB 族和Ⅷ族金属有 Pt、Pd、W、Cr、Co、Ni 和 Fe 等。为了改善加氢裂化催化剂的活性、选择性和稳定性，在制造过程中往往要添加少量助催化剂（一般<10%），按其作用可分为活性型助催化剂和结构型助催化剂两类。其中ⅧB 族金属多以活性型助催化剂形式出现，如 Co 和 Ni 单独存在时，加氢活性并不显著，但和 Mo 或 W 结合后，可显著提高 Mo 和 W 的加氢活性。Mo-Ni 组合则有利于脱除润滑油中最不希望的多环芳烃组分。结构型助催化剂又称稳定剂，能提高催化剂活性表面积和热稳定性，防止催化剂表面在操作温度下变形。例如加入少量 SiO_2 可阻止 γ-Al_2O_3 晶粒增大和变形，加入少量 P 可阻止 γ-Al_2O_3 与 Ni 结合成无活性的 Ni-Al_2O_3 尖晶石。

用作加氢裂化催化剂载体的有活性氧化铝、无定形硅酸铝和分子筛。20 世纪 80 年代后大多数采用分子筛为载体。分子筛具有较多的酸性中心，其裂化活性比无定形硅酸铝高几个数量级，因而可在较低压力和温度下操作，即可在更为温和的条件下实现加氢裂化过程。分子筛载体还可将金属阳离子固定在一定点位晶格上，从而提高加氢活性。由于裂化活性太强，而机械强度不佳，当用以生产汽油为主的加氢裂化过程时，一般采用 Al_2O_3 胶体稀释剂和黏结剂来制成一定形状和大小的颗粒载体。分子筛载体还有一个优点是可根据不同生产方案，改变分子筛与无定形硅酸铝的比例，调制成酸性不同的复合型酸性载体。

5.7.2　加氢裂化催化剂的进展与展望

在工业上使用的裂化催化剂必须具备以下条件：催化剂活性、选择性要高，从而使生成的汽油量多且辛烷值高；使用过程中活性、选择性要稳定，催化剂寿命要长，由于原料油中含有重金属盐，故裂解催化剂必须对这些盐类有较强的抗毒性，才能长期维持催化剂的活性与选择性。由于催化裂化反应器采用流化床、移动床形式，要求催化剂强度大、耐磨且有适当的粒度，流动性好，催化剂的再生性要好，要求表面生成的焦炭易于安全燃烧，从经济上考虑，要求催化剂制备方便、价格低廉、原料易得。

催化裂化催化剂的发展大致经历了五个变化较大的阶段。

自从 1936 年催化裂化装置运转以来，所使用的催化剂是采用经过精制活化的天然白土，此催化剂在流动性及耐热性方面存在不少缺点。人工合成硅酸铝的使用，使催化剂活性提高 2~3 倍，选择性明显改善，此为催化裂化工艺的第一阶段。工业上所用裂化催化剂大多是 SiO_2-Al_2O_3 系催化剂，大致可分为三大类，即天然白土、合成的 SiO_2-Al_2O_3 催化剂、由天然和合成两者制成的半合成催化剂。

第二阶段是分子筛作催化剂，这一技术上的突破使催化裂化水平提高了一大步，汽油产率增加 7%~10%，焦炭产率降低约 40%，这一阶段还包括从 X 型到 Y 型分子筛的演变。

第三阶段是 20 世纪 70 年代中期以后，改变了载体路线，采用黏结剂和天然白土来代替合成的硅铝凝胶，使轻质油产率增加 3% 以上，催化剂的耐磨损强度提高约 3 倍。

第四阶段乃是 20 世纪 80 年代以来，采用超稳 Y 型分子筛，提高了汽油的辛烷值，改善了焦炭选择性，也为重油催化裂化提供了更为合适的催化剂。进入 21 世纪，推动催化裂化工艺的原动力主要来自：对柴油和石油化工原料（烯烃和芳烃）的需求变得更加突出，重质燃料油市场的萎缩促使将更多渣油转化为轻质油,加氢工艺为渣油的催化裂化提供了重质原料，环保要求更加严格。

UOP、Chevron、Topsøe 等公司对加氢裂化催化剂非常重视，产品更新换代很快。UOP/Unical 的加氢裂化催化剂，如老一代的 DHC-6、HC-14、HC-16、HC-18、HC-22，已被新一代的 DHC-8、DHC-32、HC-33、HC-26、HC-28 等性能更好的催化剂代替。催化剂向高活性、低反应温度、长周期运转、低氢耗和提高处理能力等方向发展。例如，南非 Natref 炼油厂采用 DHC-32 钨镍分子筛催化剂，与 HC-22 相比，在提高进料干点和氮含量的情况下，转化率从 81% 提高到 84%，加工能力提高 10%；最近开发的 HC-43 催化剂，与 HC-33 相比，反应温度低 4℃，喷气燃料收率从 63.7% 提高到 66.3%。

我国新一代抗氮型加氢裂化催化剂 3971 可允许进料中氮含量高达 100mg/g；3955 石脑油型加氢裂化催化剂是 3525 的换代产品，使反应温度降低 8℃，表现出更高的活性，并具有较好的抗氮能力。渣油加氢裂化的脱硫、脱氮助剂和保护剂、脱金属剂共 12 种系列催化剂已在齐鲁石化公司工业装置上应用，和进口催化剂并列运行一年多，其脱氮、脱硫、脱残炭和脱金属活性均与进口催化剂相当。

由于全球经济增长和环保要求的提高，馏分燃料油的生产仍将成为炼油厂的热点，因此在今后一段时间内，加氢裂化，尤其是渣油加氢裂化将会有较大发展。除了工艺上的革新外，为适应加氢裂化原料的变化，将会出现新一代性能更好的催化剂。除了对分子筛催化剂改性和选用新活性金属组分外，还将寻求一种合适比例的无定形分子筛载体催化剂。尽管贵金属分子筛催化剂会继续在工业上应用，但非贵金属分子筛催化剂将会有较大发展，而且有可能成为工业应用的主要加氢裂化催化剂。

5.8　汽车尾气净化催化剂

汽车作为现代社会中最为重要的交通工具之一，能够有效地推动人们生活和工作的便利。但是，汽车所排放的尾气给我国大气环境造成非常严重的污染。2022 年《中国移动源环境管理年报》报道，移动源污染已成为我国大中城市空气污染的重要来源，加强移动源污染治理的紧迫性日益凸显。2021 年，全国机动车（含汽车、三轮汽车和低速货车、摩托车等）四项污染物排放总量为 1557.7 万吨。其中一氧化碳（CO）、碳氢化合物（C_xH_y）、氮氧化物（NO_x）、颗粒物（PM）排放量分别为 768.3 万吨、200.4 万吨、582.1 万吨、6.9 万吨。汽车是污染物排放总量的主要贡献者，其排放的 CO、C_xH_y、NO_x 和 PM 占比超过 90%。我国是世界机动车产销大国，机动车污染已成为我国空气污染的重要来源，是造成环境空气污染的重要原因，机动车污染防治的紧迫性日益凸显。

机动车尾气排放的问题很早就受到了世界各个国家和地区的关注，随着发动机技术的不断改进以及人们对环境质量越来越高的要求，我国的机动车尾气排放标准也与时俱进，在不断的修订完善中变得越来越严格。自 2020 年起，我国在全国范围实施轻型汽车国六排放标准，这也是世界范围内现行机动车排放法规中最严格的标准。

根据机动车中发动机的种类、构造的不同，其排放的尾气成分会有所不同，对应的尾气净化技术也会有所区别，但总的来说，机动车尾气净化技术包括燃烧前控制、机内净化以及尾气后处理三种技术方法。燃烧前控制是指对燃油品质进行控制，或者采用更为清洁的燃料代替燃油，从源头减少燃油中的有毒污染物质，从而达到排放控制的目的。机内净化技术则着眼于改进发动机的制造技术，优化燃油喷射系统、反馈控制系统等，提升发动机效率，从而减少污染物的排放。尾气后处理技术则是通过使用催化剂将尾气中的有毒物质转化为无毒排放物的技术，是一直以来备受关注的领域。

5.8.1　汽车尾气净化原理

在汽油车发动机后部装入催化剂制成净化装置，使汽车尾气中的 CO、C_xH_y、NO_x 三类有害物在一定的温度（>250℃）及催化剂作用下发生氧化还原反应转变成对人体无害的 CO_2、H_2O 和 N_2，因此称为三效催化剂。

三效催化剂的结构和工作原理如图 5-2 所示。

三效催化系统主要发生的化学反应如下。

氧化反应：

$$2CO + O_2 \longrightarrow 2CO_2$$

$$C_xH_y + \left(x + \frac{y}{4}\right)O_2 \longrightarrow xCO_2 + \frac{y}{2}H_2O$$

还原反应：

$$2CO + 2NO \longrightarrow N_2 + 2CO_2$$

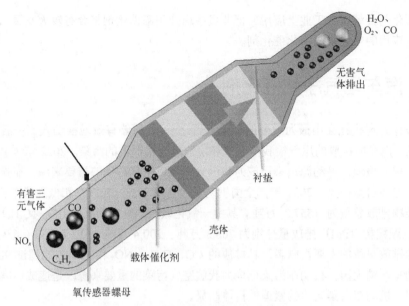

图 5-2　三效催化剂的结构和工作原理

$$C_xH_y + \left(2x+\frac{y}{2}\right)NO \longrightarrow \left(x+\frac{y}{4}\right)N_2 + xCO_2 + \frac{y}{2}H_2O$$

$$2H_2 + 2NO \longrightarrow N_2 + 2H_2O$$

水煤气变换反应：

$$CO + H_2O \longrightarrow H_2 + CO_2$$

蒸汽重整反应：

$$C_xH_y + 2xH_2O \longrightarrow \left(2x+\frac{y}{2}\right)H_2 + xCO_2$$

这些反应都发生在一定的温度范围内，在发动机刚刚开始工作的冷启动过程中，汽车引擎和催化剂都处于较低的温度条件下，尚未达到催化反应要求的温度。所以发动机冷启动阶段会排放较多的污染气体，发动机冷启动后，引擎热度逐渐达到催化反应发生所要求的温度，此时催化剂组成决定反应速率。

5.8.2　汽车尾气净化催化剂的发展

汽车尾气净化催化剂的研究始于 20 世纪 60 年代，已经历了四个阶段。第一阶段是 1975～1980 年，汽油车采用的是第一代机动车氧化催化剂技术，以贵金属 Pt 和 Pd 对 CO、C_xH_y 进行高效的氧化处理，而 NO_x 的处理不涉及催化领域，采用废气再循环（exhaust gas recirculation，EGR）系统降低尾气温度从而避免 NO_x 的生成，达到尾气净化的目的，且催化剂多为粒状和球状，成本很高。在此期间，为降低成本，科学家在寻找贵金属的替代物方面进行了大量的尝试，但均无果而终。为了提高贵金属催化剂的性能及机械强度，贵金属开始被负载在比表面积较高的载体上，相应的催化剂也固定于尾气中。同时，为了提高催化效率，减小背压，催化剂发展成了蜂窝堇青石整体催化剂。

第二阶段是 20 世纪 80 年代，随着尾气排放法规对 NO_x 的要求愈加严格，EGR 系统已经无法满足排放法规的要求。研究发现，贵金属 Rh 对 NO_x 具有优异的催化活性，且 Pt 和 Pd

是 CO 和 C_xH_y 催化氧化的最佳选择，于是第二代 Pt-Rh 双金属氧化-还原催化剂被研发出来，即三效催化剂（three way catalysts，TWCs）。TWCs 能够同时使尾气中的 CO 和 C_xH_y 发生催化氧化，NO_x 发生催化还原，转化为无害的 CO_2、H_2O 和 N_2。

第三阶段是含 Pd 三效催化剂。Pd 与 Pt 和 Rh 相比，价格相对低廉、储量相对丰富、热稳定性能较好，且低温下已有优良活性，故在 Pt-Rh 催化剂中引入大量 Pd，从而降低了成本。随着蜂窝陶瓷载体的推广，三效催化净化器也得以迅速产业化。1989 年左右，为了节省成本，BASF 公司（原 Engelhard 公司）开始采用单 Pd 三效催化剂以替代成本较高的 Pt 和 Rh，并于 1995 年在 Ford 公司首先投入商业应用。

第四阶段是新型催化剂，目的是进一步降低贵金属用量，减少成本，改善其性能，主要可以分为两大方向：一是单 Pd 型催化剂；二是稀土金属氧化物+过渡金属氧化物+碱土金属氧化物型催化剂。近年来，NO_x 排放标准不断提高，为满足排放法规的要求，Rh 被重新引入 TWCs 中，Pd-Rh 双金属 TWCs 在该领域占据了主导地位。

5.8.3　三效催化剂

（1）催化剂载体

目前广泛使用的是块状载体，材质有陶瓷和合金两大类。陶瓷蜂窝载体最早由美国康宁（Corning）公司生产，随后日本 NGK 公司也掌握了这种技术，并且开始大量生产。陶瓷蜂窝载体的材料为多孔堇青石（$2MgO \cdot 2Al_2O_3 \cdot 5SiO_2$）陶瓷，其化学组成大约为 14%（质量分数，下同）MgO、36% Al_2O_3 和 50% SiO_2，还有少量的 Na_2O、Fe_2O_3 和 CaO。陶瓷蜂窝载体一般具有蜂窝孔排列状的直通道结构，其孔密度是制备三效催化剂的重要参数。商业上通常制成外观为 $\phi 125mm \times 85mm$ 的圆柱体或者为 $\phi 145mm \times 80mm \times 128mm$ 的椭圆体。材料本身主要由平均孔径为数微米的大孔构成，孔隙率在 20%～40%（体积分数）之间。整体制成蜂窝状，通道截面多为三角形和方形，通道分布可达 62 孔/cm^2，通道壁厚为 0.15mm，最薄可达 0.1mm。堆密度约为 420kg/m^3。这种载体的突出优点是抗热冲击性能优越，具有很低的热膨胀系数。

合金载体有不锈钢、Ni-Cr、Fe-Cr-Al 等材料。外观构型为蜂窝状，内部由交错的平板和波纹状薄金属构成，厚度约为 0.05mm。合金蜂窝载体与陶瓷蜂窝载体相比，具有热导率高、开孔面积大、孔壁薄和机械强度高等特点，对汽油车冷启动阶段的污染排放控制和延长三效催化剂的使用寿命大有裨益。此外，摩托车由于振动颠簸原因，其排放污染控制催化剂的载体也多采用金属蜂窝载体。

（2）三效催化剂活性组分

贵金属 Pt、Rh 和 Pd 在三效催化剂中起着关键的作用，催化反应在 Pt、Rh 和 Pd 原子组成的活性中心上进行。通常活性组分的用量为 Pt 0.9～2.3g/L、Rh 0.18～0.3g/L，Pd 的用量各个厂家差别较大。为了充分发挥贵金属的催化作用，使用时需对活性组分进行负载，最早采用的是球状活性 γ-Al_2O_3，随着对催化转化器抗震性能、使用寿命和转化率要求的提高，其被整体型蜂窝载体所替代。

Pt 在三效催化剂中的贡献主要是催化 CO 和 C_xH_y 的完全氧化反应。在早期采用的双段催化床的催化转化器中，后端床氧化型催化剂的主要成分是 Pt。Pt 对 NO_x 有一定的还原能力，但当尾气中 CO 浓度较大或者有 CO_2 存在时，Pt 的净化效果比 Rh 差，并且 Pt 还原 NO_x 的窗口比较窄，在还原气氛中容易将 NO_x 还原为氨气。

Rh 是三效催化剂中控制还原 NO_x 的主要活性成分,它在较低温度下可以选择性地将 NO_x 还原为 N_2,同时产生少量氨。在实际的尾气反应中,还原剂可以是 CO/C_xH_y,还可以是 H_2。氧气对 NO_x 的还原反应影响很大,在有氧条件下,N_2 是唯一的还原产物,在无氧条件下,低温下的主要还原产物是氨气,高温下的主要还原产物是氮气。此外,Rh 对 CO 的氧化及 C_xH_y 化合物的重整反应也有重要的催化作用,与 Pt 和 Pd 催化剂相比,Rh 催化剂对 CO 和 C_xH_y 的催化活性比较低。但是,无论如何,Rh 在三效催化剂中是不可或缺的,没有 Rh,NO_x 的排放往往不能达到标准要求。

Pd 催化剂在一定条件下具备很好的三效催化活性,早在 1975 年,Pd 就被用来制造汽车尾气污染排放控制的催化剂,到了 20 世纪 90 年代中期,Pd 的三效催化剂反应活性得到了深入研究,形成了单 Pd 三效催化剂制备技术。该技术采用分层负载 Pd、CeO,以及碱土金属氧化物,使单 Pd 催化剂具有很好的三效催化活性。实际上,精确的空燃比(空气与燃料的质量之比)控制和对催化剂材料的适当修饰可以保证单 Pd 催化剂的高 NO_x 转化率,使其三效催化活性可与传统 Rh-Pt 催化剂相媲美。单 Pd 三效催化剂的 Pd 负载量为 1.8～10.6g/L,它主要作为密耦催化剂,而安装在发动机排气出口,使催化剂容易起燃,解决发动机在冷启动阶段的污染物排放问题,它也作为主催化剂安装在汽车的底盘上。尽管单 Pd 催化剂具有很好的初始催化性,并在汽车工业得到了一定应用,但单 Pd 三效催化剂还没有得到广泛的应用。

(3)三效催化剂助剂

三效催化剂必须同时实现对 CO 和 C_xH_y 的氧化反应和对 NO_x 的还原反应。因此反应体系中的氧含量至关重要。只有当实际空燃比处于理论值($A/F=14.63$)附近或操作窗口内时,才能使三种污染物同时实现最佳转化。因此,为了控制空燃比振荡,往往加入适宜的具有储放氧能力的助剂,使催化剂更能适应发动机工作的需要,从而实现 CO、C_xH_y 和 NO_x 三种污染物同时得到高效净化。常用的助剂包括稀土氧化物(La_2O_3、ZrO_2、Y_2O_3、CeO_2)、碱土金属氧化物(MgO、CaO、SrO、BaO)和过渡金属氧化物(MnO_2、NiO、Fe_2O_3、Co_2O_3)等。

助催化剂的作用主要体现在以下三个方面:①在"富氧"或"贫氧"的 A/F 波动过程中,具有氧气储存器的作用,"富氧"下储存氧,"贫氧"下释放氧;②有助于贵金属在载体表面的分散,阻止贵金属与氧化铝在高温下发生作用,提高活性组分的利用率,并且可阻止氧化铝载体因烧结而造成的聚集和相转变,即阻止氧化铝 γ 型向 α 型转化;③促进水汽变换和蒸汽重整反应的进行。

汽车尾气后处理催化剂使用整体式催化剂,目前,整体式催化剂的制备方法主要有两种,分别是涂覆法和挤压成型法。但机动车用催化剂一般都采用涂覆法制备。涂覆法包括两种:大孔基体被高比表面积涂层材料填充满,或者在堇青石基体的空穴中涂覆材料沉积成一个涂覆层。涂覆法是将催化剂粉末、黏结剂与水制成适当稠度的浆液,采用空气压缩法或真空抽吸法将催化剂浆液均匀涂覆于整体式堇青石基体孔壁上。对于涂覆法制备的整体式催化剂,涂层与基体之间的黏结性非常重要,直接影响催化剂的性能和使用寿命。只有催化剂涂层不发生龟裂和脱落,才能使附着在表面上的催化剂起到净化污染物的作用。催化剂粉末的制备方法有浸渍法和离子交换法(分子筛催化剂的主要制备方法)等。

在将固体催化剂应用于化学和石油化工行业时,需要采取一切预防措施,尽量减少催化剂的失活,或者设计出催化剂定期再生的工艺,延长催化剂的寿命。相比之下,汽车排放控制催化剂应用范围广,在这种应用中,操作条件无法控制,而且"原料"的预处理几乎不可能。尽管如此,依然要求催化剂的耐久性应与车辆的使用寿命相同。三效催化剂在实际使用过程中可能经历的失活现象如图 5-3 所示。

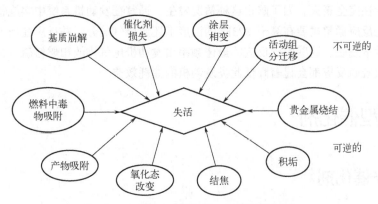

图 5-3　三效催化剂的可逆和不可逆失活现象

5.8.4　NO$_x$转化系统

火花点火式汽油机在高于化学计量比的条件下运行，即在空气中燃油的比例低于理论完全燃烧所需的比例，这种运行方式可以降低发动机的燃油消耗，从而减少 CO$_2$ 排放。同时，由于燃烧不完全，发动机排放的一氧化碳、氮氧化物和碳氢化合物的空燃比也会降低。尽管如此，这些所谓的"稀薄燃烧"发动机仍然需要废气后处理系统来进一步净化排放物，以满足严格的环保标准。

NO$_x$ 转化系统是催化排气后处理装置，能够在专用发动机运行条件下储存和释放 NO$_x$。为了实现这一点，通常包括三个过程。第一个过程是在铂族金属（PGM）组分上用 O$_2$ 将 NO氧化为 NO$_2$，此过程中，铂族金属组分的含量为 3g/L，反应温度为 773K，反应在热力学上是有利的。第二个过程是存储形成的 NO$_2$。这通常是通过在催化剂中加入一种或多种碱金属或碱土金属组分来实现的。在运行过程中，这些碱金属和碱土金属组分通常以其相应的碳酸盐形式存在，这些碳酸盐将与 O$_2$ 和 NO$_2$ 发生反应：

$$4NO_2 + O_2 + 2MCO_3 \longrightarrow 2M(NO_3)_2 + 2CO_2$$

式中，M 代表二价碱土金属元素。这种反应通常在 573K 以上的温度下工作良好，要求使用净氧化废气成分，并且在达到碱金属/碱土金属功能饱和之前使用。在实际应用条件下，对于以欧四排放法规水平为目标的系统，这需要大约 2min 的时间。

然而，一旦达到这种情况，必须改变发动机的工作条件，以产生净还原的废气成分。这就需要进入第三个过程，在操作温度下，使碱金属/碱土金属硝酸盐分解后进行还原反应：

$$2M(NO_3)_2 + 2CO_2 \longrightarrow 4NO_2 + O_2 + 2MCO_3$$

$$2NO_2 + 4CO \longrightarrow 4CO_2 + N_2$$

目前，用于此反应的首选催化剂仍旧是 PGM，通常是 Pt 和 Rh 的组合。

NO$_x$ 转化系统也会存在热失活现象和化学失活现象。其中一种热失活现象是第一个过程中 PGM 的聚集，从而导致 NO 氧化速率减慢。另一种热失活现象是碱金属/碱土金属化合物（第二个过程）的内表面损失，从而导致储存 NO$_2$ 的能力降低。在净氧化废气条件下，这两种现象通常从 773K 的温度开始显现，并在约 1173K 的温度下导致催化功能的实质性损失。

NO$_x$ 转化系统最重要的化学失活现象是由 SO$_x$ 和 NO$_x$ 的行为相似引起的。相同吸附位点的竞争降低了储存 NO$_2$ 的能力。由于形成的硫酸盐在热力学上比硝酸盐更稳定，因此它们在再生阶段不会分解。如果不采取具体措施，最终会完全占据 NO_2 吸附位点，从而导致 NO_x 转化系统的活性完全丧失。为了防止这种情况发生，通常在发动机系统中实施特殊的附加脱硫反应。这些反应通常需要在高于 873K 的温度下还原废气成分，并且应在当前系统设计和边界操作条件下发生。这些脱硫反应的最佳频率由发动机尾气排放和燃料硫含量的边界条件决定。每一次脱硫反应都会显著降低此类发动机的油耗效益。

5.9　新型催化剂

5.9.1　光催化剂

（1）光催化及其原理

在光的辐照下，利用光催化剂可以促进化学反应的发生，且光催化剂本身不发生变化，该过程称为光催化反应。光催化反应是将光能转化为化学反应所需要的能量，类似于自然界中的"光合作用"。光催化反应是光和物质之间相互作用的多种方式之一，是光反应和催化反应的融合，是在光和光催化剂同时作用下所进行的化学反应。

根据以能带为基础的电子理论，价带（VB）的能量状态位于带隙之下且被基态的电子占据，而位于带隙以上的状态形成导带（CB）且当温度为 0K 时没有被占据。在较高温度时，一些电子受热激发到导带，得到的电子密度分布可以由半导体的费米能级表示。光催化就是当半导体表面受到等于或大于其带隙宽度的光照射时，产生电子(e^-)-空穴(h^+)对。光生电子和空穴分别参与氧化和还原过程产生最终产物。然而，如果电子不能在半导体表面找到任何俘获组分（如 CO_2）或者带隙宽度太小，这些电子就会迅速复合并释放热量。因此，光催化中半导体的主要作用是吸收入射光子，产生电子-空穴对，促进它们分离和传输，而反应的催化作用与具体材料有关。

目前研究和应用最广泛的光催化剂是半导体材料，典型代表是 TiO_2。半导体的能量带间隙是任何有效电子态的能量空带，与可见光的能量范围相似，因此半导体是应用于捕光天线的一种诱人材料。半导体在光激发下，电子从价带跃迁到导带，在价带形成光生空穴，在导带生成光生电子。光生电子和空穴分别具有还原和氧化能力，可以分解水制备 H_2 和 O_2，还原 CO_2 得到有机物小分子，还可以使氧气或水分子激发为超氧自由基及羟基自由基等具有强氧化能力的自由基，降解环境中的有机污染物。

（2）半导体光催化剂的能带理论

① 能带理论。通过把量子力学原理用于固态多电子体系统并求解薛定谔方程推算出来，在晶格绝热近似和单电子近似条件下，可以求得相当准确的电子能态分布，即电子能带结构。晶体能带的基本特征是，由填满电子的低能价带和空的高能导带构成，价带和导带之间存在禁带。由量子化学计算可知，在分子或离子分散的能级中，每两个电子形成一个电子对，在高于某一能量值的能级上是空的。充满电子的最高能级叫最高占据（highest occupied，HO）能级，空的能量最低的能级叫最低未占（lowest unoccupied，LU）能级。分子被氧化时从 HO 能级释放电子，被还原时在 LU 能级接受电子。半导体分子的 HO 能级和 LU 能级分别构成能带结构的价带顶和导带底，价带和导带之间的能量差值就是禁带宽度（也称带隙，E_g）。导带底和价带顶有单一的能量值，被电子占据的概率为 1/2 的能级称为费米能级。费米能级位

置可以通过适当掺杂加以调节，费米能级距导带底较近的，则电子为多数载流子，材料为 N 型。费米能级距价带顶较近的，空穴为多数载流子，材料为 P 型。

② 带边位置。半导体导带上的电子具有还原性，而价带上的空穴具有氧化性，因而表现出相应的氧化还原电势。不同的半导体能带上的电子和空穴的氧化还原电势不同，但通过光电测试方法，可以确定其相对大小，常用相对于标准氢电极（NHE）的电位以及真空能级的位置表示，这个位置即被称为带边位置。它反映的是半导体内部形成的能带上电子和空穴的还原和氧化能力的大小。根据能斯特方程，这个位置受溶液 pH 的影响，如图 5-4 所示，常用的宽带隙半导体的吸收波长阈值大都在紫外区域。

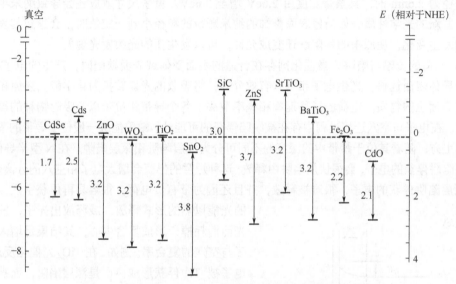

图 5-4　各种半导体在 pH=1 的电解质溶液中的导带和价带的位置

③ 量子尺寸效应。1962 年，Kubo 在研究金属颗粒时，曾提出著名的公式：

$$\delta = \frac{4E_f}{3N}$$

式中，δ 为能级间距；E_f 为费米能级；N 为总原子数。宏观金属包含无限个原子（$N \to \infty$），由上式可知此时 $\delta \to 0$，即对大粒子而言，能级间距几乎为零。对于纳米金属粒子而言，所包含的原子数有限，即 N 值很小，这就导致 δ 有一定的值，即费米能级附近的能带由准连续变为离散的，这种现象被称为量子尺寸效应。后来的研究人员发现除了金属粒子以外，当半导体颗粒的尺寸为 1~10nm 时，其光、热、电以及超导性同样与宏观体相物体显著不同，即发生量子尺寸效应。量子尺寸效应会导致禁带变宽，并使吸收能带蓝移，其荧光光谱也随颗粒半径减小而蓝移。量子尺寸效应可用 Brus 公式更为清晰地表示：

$$E(R) = E_g(R = \infty) + A + B + C$$

其中：

$$A = \frac{h^2\pi^2}{2\mu R^2} \left[\text{其中，} \mu = \left(\frac{1}{m_{e^-}} + \frac{1}{m_{h^+}} \right)^{-1} \right]$$

$$B = -\frac{1.786e^2}{\varepsilon R}$$

$$C = -0.248ER_y \text{其中} ER_y = \frac{\mu e^4}{2e^2 h^2}$$

式中，E（R）为半导体纳米粒子的吸收带隙；E_g（$R=\infty$）为体相半导体带隙能；R 为粒子半径；h 为普朗克常数；μ 为激子的折合质量，其中 m_{e^-} 和 m_{h^+} 分别为电子和空穴的有效质量；e 为基元电荷；ε 为半导体的介电常数；ER_y 为有效里德伯常量。A 为激子束缚能，正比于 $1/R^2$，B 为电子-空穴对的库仑作用能，C 反映了空间修正效应。由于导致能量升高的束缚能远大于使能量降低的库仑项，所以粒子尺寸越小，激发态能移越大，于是发生吸收带边位移的程度也越大，即吸收光谱发生蓝移。由量子效应引起的禁带变化是十分显著的，当 CdS 颗粒直径为 2.6nm 时，其禁带宽度由 2.6eV 增至 3.6eV。量子尺寸效应还会导致纳米半导体拥有一些新的光学性质。如当经表面修饰的纳米颗粒的粒径小到一定值时，会导致其表面能带结构发生变化，使原来的禁阻跃迁变成允许，可以发生新的光致发光现象。

④ 电荷的传输与陷阱。当催化剂存在合适的表面受体或表面缺陷时，产生的电子-空穴对向半导体表面迁移，光生电子和空穴有效分离，将吸收的光能转换为化学能。还原和氧化吸附在表面上的物质，电荷的迁移速率和概率取决于各个导带和价带以及吸附物种的氧化还原电位。在电子与空穴迁移过程中存在被缺陷俘获的可能性。缺陷能级一般位于导带的下方或价带的上方，随着其位于禁带中的深度的不同可分为浅层陷阱和深层陷阱。在 N 型半导体中，被浅层陷阱俘获的电子，会很快从陷阱中释放，这种短暂的俘获会增大电子和空穴的分离效率；而被深层陷阱俘获的电子，很难被释放，并且还因为带有负电荷，很容易再俘获空穴，储备的光能以热的形式释放，或释放出光子，发射荧光而消耗掉，形成复合中心，其结果是增大了电子与空穴的复合率。例如，在 TiO₂ 光催化反应中，电子被 Ti⁴⁺ 俘获形成 Ti³⁺ 是深层陷阱，而被表面 O₂ 俘获形成超氧自由基被认为是浅层陷阱。

⑤ 空间电荷层和能带弯曲。半导体溶液界面由空间电荷区域、Helmholtz 紧密双层、Gouy-Chapman 液相分散层三部分组成。TiO₂ 电极/溶液界面的能级结构见图 5-5，在 N 型半导体与含有氧化还原对的溶液所形成的界面下，通过相间的电荷转移，半导体很容易维持静电平衡（相应的

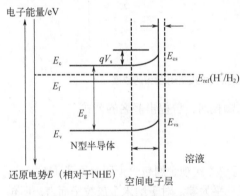

图 5-5　N 型半导体、溶液界面能级示意图

费米能级 E_f 相等）。当半导体的 E_f 高于溶液的 E_f 时，电子将从半导体流向溶液，半导体中的过剩电荷主要分布在空间电荷区。在空间电荷区，电子的流失导致半导体内部形成正电荷区，而空穴形成负电荷区。体相半导体和溶液之间的电势降几乎完全在这个区域发生，而界面处的能带位置保持不变。随着从界面向半导体的深入，空间电荷区中的正电荷导致能带能量变得更负，这有助于电子的进一步流动。在空间电荷区的过剩电子将向体相半导体运动，过剩空穴将向界面运动，与存在的电场方向一致。为了使光生载流子迅速分离，将一定的电位差加到半导体/溶液两相界面间，电极上出现过电位，半导体溶液一侧紧密层的电位没有变化，氧化态和还原态物质的能级也没有变化，但过电位改变了半导体内部空间电荷区的电位降（即能带弯曲量），从而改变了半导体空间电荷层宽度，减少光生电子-空穴的复合，使半导体表面上的载流子浓度增大，促进在半导体/溶液界面进行有效的光催化反应。

⑥ 电荷界面转移过程。单一半导体的光催化电荷界面转移的基本过程可分为光催化还原

和光催化氧化过程，分别对应光生电子还原电子受体 A^+ 和光生空穴氧化电子给体 D^- 的电子转移反应。根据热力学限制，光催化还原反应要求导带电位比受体的电位偏负，光催化氧化反应要求价带电位比给体的电位偏正。换句话说，导带底能级要比受体的能级高，价带顶能级要比给体的能级低。在实际反应过程中，由于半导体能带弯曲及表面过电位等因素的影响，对禁带宽度的要求往往要比理论值大。

对经过表面修饰的半导体来说，其过程稍有不同。当半导体表面和金属接触时，载流子会重新分布。电子从费米能级较高的 N 型半导体转移到费米能级较低的金属，直到它们的费米能级相同，从而形成肖特基势垒（Schottky barrier）。正因为肖特基势垒成为俘获光生电子的有效陷阱，光生载流子被有效分离，从而抑制了电子和空穴的复合，提高了光催化活性。当半导体表面和半导体接触时，光生电子和空穴界面转移驱动力主要取决于催化剂与修饰的半导体导带和价带的能级差。

（3）半导体光催化剂的光学性质

① 光的吸收波长。半导体中的本征吸收是一种重要的光吸收过程，它是指价带中的电子受光子激发跃迁到导带，在价带中产生一个空穴，同时光子湮没的过程。要发生本征吸收，光子的能量必须等于或大于半导体材料的禁带宽度 E_g，因而对于每种半导体材料，均有一个本征吸收的长波限值：

$$\lambda_0 = \frac{1240}{E_g}$$

式中，E_g 取 eV 为单位。在这个跃迁过程中，能量和动量必须守恒。

② 光吸收强度。从理论上讲，能量大于光催化剂的禁带宽度的光子均能激发光催化活性。因此，光源选择比较灵活。如高压汞灯、黑光灯、紫外杀菌灯和氙灯等，波长一般在 250～800nm 可调，应用十分方便。光强越大，提供的光子越多，光催化氧化分解污染物的能力越强。但是，当光强增大到一定程度之后，光催化氧化分解的效率反而会降低，这可能是因为尽管随着光强的增大有更多的光生电子-空穴对产生，但是不利于光生电子-空穴对的迁移，从而复合的可能性增大。由于存在中间氧化物在催化剂表面的竞争性复合，光强过强的光催化效果并不一定就好。研究表明，在光催化反应中，光强（I）、反应速率（v）和光量子产率（η）之间的关系随光强的不同而变化。在低光强条件下，v 随 I 增加而增大；在中等光强条件下，v 随 $1/I$ 增加而增大；而在高光强条件下，v 为常数，随 $1/I$ 增大而减小。光量子产率 η 也随光强的增加而增大，但在高光强条件下可能会因为反应物的过度复合而减小。

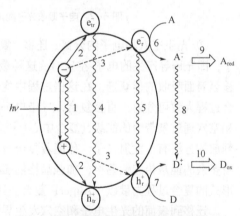

图 5-6　光催化氧化过程中被激发的 TiO₂ 粒子体相与表面的光物理和光化学过程

e^- 表示电子；h^+ 表示空穴，即电子的缺失，相当于正电荷；$h\nu$ 表示光子，即光的量子，用于表明光激发过程；箭头表示电子或空穴的迁移方向；1 和 2 表示电子从一个能级跃迁到另一个能级的过程；3 表示电子在同一能级内的迁移或散射过程；4 和 5 表示电子和空穴的重组过程，即电子与空穴结合释放能量的过程；6 表示电子通过某种机制（如跃迁或传导）到达另一端；7 表示空穴的迁移或传输过程；8 和 9 表示特定物种（如激发态分子 A*）的形成和反应，这可能涉及吸收光子后的电荷重新排列；10 表示某种反应产物 D 的形成

③ 光与光催化剂的相互作用。图 5-6 所示为光催化氧化 TiO$_2$ 过程示意图，当能量大于或等于半导体带隙能（E_g）的光照射半导体时，价带上的电子（e$^-$）就会被激发跃迁至导带，同时在价带上产生相应的空穴（h$^+$），并通过扩散作用分离、迁移到粒子的表面，这个过程为光物理过程。光生空穴有很强的吸电子能力，具有强氧化性（其标准氢电极电位在 1.0～3.5V，取决于半导体的种类和 pH 条件），可夺取半导体颗粒表面被吸附物质或溶剂中的电子，使原本不吸收光的物质被活化氧化；而光生电子具有很强的还原性（其标准氢电极电位在 0.5～1.5V），电子受体通过接受光生电子而被还原，称为光化学过程。

（4）光子激发与电荷迁移过程

① 光子激发过程。光照射半导体时，由于半导体能带结构不同，所以表现出两种不同形式的本征吸收——直接跃迁和间接跃迁（图 5-7）。对应于这两种跃迁的半导体材料，分别称为直接带隙半导体和间接带隙半导体。

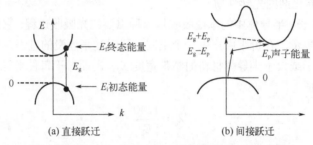

图 5-7　电子吸收光子能量从价带到导带的直接跃迁和间接跃迁

② 光生空穴和电子的分离、迁移、复合过程。半导体光催化剂的催化能力来自光生载流子，即光诱导产生的电子-空穴对。这种载流子在产生后，经分离、迁移至半导体表面，再转移至表面吸收的俘获剂，在这些过程中均会发生载流子的复合。与激发过程相对应的是，复合过程大致可分为：直接复合，导带电子跃迁到价带与价带空穴直接复合；间接复合，电子和空穴通过禁带中的能级（复合中心）进行复合。载流子复合时，一定要释放出多余的能量，释放的方法有：发射光子，伴随着复合特有的发光现象，称为辐射复合；发射声子，载流子将多余的能量传递给晶格，加强晶格的振动；将能量给予其他载流子，增加其动能，称这种形式的复合过程为俄歇（Auger）复合。还有可能先形成激子后，再通过激子复合。

迁移到表面的光生电子和空穴发生界面电子转移的反应，将吸收的光能转换为化学能，参与吸附在表面上的物质的氧化和还原过程。驱动力是半导体导带或价带电位与受体或给体的氧化还原电极电位之间的能级差。除了电位满足光催化氧化或还原反应要求之外，半导体光催化反应至少还需要满足三个条件：电子或空穴与受体或给体的反应速率要大于电子与空穴的复合速率；催化剂的电子结构与被吸收的光子能级匹配，即诱导反应发生的光的能量要等于或大于半导体的带隙；半导体表面对反应物有良好的吸附性能。

（5）光催化剂反应活性的影响因素

根据基元反应原理，光催化剂的活性受光催化剂本征特性，如光的吸收波长、光的吸收效率、激子的激发效率、光生载流子的分离和迁移效率以及污染物的吸附特性等影响。通过不同的方法达到对这些因素改进的目的，便能提高光催化活性。如减小半导体光催化剂的禁带宽度，便可以增大吸收光的波长，提升光的利用率。再比如在光催化剂表面增加电场，便能提升光生载流子的分离和迁移效率。开发新型光催化剂会使这些影响因素有所改善。

① 光催化剂的晶型和晶面。晶型对光催化剂的影响是被许多人公认的。比如，TiO_2 有三种不同的晶型——锐钛矿型、金红石型和板钛矿型，具有光催化作用的主要是锐钛矿型（E_g=3.2eV）。不同的晶体结构不仅能影响光催化剂的禁带宽度，还能影响光催化剂光生载流子的分离和迁移效率等。邹志刚等对一系列具有不同晶体结构的新型固体光催化剂进行了研究，第一个系列是烧绿石晶型 Bi_2MNbO_7（M=Al、Ga、In、Y、稀土元素、Fe），属于立方晶系和 $Fm3m$ 空间群；第二个系列是钽铁酸锑晶型 $BiMO_4$（M=Nb、Ta），M=Ta 时为三斜晶系和 PI 空间群，M=Nb 时为正交晶系和 $Pnna$ 空间群；第三个系列是铁锰重石晶型 $InMO_2$（M=Nb、Ta），属于单斜晶系和 $P2/a$ 空间群。虽然这些光催化剂的晶体结构明显不同，但是都含有相同的 TaO_6 八面体和（或）NbO_6 八面体。这些光催化剂的能带结构由 Ta/Nb 的导带 d 级位及氧的价带 2p 级位决定，带隙宽度为 2.4～2.7eV，能够被可见光激发，其光催化水制氢的活性有所不同，主要受八面体形变的影响，这种形变会改变晶体中 TaO_6 八面体内的偶极矩，进而影响光生载流子的分离效率。

对同一种晶型而言，不同晶面的吸附特性是不同的，光生载流子的复合率也不同。对于热催化反应，Zhou 等研究发现比表面积相近的 CeO_2 纳米颗粒和纳米棒对 CO 催化氧化反应的活性相差很大。在 CeO_2 中（111）晶面最稳定，活性最低，而（001）晶面活性最高，（110）晶面次之。正是由于纳米棒具有较多的活性面，因此催化活性较高。对于光催化反应来讲，不同的晶面也对应着不同的反应能力。例如对锐钛型的 TiO_2 而言，理论计算表明（101）晶面热力学上稳定但是活性较低，而（001）晶面反应活性最高，但是不太稳定。Qiao 等通过利用氢氟酸作为保护剂在水热条件下制备了具有高活性（001）晶面的 TiO_2，其中该晶面占全部表面的比例为 47%。进一步的实验证实了暴露（001）晶面的光催化剂的催化活性约为商品 TiO_2（P25）催化活性的 5 倍。通过化学的方法使高活性晶面暴露于外部是目前光催化研究中的热点之一。

② 光催化剂的结晶性。由半导体理论可知，任何半导体均存在本征缺陷。而缺陷对半导体载流子传输的作用是相对的，具体是有利还是有害，还要根据缺陷的浓度和类型来判断。但总的来说结晶性的增大对光催化反应是有利的。一般认为只有结晶性高的材料才具有共有化的电子，有利于载流子的输运。在排除了光敏化、比表面积等因素的影响下，Amano 等通过瞬态红外方法证实了结晶的 Bi_2WO_6 比无定形的光生载流子寿命长，因而其光催化活性高。

在晶体整体结晶完善的基础上，对局部进行微量元素掺杂，虽然会对结晶性有一定损害，但是由于掺杂元素的作用不同，还是有可能使光催化活性得到提高。其中按掺杂元素的位置的不同，可分为空位机理和间隙机理。前者指掺杂元素进入晶格空位，后者指掺杂元素进入晶格的间隙位，这会使晶格发生相当大的畸变。文献报道的制备 F 掺杂的 $ZnWO_4$ 中，XRD 结果显示衍射峰向小角度方向偏移，然而 F^- 的离子半径（0.133nm）小于 O^{2-} 的离子半径（0.14nm），晶格没有收缩反而膨胀，表明掺杂的氟不是取代晶格氧，而是存在于晶格的间隙中。当少量氟（<0.4%）存在于间隙位时，会产生静电场导致光生载流子分离效率的提高。但当大量氟（≥0.4%）存在于间隙位时，便会造成结晶性的破坏，颗粒表面形成捕获中心，电子与空穴的复合概率增加，光催化性能反而降低。

③ 比表面积及其吸附作用。普通 TiO_2 的光催化能力很弱，而纳米级 TiO_2 的光催化能力很强。这主要是由于其纳米结构和高的比表面积。对于一般的热催化反应，在表面活性位点一致的情况下，比表面积越高则反应活性越高。然而对于光催化反应，这个结论则稍有不同。

首先是由于光催化反应由光驱动而引发，比表面积高并不意味着这些表面均暴露在光照下，这些未暴露的比表面积便不是有效的比表面积。其次，一般光催化反应的机理是由于生成具有较高活性的·OH，这些活性基团可以离开表面一定距离，而氧化催化剂周围的底物，所以活性中心不是固定在反应表面上。最后由基元步骤可知，主要决定光催化反应速率的是光生电子和空穴的界面转移速率，而不是底物的吸脱附速率，所以当比表面积足够高以致可以很快吸附底物时，界面转移速率仍会成为反应速率的制约因素。因此，比表面积仅是决定活性的重要因素之一，并不是决定性的因素。当然高的比表面积总的来说是对光催化有利的。例如，Kudo 等最初用高温固相法合成的 Bi_2WO_6 的光催化效果并不是十分明显，但是文献报道改用水热法合成纳米级、高比表面积的 Bi_2WO_6 的光催化活性则有明显的提高。并且高的比表面积需要减小颗粒的粒径，当粒子的大小在 $1\sim10nm$ 时，就会出现量子效应，导致禁带变宽，从而使电子-空穴对具有更强的氧化还原能力，提高催化活性。

④ TiO_2 光催化材料的局限性。经过几十年的研究，TiO_2 光催化材料的催化机理已经研究得比较深入透彻，并且由催化机理推导出的一些结论也经受了实践的验证。特别是通过对影响催化剂催化活性相关因素的深入研究，目前可以采用很多方法来实现高催化活性光催化剂的制备。TiO_2 由于其稳定性好、活性高，可以通过减小粒径、改善结晶以及与其他氧化物的复合进一步提高其催化活性，并已经广泛地应用于工业和环境污染的治理中。

半导体光催化虽然取得了巨大的成就，但远远没有达到理想的状况，对于光催化材料的应用仍然缺乏关键性、决定性的突破。主要的问题在于研究最为深入、应用最为广泛的 TiO_2 光催化剂存在以下局限性：其带隙宽度为 3.2eV，只能响应 387nm 以下的紫外光，对可见光的利用效率低，这大大限制了对太阳光能量的有效利用，因为在太阳辐射的总能量中紫外光的能量只占总能量的 3%～5%；锐钛矿、金红石 TiO_2 晶体结构容忍度小，在进行掺杂等改性工作中易破坏晶体结构而导致活性降低；TiO_2 的导带位置在零电位附近，因此其光还原能力相对较弱，在光解水制氢中有着较大的局限性。

⑤ 复合氧化物的优势以及研究现状。非 TiO_2 系的光催化剂有着 TiO_2 不可比拟的优点，如更大的结构容忍度，成盐金属原子众多的选择性，以及氧原子位阴离子取代的可行性，这使其在光催化领域有着巨大的发展潜力。

从 20 世纪 80 年代开始，一些研究者就开展了探索新型光催化剂的研究工作，如 $SiTiO_3$、$K_4Nb_6O_{17}$、$NaTi_6O_{13}$、$BaTi_4O_9$、ZrO_2、Ta_2O_5、$Kr_2La_2Ti_3O_{10}$ 等。自 1997 年开始，Kudo 等又陆续发现了一系列不需要辅助催化剂的钽酸盐化合物用于光解水，开辟了光解水光催化剂材料的一个新领域。该研究小组一直致力于新型光催化剂的开发，认为合适的能带对开发可见光光催化剂非常有必要，并结合其工作总结出三条能带调节的策略。

① 通过掺杂产生施主能级。

② 价带控制：通常，稳定氧化物半导体光催化剂的导带是由金属阳离子的 d^0 和 d^{10} 轨道组成，包含空轨道；价带由 O_{2p} 轨道组成。通过 O_{2p} 与其他元素的轨道形成新的价带能级或电子施主能级，可以使禁带宽度或能级宽度变窄。Bi^{3+} 和 Sn^{2+} 的 ns^2 轨道，以及 Ag^+ 的 d^{10} 轨道可以有效地与半导体氧化物的 O_{2p} 轨道形成新的价带能级，使禁带宽度变窄。相应的新型光催化剂 $SnNb_2O_6$、$AgNbO_3$、Ag_3VO_4、$BiVO_4$、Bi_2WO_6 都具有较好的可见光光催化活性。另外 N_{2p} 和 S_{3p} 轨道也适合形成价带用于制备可见光光催化剂。

③ 固溶体光催化剂：合成了 $(CuIn)_xZn_{2(1-x)}S_2$、$(AgIn)_xZn_{2(1-x)}S_2$、$ZnS-CuInS_2-AgInS_2$ 固溶体，通过调整固溶体中不同组分的含量，可以实现对固溶体禁带宽度的调节，而且均具有很

高的可见光光催化活性。

2000 年以来，邹志刚等研究了 Bi_2InNbO_7 以及 Bi_2MNbO_7（M=Al、Ga、In）等新型复合氧化物光催化剂。几乎与此同时，开发出了 $InNbO_4$ 以及 $InTaO_4$ 光催化剂，并研究了 $InVO_4$ 光催化剂。最近，中国科学院上海硅酸盐研究所的黄富强课题组在卤氧化合物光催化剂的开发上做了大量的工作，其研究表明 $BiOCl$、$xBiOBr$-$(1-x)BiOI$、$xBiOI$-$(1-x)BiOCl$ 等化合物都有很好的可见光响应。

5.9.2　电催化剂

（1）电催化的基本概念和原理

电催化是指在电场作用下电极表面或液相中的物质促进或抑制电极上发生的电子转移反应，而电极表面或溶液中物质本身并不发生变化的化学作用。选用合适的电极材料，可以加速电极反应的进行。所选用的电极材料在通电过程中具有催化剂的作用，从而改变电极反应速率或反应方向，而其本身并不发生质的变化。与常规的催化化学相比，电催化具有以下特点：①在常规的化学催化中，反应物和催化剂的电子转移是在限定区域进行的，因此，在反应过程中既不能从外电路导入电子也不能从反应体系导出电子；②在电极催化反应中有纯电子的转移，电极作为反应的催化剂，既是反应的场所，又是电子的供受场所；③常规的化学催化电子的转移催化无法从外部加以控制，而电催化可以利用外部回路控制电流，从而控制反应。

电催化作用包含电极反应和催化作用两个方面，因此电催化剂必须同时具有两种功能：①能导电和比较自由地传递电子；②能对底物进行有效的催化活化作用。能导电的材料并不都具有对底物的活化作用，反之亦然。电极是指与电解质溶液或电解质接触的电子导体或半导体，它既是电子贮存器，能够实现电能的输入或输出，又是电化学反应发生的场所。电催化电极，首先是一个电子导体，其次要具有催化功能，即对电化学反应进行某种促进和选择。

（2）电催化剂的电子结构效应和表面结构效应

大量事实证明，电催化剂对反应速度和反应选择性有明显的影响。反应选择性实际上取决于反应中间物的本质及其稳定性，以及在溶液体相中或电极界面上进行的各个连续步骤的相对速度。电极材料对反应速度的影响可分为电子结构效应和表面结构效应。电子结构效应主要是指电极材料的能带、表面态密度等对反应活化能的影响；而表面结构效应是指电极材料的表面结构（化学结构、原子排列结构等）通过与反应分子相互作用/修改双电层结构进而影响反应速度。二者对改变反应速度的贡献不同：活化能变化可使反应速度改变几个至几十个数量级，而双电层结构引起的反应速度变化只有 1～2 个数量级。在实际体系中，电子结构效应和表面结构效应是互相影响、无法完全区分的。即便如此，无论是电催化反应还是简单的氧化还原反应，首先应考虑电子效应，即选择合适的电催化材料，使得反应的活化能适当，并能够在低能耗下发生电催化反应。在选定电催化材料后就要考虑电催化剂的表面结构效应对电催化反应速度和机理的影响。由于电子结构效应和表面结构效应的影响不能截然分开，不同材料单晶面具有不同的表面结构，同时意味着不同的电子能带结构，这两个因素共同决定着电催化活性对催化剂材料的依赖。

（3）电子结构效应对电催化反应速度的影响

许多化学反应尽管在热力学上是可以进行的，但它们的动力学速度很慢，甚至反应不能发生。为了使这类反应能够进行，必须寻找适合的催化剂以降低总反应的活化能，提高反应进行的速度。催化剂之所以能改变电极反应的速度，是因为催化剂和反应物之间存在的某种相互作用改变了反应进行的途径，降低了反应的超电势和活化能。在电催化过程中，催化反应发生在催化电极与电解液的界面，即反应物分子必须与催化电极发生相互作用，而相互作用的强弱主要取决于催化剂的结构组成。催化剂活性中心的电子构型是影响电催化活性的一个主要因素。电极材料电催化作用的电子效应是通过化学因素实现的，目前已知的电催化剂主要是金属和合金及其化合物、半导体和大环配合物等不同材料，但大多数与过渡金属有关。过渡金属在电催化剂中占优势，它们都含有空余的 d 轨道和未成对的 d 电子，通过含过渡金属的催化剂与反应物分子的接触，在这些电催化剂空余 d 轨道上形成各种特征的化学吸附键以达到分子活化的目的，从而降低了复杂反应的活化能，达到了电催化的目的。具有 sp 轨道的金属（包括ⅠB、ⅡB 元素，以及ⅢA、ⅣA 元素，如汞、镉、铅和锡等）催化活性较低，但是它们对氢的过电位高，因此在有机物质电还原时也常常用到。

(4) 表面结构效应对电催化反应速度的影响

探明催化活性中心的表面原子排列结构十分重要。具有不同结构的同一催化剂对相同分子的催化活性存在显著差异，这缘于它们具有不同的表面几何结构。电催化中的表面结构效应起源于两个重要方面。首先，电催化剂的性能取决于其表面的化学结构（组成和价态）、几何结构（形貌和形态）、原子排列结构和电子结构；其次，几乎所有重要的电催化反应如氢电极过程、氧电极过程、氯电极过程及有机分子氧化与还原过程等，都是表面结构敏感的反应。因此，对电催化中的表面结构效应的研究不仅涉及在微观层次深入认识电催化剂的表面结构与性能之间的内在联系和规律，而且涉及分子水平上的电催化反应机理和反应动力学，同时还涉及反应分子与不同表面结构电催化剂的相互作用（反应分子吸附、成键，表面配位，解离，转化，扩散，迁移，表面结构重建，等等）的规律。

5.9.3 生物（酶）催化剂

(1) 生物催化剂的概念

生物催化剂是指生物反应过程中起催化作用的游离或固定化细胞和游离或固定化酶的总称。从生物催化剂的发现来看，应该包括细胞和酶两部分。一切酶催化剂都是由生物活体细胞产生的，故首先应该寻找细胞，即具有催化作用的细胞或者说产生酶的细胞。

从酶的作用和功能的发现过程中了解到，人们最早使用的是游离的细胞活体，即使用这些细胞中的酶作为生物催化剂。在此基础上考虑将该酶蛋白质从细胞中提取分离出来，以较纯的催化剂形态进行反应的催化，也可以采用固定化技术将酶或细胞（催化剂）固定在惰性固体表面后再使用。因此，固定化细胞和固定化酶又称为固定化催化剂。

(2) 生物催化反应的特点

与传统的化工催化相比，生物（酶）催化具有许多特点。首先酶催化效率极高，是非酶催化的 $10^6 \sim 10^{19}$ 倍。例如，1g 结晶 α-淀粉酶在 60℃、15min 可使 2t 淀粉转化为糊精。其次，酶催化剂用量少，化工催化剂为 0.1%～1%（摩尔分数），而酶用量为 0.0001%～0.001%（摩尔分数）。再次，生物酶催化具有高度的专一性：一种是绝对专一性；另一种是相对专一性。一种酶只能催化一种底物进行一种反应，称为绝对专一性。如底物有多种异构体，酶只能催化其中的一种异构体。例如，L-乳酸脱氢酶只能将底物丙酮酸催化转化成 L-乳酸，而 D-乳酸脱氢酶也只能将底物丙酮酸催化转化成 D-乳酸。反应式如下：

$$
\begin{array}{ccc}
CH_3 & & CH_3 \\
| & \text{L-乳酸脱氢酶} & | \\
C=O & \overset{\curvearrowright}{NADH \longrightarrow NAD^+} & H-C-OH \\
| & & | \\
COOH & & COOH \\
\text{(丙酮酸)} & & \text{(L-乳酸)}
\end{array}
$$

$$
\begin{array}{ccc}
CH_3 & & CH_3 \\
| & \text{D-乳酸脱氢酶} & | \\
C=O & \overset{\curvearrowright}{NADH \longrightarrow NAD^+} & HO-C-H \\
| & & | \\
COOH & & COOH \\
\text{(丙酮酸)} & & \text{(D-乳酸)}
\end{array}
$$

一种酶能够催化一类结构相似的底物进行某种相同类型的反应，称为相对专一性，例如酯酶可以催化所有含相同酯键的酯类物质水解成醇和酸

$$
\underset{\text{(酯)}}{R-\overset{\overset{O}{\|}}{C}-O-R'} + H_2O \xrightarrow{\text{酯酶}} \underset{\text{(酸)}}{RCOOH} + \underset{\text{醇}}{R'-OH}
$$

这种相对专一性又称为键专一性或基团专一性。键专一性的酶能够催化具有相同化学键的一类底物。

由于酶催化的专一性，可以利用酶从复杂的原料中针对性地加工某种成分，以获取所需产品；也可用于从某些物质中除去不需要的组分而不影响其他成分。

酶催化的条件较温和，可在常温、常压和适宜酸碱度（pH 值为 5～8，一般在 7 左右）下进行，可以减少不必要的副反应，如分解、异构、消旋、重排等，而这些副反应正是传统化学催化反应中常会发生的。多种不同酶发生催化作用的反应条件往往是相同或相似的，因此一些连串反应可采用多酶复合体系，使其在同一反应器中进行，可以省去一些不稳定中间体的分离过程，简化反应过程和操作步骤。

（3）酶的功能与反应动力学

酶的功能主要是由酶的活性中心和辅酶因子构成的。活性中心是指酶蛋白分子中与催化有关的一个特定区域，一般位于酶分子的表面，具有特定的空间结构，其中包括底物结合部位和催化部位。酶活性中心的一些化学基团是发挥催化作用所必需的基团，称为必需基团；辅酶因子往往是酶维持其空间结构和活性中心的必需基团，有的直接参与酶活性中心的催化反应。辅酶因子与酶蛋白的结合比较疏松，在酶反应中主要起传递氢、电子或转移化学基团的作用。

各种酶催化的作用机制不尽相同，首先必须与底物接近，基于二者的形状互补，再通过相互作用，以共价键或多种非共价键形成酶与底物的复合体。酶和底物间的严格互补关系被喻为锁与钥匙的关系。酶的特征之一就是"一把钥匙开一把锁"，这是 1890 年由法国化学家 Fisher 首先针对酶催化作用机制提出的"钥匙"学说，他在 1902 年成为第一位生物化学领域的诺贝尔奖获得者。他认为底物和酶的活性中心在结构上必须相互吻合，即底物分子进行化学反应的部位与酶分子上有催化效能的必需基团间具有紧密互补关系，正如"一把钥匙只能

开一把锁"一样。但"钥匙"学说无法圆满地解释酶催化反应的所有问题，例如许多酶能够催化可逆反应，"钥匙"学说就无法解释。Koshland 首先认识到底物有可能诱导酶活性中心发生一定程度的结构变化，进而提出诱导契合学说，认为酶活性中心和底物在结构上并非严密互补，底物出现后会诱导酶蛋白分子构象发生有利于结合底物的变化，导致二者在构象上达到互补关系。后来 X 射线衍射的结构分析支持了这一学说。后来发展起来的过渡态中间物理论进一步指出，酶催化反应的一系列复杂过程中，酶分子至少经历底物结合、二者互补形成过渡态中间物、底物向产物转化和产物释放等几个阶段。只有酶的活性中心与底物过渡态中间物才有互补关系，如图 5-8 所示。

图 5-8　酶的活性中心与底物过渡态中间物的互补关系

　　酶与一般化学催化剂相比显得很不稳定，不适应于工业化生产过程，对周围环境的酸碱度、盐浓度等因素非常敏感，需要通过蛋白质工程对酶进行改造，设计和创造出性能优良的全新的生物催化剂。

　　在有机合成反应的运用中，提高酶的热稳定性尤为重要，因为提高反应温度对加速反应、缩短工时、降低成本有利。提高酶热稳定性的方法很多，最有效的一种方法是在蛋白质分子中引入二硫键，具有二硫键的蛋白质分子一般不易变性，热稳定性高，能适应有机溶剂等极端条件。酶是生物大分子，结构复杂，功能各异。研究表明，这类功能的差异，常与其生存的环境有关，是生物进化的结果。蛋白质分子蕴藏着很大的进化潜力，很多功能有待于开发，酶的体外定向进化技术极大地拓展了蛋白质工程的研究和应用范围，为酶的结构与功能研究开辟了崭新的途径，并且在工业、农业和医药等领域显示出强大的生命力。酶的体外定向进化又称实验分子进化，属于蛋白质的非理性设计，它不需要预先了解酶的空间结构和催化机理，通过人为地创造特殊条件，模拟自然进化机制（随机突变、重组和自然选择），在体外改造酶基因，并定向选择出所需性质的突变酶体。分子进化法可以改进酶的热稳定性、反应活性、底物专一性和对映体选择性等。

　　酶催化反应动力学主要研究反应速率及其影响因素。酶催化与非酶催化相同，受温度、介质 pH 值、反应物（底物）浓度、酶用量以及抑制剂等因素的影响。其中以底物浓度影响最为显著。假定仅有一种底物（S）在酶（E）的作用下生成一种产物（P），称为单底物酶催化反应。当酶的浓度和其他反应条件都不变的情况下，增加底物浓度，酶催化反应速率与底物浓度的关系呈一条非线性曲线，反映出底物浓度对酶催化反应速率影响的复杂关系，如图 5-9 所示。在底物浓度较低时，反应速率（r）随底物浓度[S]的增加而急剧增大，r 与[S]成正比，表现为一级反应；随着[S]增加，r 的增加逐渐减缓，r 与[S]不再成正比，表现为混合级反应；当底物浓度达到一定值时，r 趋于恒定，r 与[S]无关，表现为零级反应，此时反应速率最大为 r_m，[S]出现饱和。r_m-[S]曲线称为酶催化反应的饱和曲线，是酶催化反应的重要特征，是在 1902 年由 Henri 发现的。非酶促反应不存在这种饱和现象。

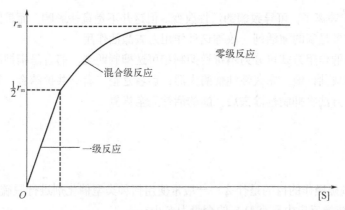

图 5-9　酶催化反应速率 r_m 与[S]的关系

为了解释酶催化反应的饱和曲线，Michalis Menten 进行了大量实验研究，从假设酶（E）和底物（S）与它们生产的酶-底物复合物（ES）之间存在解离平衡出发，导出了米-曼方程：

$$r_p = \frac{r_m[S]}{K_m + [S]}$$

式中，r_p 为产物的生成速度或底物的消耗速率；[S]为底物浓度；K_m 为米-曼常数，是酶和底物的稳定性量度，等于复合物分解速率的总和，它大于生成速率。

（4）影响酶催化反应的因素

温度对酶催化反应的影响，主要体现在两方面：一是升温加速酶催化反应，降温反应速率减慢；二是温度加速酶蛋白质变性，且这种效应是随时间累加的。在反应的最初阶段，酶蛋白质变性尚未表现出来，因此反应的（初）速率随温度升高而加快；但是，随着时间的延长酶蛋白质变性逐渐凸显，反应速率随温度变化的效应将逐渐被酶蛋白质变性效应所"抵消"。在一定条件下，每种酶在某一温度其活性最高，该温度称为酶的最适温度。

酶的活性受 pH 值的影响较大。酶显最高活性时的 pH 值称为酶的最适 pH 值。pH 值对酶催化反应的影响主要是由于：影响酶和底物的解离，因为酶和底物只有在一定的解离状态下才有利于它们的结合，pH 值的改变会影响它们的解离状态，从而影响酶的催化活性；影响酶分子的构象，pH 值会影响酶活性中心的构象，使之变性、失活。

凡能提高酶的活性、加速酶催化反应的物质，称为激活剂。酶的激活和酶原的激活是不同的，前者是使已具活性的酶活性提高，后者是使无活性的酶原变成有活性的酶。有些酶催化剂需要金属离子和某些阴离子。如许多酶（如 ATP 酶和 RNA 聚合酶）需要 Mg^{2+}、羧肽酶需要 Zn^{2+}、唾液淀粉酶需要 Cl^- 等。激活剂的作用是相对的，一种酶的激活剂对另一种酶来说也可能是一种抑制剂。不同浓度的激活剂对酶活性的影响也不同。

凡能降低酶活性或使酶活性丧失的物质，称为酶的抑制剂。不同物质抑制酶活性的机理是不一样的，可以分为三种情况。

① 失活作用。当酶分子受到一些物理因素或化学因素影响导致次级键破坏，部分或全部改变了酶分子的空间构象，从而引起酶活性降低乃至丧失，这是酶蛋白质变性的结果。

② 抑制作用。酶的必需基团（包括辅酶因子）的性质，受到某种化学物质的影响而发生改变，导致酶活性的降低或丧失，这时酶蛋白质一般并未变性，仅是抑制，有时可用物理或化学方法使酶恢复活性。

③ 去激活作用。用金属螯合剂除去能激活酶的金属离子，如常用乙二胺四乙酸（EDTA）

除去 Mg^{2+}、Mn^{2+}等离子，可导致酶的活性改变。但这并不是直接影响，而是间接影响酶的活性。金属离子大多是酶的激活剂，故称这种作用为去激活作用。

抑制剂与酶的作用方式可分为不可逆抑制和可逆抑制两类。前者是指抑制剂与酶活性中心的必需基团形成共价键，永久性地使酶失活；后者是指二者非共价结合，具有可逆性，通过透析、超滤等方法将抑制剂除去后，酶的活性完全恢复。

习题

1. 试解释脱硫操作的目的是什么。一般常使用何种类型催化剂进行脱硫处理？
2. CO 高温变换反应中最小 H_2S 的含量为多少？
3. 烃类转化催化剂一般包含哪些组分？
4. CO 变换反应有哪几种类型？各使用什么催化剂？
5. 甲烷化催化剂的活性金属元素有哪些？一般活性次序是什么？
6. 影响合成氨催化反应的因素有哪些？
7. 催化裂化反应过程中有哪些主要的反应？这些反应可使用什么活性组分的催化剂？
8. 分子筛作为催化裂化反应的催化剂有什么特点？
9. 请说明催化裂化催化剂中的助燃剂、辛烷值助剂以及 SO_x 转移剂的特点和作用。
10. 试说明催化裂化催化剂的失活原因及再生方法。
11. 试说明加氢精制催化剂的组成及该催化剂的制备方法。
12. 试说明加氢裂化催化剂的失活原因及再生方法。
13. 什么是催化重整？催化剂由哪些成分组成？
14. 工业上使用的重整催化剂有哪些种类？分别有什么特点？
15. 试说明催化重整催化剂的失活原因。
16. 试说明催化重整催化剂的再生方法。
17. 试说明乙烯部分氧化制环氧乙烷过程中主要的反应及所使用的催化剂。
18. 乙烯和苯合成乙苯可采用什么催化剂？催化剂采用什么方法制备？
19. 丙烯和氨氧化制丙烯腈如何选择催化剂活性组分？可选择什么作为助催化剂？助催化剂有什么作用？
20. 试说明丙烯和苯烷基化制异丙苯的反应机理。根据反应机理，可选择哪些作为催化剂活性组分？

参考文献

[1] 黄仲涛, 彭峰. 工业催化剂设计与开发[M]. 北京: 化学工业出版社, 2009.

[2] 甄开吉, 王国甲, 毕颖丽, 等. 催化作用基础[M]. 3 版. 北京: 科学出版社, 2005.

[3] 唐晓东. 工业催化原理[M]. 北京: 石油工业出版社, 2003.

[4] 李光兴, 吴广文. 工业催化[M]. 北京: 化学工业出版社, 2017.

[5] 马晶, 薛娟琴. 工业催化原理及应用[M]. 北京: 冶金工业出版社, 2013.

[6] 吴越, 杨向光. 现代催化原理[M]. 北京: 科学出版社, 2005.

[7] 何杰. 高等催化原理[M]. 北京: 化学工业出版社, 2022.

[8] 黄仲涛, 耿建铭. 工业催化[M]. 4 版. 北京: 化学工业出版社, 2020.

[9] 唐晓东, 王宏, 汪芳. 工业催化[M]. 2 版. 北京: 化学工业出版社, 2020.

[10] 张云良, 李玉龙. 工业催化剂制造与应用[M]. 北京: 化学工业出版社, 2008.

[11] 张志华, 郑广俭. 无机化工生产技术[M]. 3 版. 北京: 化学工业出版社, 2021.

[12] 颜鑫, 田伟军, 王宇飞, 等. 无机化工生产技术与操作[M]. 3 版. 北京: 化学工业出版社, 2021.

[13] 郝树仁, 董世达. 烃类转化制氢工艺技术[M]. 北京: 石油工业出版社, 2009.

[14] 李安学, 李春启, 梅长松, 等. 合成气甲烷化技术[M]. 北京: 化学工业出版社, 2021.

[15] 智翠梅. Ni 基催化剂催化 CO 甲烷化性能研究及优化[M]. 北京: 化学工业出版社, 2019.

[16] 孙治忠, 方永水, 张宏昌, 等. 现代硫酸生产操作与技术指南[M]. 北京: 化学工业出版社, 2016.

[17] 张蕾. 烟气脱硫脱硝技术及催化剂的研究进展[M]. 北京: 中国矿业大学出版社, 2016.